建筑百家谈古论今——图书编

杨永生　王莉慧　编

中国建筑工业出版社

图书在版编目（CIP）数据

建筑百家谈古论今——图书编/杨永生，王莉慧编．—北京：中国建筑工业出版社，2008

ISBN 978-7-112-06191-4

Ⅰ．建…　Ⅱ．①杨…②王…　Ⅲ．①建筑史-史料-中国②建筑学-推荐书目-中国　Ⅳ．TU-092　Z88：TU

中国版本图书馆CIP数据核字（2008）第001589号

责任编辑：王莉慧　徐　冉
责任设计：郑秋菊
责任校对：刘　钰　王金珠

建筑百家谈古论今——图书编
杨永生　王莉慧　编

*

中国建筑工业出版社出版、发行（北京西郊百万庄）
各地新华书店、建筑书店经销
北京嘉泰利德公司制版
北京市密东印刷有限公司印刷

*

开本：787×1092毫米　1/16　印张：16¾　字数：327千字
2008年3月第一版　2008年3月第一次印刷
印数：1—3000册　定价：**46.00**元
ISBN 978-7-112-06191-4
（12204）

编者的话

这是一本导读书。

古往今来，在我国浩瀚的图书宝库中，有不少图书涉及建筑学专业，其中不乏有关建筑理论及建筑史的专著。

为了引导从事建筑设计的建筑师，特别是大专院校建筑系师生了解古今有关理论及历史的重要建筑图书的主要内容和精髓，我们选取了40余部图书并邀请对这些图书素有研究的专家为本书撰写专文，加以评述。

此外，我们还从有关书刊中选取了著名学者、专家此前发表的几篇评介文章。

这里，需要请读者谅解的是，有的书（如《中国古代建筑技术史》）虽已列入评述书目，但由于两年来始终未能约到合适的稿件而只好空缺；至于遗珠以及评述文章深广不一等等，因编者学力不足，条件所限，也难于避免，尚祈指正。

杨永生　王莉慧

2007年12月

目　录

（以出版年代为序）

《考工记·匠人篇》浅析

张静娴

《考工记》是我国古代流传下来的最早的一部记述奴隶社会官府手工业生产各工种的制造工艺和质量规格的官书。成书年代大约在春秋末、战国初期，由齐国人编写[1]。书中记录了有关“攻木之工”、“攻金之工”、“攻皮之工”和“设色”（彩绘染色）之工、“刮摩”（雕刻琢磨）之工、“搏埴”（陶瓦）之工等六大类三十个不同工种的生产工艺，总结了我国古代劳动人民在制造车辆（包括兵车、乘车、田车及运输车辆）、兵器（弓、矢、刀、剑、戈、矛等），制作农具、皮革、陶器，铸造量器、饮器，雕刻玉器和有关练丝、染色、彩绘以及建造城廓、宫室、沟洫等方面的经验。从选材到制造方法、产品构造与规格以及检验质量的方法、工程形制等等，都分别作了或详或略的记述，指陈得失，穷究理数，都颇精细入微，是我国古代一部比较切实而具体讲述生产技术的书。其中“匠人建国”、“匠人营国”、“匠人为沟洫”等三节，记载了当时取正、定平的方法、国都规划的原则、建筑方面的等级制度的规定和不同情况下尺度观念的运用，还有关于夏后氏世室、殷人重屋、周人明堂的片段记载和当时农田水利系统的组成等内容。所以，《考工记》的“匠人篇”是我国现存古籍中有关建筑方面较早的文献资料。

一、《考工记》的成书年代及其来龙去脉

现存的《考工记》一书，是被后人编入《周礼》，作为《周礼·冬官篇》而保留下来的。但在历史上，《考工记》和《周礼》本来是成书年代接近、内容性质类似的两本书。

《周礼》是记述周代奴隶社会官制的书。这本书，在王莽以前，原名《周官经》。王莽时刘歆才把它改为《周礼》。其内容是讲周代百官的职守细则，它是周代奴隶制的政典。书中包括“天官冢宰”（掌邦治）、“地官司徒”（掌邦教）、“春官宗伯”（掌邦礼）、“夏官司马”（掌邦政）、“秋官司寇”（掌邦刑）和“冬官司空”（掌邦事）等六篇。由于《周礼》的内容涉及我国从奴隶社会到封建社会的基本国家制度、礼仪、官职、刑罚和生产制

作等方面，因而历史上有许多考据家对此书进行了大量研究和注疏，著名的有汉代的刘歆、杜子春、郑玄；唐代的孔颖达、贾公彦；宋代的刘敞、王安石；清代的孙诒让、载震；近代的郭沫若等[2]。这些考据家中，有人说《周礼》是西周初周公摄政时编制的[3]，有人说《周礼》成书于东周，还有人说《周礼》是战国以后的书[4]。综合各家所阐述的情况来分析，可以认为《周礼》成书大致在东周时期，理由是：

（一）从本书内容来看，它是以东周的国都洛阳作为叙述有关事项的中心，如《周礼》卷八“职方氏”讲“掌天下之图，以掌天下之地”时，说：“东南曰扬州……正南曰荆州（即现湖北省一带），正东曰青州（即现山东省一带）……正西曰雍州（即现陕西省一带）……正北曰并州（即现山西省一带）。”从上述这几个地区计算它的中心就是洛阳。我们知道，西周的国都在丰、镐（即现在陕西省西安市的西南郊），东周的国都在洛阳。以洛阳为当时的全国中心就意味着写书的年代很可能是在东周。

（二）书中提到的有些诸侯国（如郑国、秦国）是在西周后期才分封的，因此不宜说此书是西周初期由周公编写的。

（三）《周礼》对大小官吏的建制、人数、职责范围和分工都进得十分详细，显然是经过周代长期统治经验的积累，到奴隶社会后期才逐步完成这方面的论述。它是奴隶制国家几百年统治机构和统治经验的概括和理想化。

到秦始皇时，建立了全国统一的封建专制国家。秦以前的经书典籍，有些在长期战乱中毁于兵火，有些毁于焚书坑儒，因而所剩无几。到汉孝景帝时，封皇子德为河间王，皇子余为鲁王。河间王修学好古，而鲁王好治宫室。鲁王命人拆孔子宅第以建宫室，从墙壁中得古文若干。河间王刘德又从民间征集古文旧书，得礼古经56篇，记131篇，周官经5卷。这周官经5卷即是《周礼》的残本，其中的“冬官司空”篇早已亡佚，重价购求不得，就将《考工记》编在《周礼》冬官篇的位置上，成为《周礼》的一个组成部分而流传下来。

但是，《考工记》与原来的《周礼·冬官篇》的内容并不相同。《考工记》是稽考和指导百工艺技的专书，它不是像《周礼》那样缕述“百官”的职掌，条列“司空”所属的“工师”、“匠师”、“梓师”等管理“百工”的“官”及其职守，而是讲“轮人”、“舆人”、“玉人”、“矢人”、“陶人”、“匠人”、“筑氏”、“冶氏”、“钟氏”等“百工”（书中讲了三十个工种）的生产工艺规程和生产管理制度的。原来《周礼》的冬官篇，下设六十种官，分工掌管国家的百物生产，掌管城廓、土地、居民等事项，司空职责是“掌管城廓，建都邑、立社稷宗庙，造宫室车服器械，监百工者”（《周礼·郑玄注》）。这方面的内容同《考工记》所讲的考核工匠生产工艺质量的事相关，因此，汉人就将《考工记》编入《周礼》中，以补冬官篇的缺佚。

关于《考工记》的成书年代，在汉朝时已有不同看法（详见注[1]），后来也有不少争论。我们采纳唐朝贾公彦和清朝江永的考证，认为《考工记》很可能是东周齐国的官书。理由是：

（一）《考工记》中说："秦无庐……郑之刀。"郑国是周厉王时才开始分封给他儿子的地方，秦国是从西周东迁后才在西周故地上开始分封的诸侯国，所以《考工记》的成书年代不会早于东周。

（二）《考工记》中韦氏、裘氏等篇章，经过秦始皇灭焚典籍的过程而短缺了，说明《考工记》的成书年代是在秦朝以前。

（三）书中说："桔逾淮而北为枳，鹳鹆不逾济，貉逾汶则死。"这句话里提到的"淮"、"济"、"汶"，都是齐国封地上的河流。书中有"终古戚速椑茭"之类的话，都是齐国人的语言。由此分析，《考工记》是齐国人的著作。

齐国公布《考工记》是为了维护奴隶社会的工贾食官制度。郭沫若的《青铜时代》考证铜器的变化，说明春秋有一段时间工商业奴隶要求解放的力量相当大，产品质量下降。《考工记》详细规定生产工艺和管理制度，是为了维护产品的质量和原来的奴隶制度。

《考工记》是一部比较具体地记录和反映奴隶社会末期工艺技巧和质量要求的著作，对于我们了解我国古代劳动人民的生产水平与技艺，有一定的历史参考价值。在《考工记》的第一段落，即相当于总论部分，根据"天有时，地有气，材有美，工有巧"，对当时各地区的特产进行了综合分析，说明优良的产品与特定的气候、土壤、材料、工匠、传统技术等因素有关。这是符合朴素的唯物论的。其中谈到"桔逾淮而北为枳"已成为后人经常引用的例证。《考工记》对直接从事手工业生产的百工作了较高的评价，甚至把"百工"誉为"圣人"。书中写道，"审曲面势，以饬五材，以辨民器，谓之百工"；"百工之事，皆圣人之作也。烁金以为刃，凝土以为器，作车以行陆，作舟以行水，此皆圣人之所作也"。

《考工记》中对某些产品或工程的工艺要求和质量标准有相当细致的说明，对战车的制造讲得最详细，对车轮、车盖、车身、车辕等各部件的选料、形制、尺寸、规格、质量等方面都有严格的要求。这是因为战车的质量直接关系到春秋时期各国间战争的成败胜负。在"梓人为饮器"条目中还提到"梓师"检查饮器质量的方法（"试梓"），不合标准的则"梓师罪之"（向制造产品的梓人问罪），所以这本书又是作为司空所属各官识别和检查产品质量或工程质量的依据。此外，书中关于明堂、城廓、沟洫、玉圭、弓箭等条文是根据奴隶主统治者的礼制作出的规定，明显区分出天子与各等级的诸侯，其都城的城墙高低大小不同，所执玉圭的尺寸花纹不同，所用弓箭的材料质量不同。在这些方面都反映了奴隶主统治阶级的意识形态和等级制度。

二、《考工记》中有关建筑工程方面的论点及其含义

《考工记》中“匠人”的条目有三，即“匠人建国”、“匠人营国”、“匠人为沟洫”等。“匠人”，是木工且兼识版筑营造之法的匠师，他们掌管着都城、宫室及沟洫等建设任务。以下分五个方面作一些介绍和论述。

（一）“匠人建国”条目关于选择与确定城廓宫室的方位与找平地面的方法

书中只用了“水地以县”这四个字来说明找水平。其具体方法究竟如何，历来又有不同的解释。最简单的一种方法是：在地面上开挖小沟，沟中放水来衡量自然地面的高下，然后平高就下，挖平地势。古时候人们很早就观察到“水静则平”的自然现象。庄子天道篇就写着“水静则平、中、准，大匠取法焉”。汉朝人郑玄解释“水地以县”是“于四角立植而悬，以水望其高下，高下既定，乃为位而平地”。这几句的意思是说在四角竖立垂直于地面的木杆，利用水来观察木杆的高低，在每根木杆的同一高度上标出横向刻度，按照木杆上的标高来平地。但是郑玄所说的“水”，是指地面上的水沟？专门制造的水槽？还是某种简单的水准仪？都没有进一步说明。

找平地面后，才能立杆测景，因为在地势不平的地面上测景会有误差。原文在“水地以县”后面，接着写：“置槷以县，眡（同“视”）以景。”“县”是指用悬绳的方法来校正木杆是否垂直于地面。“槷”是在所平之地的中央竖立一个八尺高的标杆（古时称为“槷”或“臬”），也就是我国古代天文测量中用的“表”。测量用的表不可过短，过短则分寸太密，取景虚淡时难以审别，因此需要竖立八尺高的标杆，借以观察太阳光照射景表的投影。再以景表为中心画一圆弧，观察与记录下日出与日入时景表投影的角度，找出其内分角线，并参照正午时分景表的投影和夜间北极星的方位来校正它，就能定出南北方位（原文是：“为规，识日出之景与日入之景，昼参诸日中之景，夜考之极星，以正朝夕。”）。在平原地区，日出和日落之间投影中线与南北方位基本上是一致的。在山势起伏、地形复杂的地区，日出和日落的投影线就会受地势阻挡而发生变化。在那里，要寻找一天中受日照时间最长的建筑的最佳朝向，主要是按照当地日出和日落之间的投影中线来定，而不是以正南北向为最佳朝向。

从以上所讲的内容中，可以看出，我国至少在二千多年以前，就会利用“水静则平”、悬绳可以自然垂直地面、地球与太阳的相互关系等原理来抄平地面、确定方位和寻找房屋的最佳朝向，使室内得到充足的阳光。

（二）“匠人营国”条目中的国都规划制度

《考工记》中提到当时国都规划的制度是：“匠人营国，方九里，旁三门，国中九经九纬，经涂九轨，左祖右社，面朝后市，市朝一夫。”意思是

天子之城的规模是长宽各为九里的正方形大城，每边各开三座城门。城中有九条南北向和九条东西向的干道与城门相通，每条干道的宽度可以容纳九辆马车并排行驶（以当时车轨宽八尺来计算）。王宫在城的中央（图1）。宫的前面是朝，后面是市，左面是宗庙，右面是社稷。每个“朝”和每个“市”的大小约百步见方。

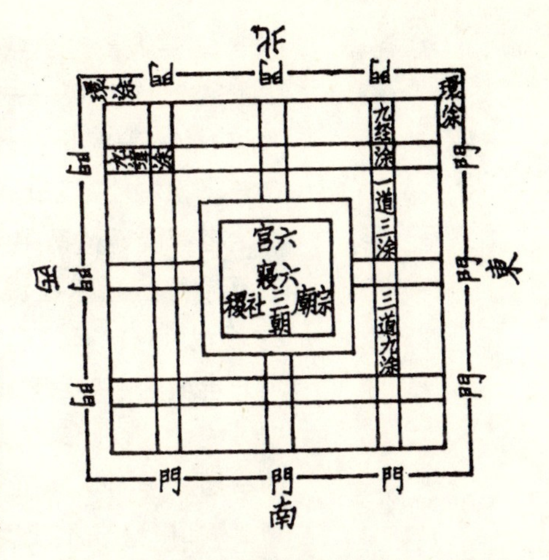

图1　周王城图（根据清朝戴震《考工记图》）

《考工记》提到的这个制度，至今还没有找出一个与其完全一致的典型实例。但是，现存的春秋战国的城市遗址例如晋侯马、燕下都、赵邯郸王城等，确有以宫室为主体的情况，若干小城遗址还有整齐规则的街道布局。因此，《考工记》也可能是在总结归纳当时大小诸侯国的都城规划原则的基础上，再加以提炼和理想化，写出这几条。在漫长的封建社会，《考工记》作为《周礼》的一部分，一直受到帝皇、官吏和考据家们的重视。汉代以后，有的朝代的都城为了仿效和附会古制，常引用“匠人营国”这几条作为都城规划的指导思想，推而广之，还影响到一些地方城市的布局。总起来讲，有以下一些影响：

1．只要地形条件允许，我国古代建造的都城，乃至州、府、县等城镇大多比较方正整齐，呈正方形或长方形。道路呈东西向和南北向十字相交或丁字相交，主要街道直通城门。根据城的规模大小，每边城墙上以各开三个城门或一个城门者居多。这类正方形、长方形或扁方形的城市分布在我国许多地方。从著名的古都隋唐长安、洛阳，元大都到明清北京，地方性城市如正定、保定、太原、苏州、酒泉、太谷等，甚至许多村镇的平面布局也是力求方正。

至于说到“九经九纬”，主要是反映城市道路网的朝向和直角正交的状况。历史上的考据家在画“王城图”时很难确切地表达“九经九纬”——是把它画成九条独立并行的道路呢？还是各由三条分工不同的“道”来组成三条大路？联系到每面的城门只有三座，故而有较多的人认为九个道分为三组，组合成三条大路通向城门。对这三个道的分工，有人解释为：“男子由右，妇人由左，车从中央。”《吕氏春秋·乐成篇》说：“用三年，男子行乎涂右，女子行乎涂左。”是一涂分为左右中之证。有人根据汉长安道路分工的实际情况，解释为中央是天子的专用御道，行人只能走两边的街道。既然各条道的分工不同，那么，是否每条道都需要宽九轨（七十二尺）呢？这些问题，不能太钻牛角尖，只能说明城市中既有若干条南北向的道路，又有若干条东西向的道路，使城内交通四通八达，与城外交通的结合点是城门。道路的宽度以当时车轨的宽度倍数来决定。这样的道路规划原则适用于大中小城市。

2. 宫城占据全城的中心位置。这种“择中论”的思想起源很早。甲骨文上就提到“中商”——大邑商居土中。《周礼》大司徒提出选择王城要在“地中”——就是在当时所能统辖的全部土地的中央。《考工记》的“前朝后市，左祖右社”正是以王宫居城中而言的。不论是奴隶社会或是封建社会，统治者都要通过居中来表现他“惟我独尊”、“一统天下”的思想。历史上有的都城将宫城建在城的中部（如北魏洛阳、金中都）；有的建在城的南部（如元大都）；有的建在城的北部（如曹魏邺城、隋唐长安）；但是，一般不离开全城的中轴线。同时，又将主要宫殿和一重重的宫门依次分布在宫城的中轴线上，以此来象征王权。图2所示朝位寝庙社稷的相互位置正是这方面的写照。

“择中论”不仅表现在皇帝生前的宫室坛庙，而且也适用于帝王死后的陵寝的布置方式。从秦始皇陵到明十三陵、清东陵、清西陵，无不都有一条明显的中轴线。秦始皇陵居中，外面有内城、外城两道。内城是方的，外城是南北长、东西短的长方形，中轴线贯穿着墓的内城、外城。再外边是殉葬的兵马俑坑，据说外城四周都有殉葬的坑。明十三陵的每个皇陵不仅本身有中轴线，而且还要选择一个突起的山峰作为陵墓建筑群的视线终点来烘托出帝王的权威和气魄。

3. 《周礼》中的三朝五门制度是后来宫廷布置的楷模。“朝”是指宫殿前面的空场地。外朝位于宫城之外，是举行凯旋与献俘仪式的场所，相当于明清北京故宫午门前的广场。治朝，也叫正朝，是皇帝举行大典和朝会的场所，相当于故宫太和殿前的广场。燕朝，也叫内朝，是皇帝休息、燕射（宴会时又表演射箭）的场所，相当于故宫乾清宫前面的广场。燕朝后面是路寝（皇帝的寝殿和后妃的寝宫）。五门是指在宫城中轴线上由外向内设立的五重门——皋门、库门、雉门、应门、路门。这五重门与明清北京故宫的天安门、端门、午门、太和门、乾清门相仿。以上拟比，只是为了浅显地说明三朝五门制。实际上各个朝代各个时期的宫廷布局在建筑艺术、空间处理、功能使用和礼仪制度等方面各有特色。从《逸周书》里提到大庭、少庭，可以了解到“朝”也当“庭”讲，“朝”是指宫殿前面的空场地。《尚书·顾命篇》中有这样的场面：“诸侯出庙门俟，王出在应门之内。”说的是诸侯从宗庙的庙门里走出来等着，王从路门内出来，到达应门之内，然后诸侯又进应门的情况。这段记载反映了宗庙与各重宫门之间的相对位置。《礼记》上写着：“雨霑服失容”，就是

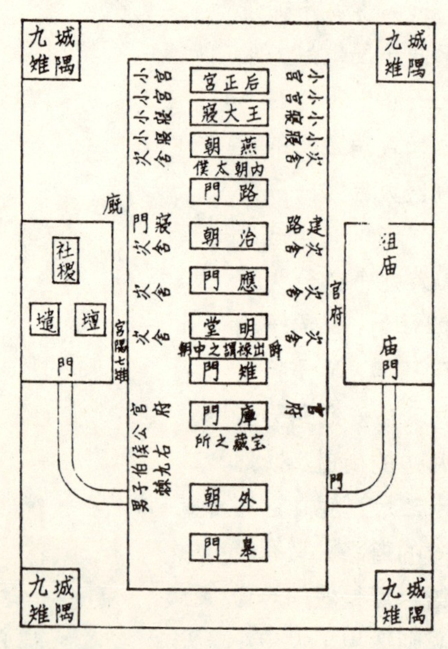

图2 《三才图会》宫室卷中的朝位寝庙社稷图

指皇帝及其近臣（三左、三右、太仆等）在殿内，其余的文武百官及礼乐仪仗等都排列在大殿前的院子里，雨水淋湿了百官的衣服，造成仪容不整的状况。

历史上研究《周礼》的学者大多数赞同三朝五门说，但也有一些人主张三门说——皋门、应门、路门。三门说是宋代刘敞第一个提出来的（图3）。

4. 对宗庙和社稷的布局和制度，古人也作了许多考证，其中涉及繁复的礼制和仪礼，这里不细说了。《考工记》中提出“左祖右社”，原则上规定宗庙和社稷分别位于王宫的左右，并没有阐明确切的位置。于是，元大都的太庙建在东城朝阳门内附近，社稷坛建在西城白塔寺附近。而明朝北京则把太庙和社稷坛建在紫禁城的前部两侧，即现在的劳动人民文化宫和中山公园的位置。元朝和明朝的太庙和社稷坛的具体位置虽然不同，但都算是符合“左祖右社”的制度。

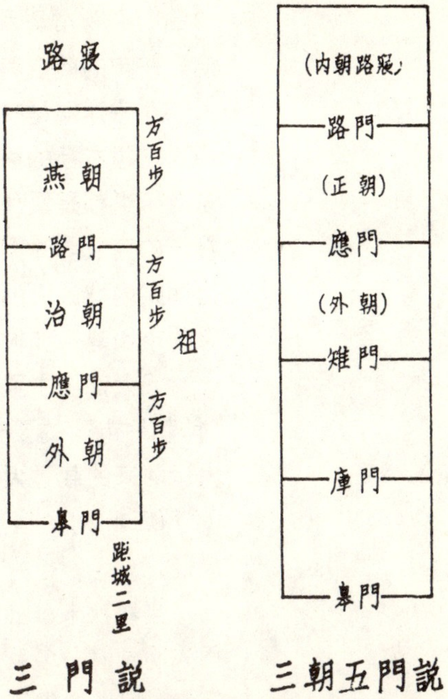

图3 宫城图

左图 （根据焦循《群经宫室图》）

右图 （根据郑众《周礼·秋官篇图注》）

5. 关于“市”制，是随着生产、交换和交通条件而有所发展变化的。“市”是交换贸易的场所。当生产分为农业和手工业这两大部门时，就有了直接以交换为目的的集市。《易系辞》记载：“日中为市，致天下之民，聚天下之货，交易而退，各得其所。”《史记正义》中也说：“古未有市，若朝聚井汲，便将货物于井边货卖，曰市井。”这些记载表明起初的“市”没有固定的地点和房屋。后来，在大小奴隶主的据点、部落或部落联盟的中心，“城”和“市”结合在一起了。从《周礼·地官篇》里可看出古代的“市”制有三种：

一是大市，它的营业时间是中午（“日中为市”），是消费者来买东西的零售市场；

二是朝市，它的营业时间是清晨，以商贾（批发商）之间的交易为主；

三是夕市，它的营业时间是傍晚，以市场对小商贩零星批发为主。

三个市的排列是：大市居中，朝市在东面，夕市在西面。每个市的外面有大围墙，内部有房子、棚子和场院。市场有一套管理机构和有关组织。“司市”（市场领导者）的驻地叫“思次”（《周礼》中的专门名称），“肆长”和“行列”是各行各业的首领，在开市前要把同类商品陈列成行，构成一个肆，《周礼》中把“肆长”的办公柜台称为“介次”，开始营业时要升旗，控制市门的门卫叫“司暴”。“市”还包括行刑砍头的地方——“暴尸于市”。

汉长安的市场情况，据《三辅黄图》记载，有六个市在道西，三个市在道东。唐长安在宫城前面左右两侧设东市和西市。市的周围有墙，四向开门。

市的中央有市署和平淮局等管理市场的机构。据记载，西市有不少外国商店，东市的商店有一百二十行，由此可见当时商业的繁盛景况。

北宗汴梁是在自发形成的商业城市的基础上改建的。虽然仍保留宫阙居中、左祖右社的格局，但是却不能“前朝后市”了。正对宫城的中轴大道和东西干道都是繁华的商业大街，两旁密集着商业“市楼”、酒楼、戏台和带棚子的商贩。汴梁城里的大相国寺，庭院内可容纳万人，每月开放五次，成为汴梁内城最大的商业市场。我们从宋代名画《清明上河图》上可以看到汴梁的市街建筑和城关一带商业繁忙的景象。

元大都将主要的“市”设在城北什刹海一带，既符合了汉族帝都模式“前朝后市”的要求，又不违反货物运输集散的实际需要。因为当时从南北大运河来的载重大船，可以直达大都城内的海子（积水潭）。

（三）对“匠人营国”条目中关于夏后氏世室、殷人重屋和周人明堂的质疑

当春秋末、战国初的齐国人写《考工记》追述夏后氏世室、殷人重屋和周人明堂时，多系本自传闻。现在保留下来的这段文字有点类似残简，表现有句、段上显得不完整、不连贯，对这三种建筑的规模、形制、构造等方面都没有讲清楚。请看原文：“夏后氏世室，堂修二七，广四修一，五室，三四步，四三尺，九阶，四旁两夹窗，白盛，门堂三之二，室三之一。殷人重屋，堂修七寻，堂崇三尺，四阿，重屋。周人明堂，度九尺之筵，东西九筵，南北七筵，堂崇一筵，五室，凡室二筵。”这里所说的夏后氏世室、殷人重屋、周人明堂等三种建筑是一个制度的三种形式，还是三种不同功能的房子？持前一种看法的人说：“夏后氏世室者以下，皆记三代明堂制度之异。世室者，即夏之明堂”。但是，夏、商、周三代是奴隶制社会发展的三个不同的时期，因此表现在这三种房子的功能、建筑结构和技术上都会有所发展和进步，可惜原文太简略，不易理解。原文说：“夏后氏世室，堂修二七，广四修一”，并没有注明尺度单位。我们知道，“修”在古文中是指建筑物南北方向的长度。但“二七”怎么计算？它的尺度单位是与殷人重屋的“寻”（周礼地官媒氏注“八尺曰寻”）相同？还是与周人明堂的“筵”（竹席也，方九尺）相同？或者是另有一种尺度单位？对“广四修一”，过去有人解释成面阔等于进深的四倍，有人理解成面阔比进深增加四分之一。于是，按照前一种解释，它的平面复原图就成为相当扁的长方形；按照后一种解释，它的平面复原图就很接近正方形。殷人重屋，“重屋”是指屋顶的重檐形式，还是指由几幢房屋组成一重重院落？“重屋”的平面是四方形的，还是亚字形的？前人都提出过多种不同的方案。还有人说“重屋”是一幢两层楼的房屋，底层是方形平面，上层是圆形平面。各种说法常反映出过去研究《考工记》的人们是根据后来的建筑形制去想像那早已不存在的殷商建筑。

至于周人明堂，早在汉武帝时，召集许多儒生讨论明堂制度，争论很久也得不出结论，以至当时无法建造明堂。清朝乾隆《钦定周官义疏》中也对世室、重屋和明堂提出很多存疑和存异。一千多年来，经学家们对这些问题作过大量的文献考证和图形探讨，但众说纷纭，莫衷一是。特别是在清朝，有不少研究经史的人，为《周礼》和《考工记》写了大量的注释和笔记[6]，但由于他们只从书本出发，没有考古发掘的真实材料，因此还是不能得出正确的结论。况且，一般从事经书典籍的考据家们，多数不懂得建筑构造。他们只是按照金、木、水、火、土五行相生相克的论说、进退揖让的礼仪来安排平面布局的。他们所设想的平面大多比较接近正方形，有的还成为十字形。至于在当时的建筑技术条件下，采用什么梁柱结构，什么屋顶形式，他们是不管的。这里仅以周明堂为例，约略收集几个历史上考据家们所画的图形以示一斑（图4）。

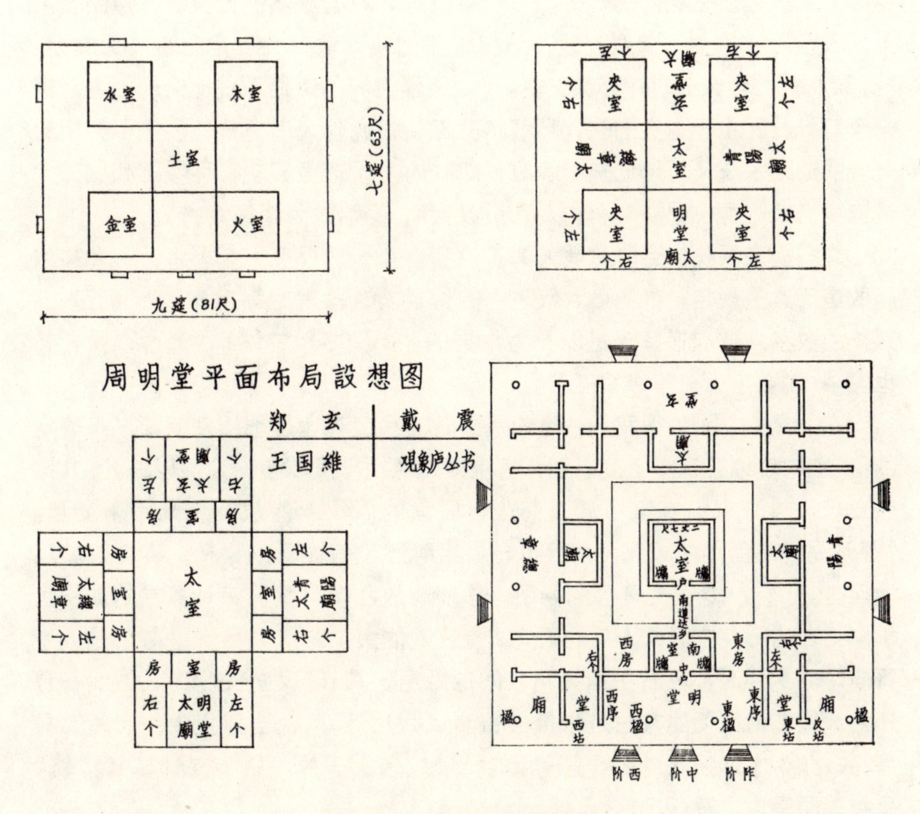

图4　周明堂平面布局设想图

此外，从下述例子中也可以说明经学家们引经据典地从文字上推敲出来的复原图是靠不住的。《考工记》中谈到商周时期使用的战车形制的文字比讲城市规划和建筑部分的文字多得多，内容也详细得多。过去经学家们根据这些文字记录，想像着画出一些战车的复原图。但是，1972～1973年在安阳发掘出来的殷代的车子和1976年在山东胶县发掘出的西周的车子，无论在辕的形制、舆与轮的比例等方面都与经学家们想像出来的车子大不相同。1977年第五期《文物》杂志上发表的虢国墓发掘出来的春秋时期的车子与清朝戴震的《考工记图》书中所绘的车子就明显不同。这就雄辨地说明，我们没有必要去步这些经学家们的后尘，根据《考工记》的片言只语去臆测、复原那些根据不足的夏后氏世室、殷人重屋和周人明堂了。

（四）"匠人营国"条目中所反映的建筑等级制度和尺度观念

"匠人营国"条目中规定天子之城、诸侯之城、王子弟所封之城在城市规模、城墙高度和道路宽度上各依次递差一个等级。在城市规模上，天子之城方九里，公之城方七里，侯伯之城方五里，子男之城方三里。在城墙高度上，天子之城的城隅（即城的四角所建造的高耸的城阙或角楼）高九丈，城身高七丈。诸侯之城隅高七丈，王子弟所封之城的城隅高五丈。在道路宽度上，天子之城的主干道宽九轨，环城路宽七轨，地郊大道宽五轨（原文是："经涂九轨，环涂七轨，野涂五轨。"）。诸侯之城的道路系统比天子之城降低一个等级，即主干道宽七轨，环城路宽五轨，城郊大道宽三轨。王子弟所封之城的道路系统又再降低一个等级，即城内主干道宽五轨，环城路和城郊大道皆宽三轨（原文是："环涂以为诸侯经涂，野涂以为都经涂。"）。

这些规定反映出当时封地大的统治者，在一切尺度上都要求大。如果谁胆敢违反这些规定，就要遭到奴隶主的讨伐。这些规定都用九、七、五、三这样的数字来依次递降，是以礼为依据的。《汉书》中说；"降杀以两，礼也。"礼制要求每一等级相差二。

在条文中，更值得我们注意的是当时的尺度观念是根据使用要求来确定的："室中度以几，堂上度以筵，宫中度以寻，野度以步，涂度以轨。"几案长三尺，当时人们在室中凭几而坐，居室的面积以能放几个几案来衡量。"筵"是铺在室内的草席，九尺见方。当时还没有高形的桌椅，宴会时就席地而坐。"堂"是行礼宴会的场所，按照能放几个"筵"来计算堂的面积大小。王宫的庭院中无几无筵，因此丈量宫庭的大小时用"寻"（"寻"是人手臂向两侧平伸时，左右手指指端之间的距离，其长度约合古尺八尺）。在野外估算距离最简便的方法是步量（每步以六尺计）[7]。当时主要的交通工具是马车或牛车，因此道路的宽度用能行驶几辆车子的"轨"来计算（"轨"是乘车的辙广，宽八尺）。

此外，条文中还提到"庙门容大扃七个，闱门容小扃三个"，意思是宗庙的门宽是根据穿鼎耳棍子的长度来决定的。庙门，是指宗庙南向的大门。大扃，是横贯牛鼎的木棍，长三尺。牛鼎，是盛放宗庙祭祀食品的容器，有一定重量，需要用棍子穿在鼎两旁的环耳中由人们抬着走。闱门，是庙中的小门。小扃，长二尺。书中还说："路门不容乘车之五个，应门二彻三个。"当时兵车要进入城门，乘车又要进入宫门，因此在建造宫门时要考虑到乘车的高度（高约一丈四尺）和宽度（宽八尺）。以上这些应用于不同场合的尺度概念生动地反映了当时的功能要求和设计方法，也显示了古代模数制的雏形。

（五）"匠人为沟洫"条目所反映的当时水利和建筑方面的某些技术

1. 农田水利系统的组成。书中写着："匠人为沟洫。耜广五寸，二耜为耦。一耦之伐，广尺深尺，谓之甽。田首倍之，广二尺，深二尺，谓之遂九夫为井，井间广四尺，深四尺，谓之沟。方十里为成，成间广八尺，深八尺，谓之洫。方百里为同，同间广二寻，深二仞，谓之浍。"意思是用开挖沟洫的工具——"耜"的宽度（五寸）作为农田水利系统的计算单位模数。二耜为一耦，耦是田间的排灌渠道，这种渠道的宽度和深度都是一尺。田头的灌溉渠名"遂"，宽二尺，深二尺。围绕着井田制一里见方的农田耕种单位的水渠名"沟"，宽四尺，深四尺。范围再大时，灌溉十里见方的地区的水道名"洫"，宽八尺，深八尺。灌溉百里见方地区的水道名"浍"，宽十六尺深十四尺。从"浍"再流向天然山溪、河流或大川。当然，这些规定数字，往往会被自然地形条件所改变，水渠的开挖要根据地形、地貌和坡降来决定，决不能是等距离地划直线。但是，由此可以看出当时农田水利系统的组成方式和对各种不同大小尺寸的沟渠能担负多大面积的排灌任务已有了初步的认识。

2. 总结了一些古代劳动人民在防治水害、兴修水利方面的经验。

书中写道："凡沟逆地阞，谓之不行，水属不理孙，谓之不行。"凡开沟，如逆着地形，水就不流；如不能灌溉到支渠，就流通不畅。"善沟者水漱之，善防者水淫之。"这句话的意思是如果逆着地势挖沟，则沟土不固而善崩，水流不畅而容易决溢，顺着水势地势的沟洫，流水经常冲荡堤土，不会造成淤塞。选地适宜的堤坝，水流带来的泥土会淤积沉留在堤坝附近，从而增厚堤坝，保护堤坝。

我国是江川河湖纵横流贯的地区。自古以来，劳动人民在用水治水方面积累了正反两方面的经验。大禹治水的"凿龙门，播九河"就是为了疏导泛滥的洪水，最后使其流入大海。《考工记》中用上述几句简练的语言就把用水治水的基本经验加以概括了。

3. 在"匠人为沟洫"这一条目中还包含一些建筑方面的内容。

"葺屋三分，瓦屋四分"，意思是茅草屋顶的举高是三分之一，瓦顶房屋的举高是四分之一。举高指的是脊柱升起的高度与前、后檐柱之间的进深距离之比。这是从实践中发现茅草屋顶排水不畅，坡度太平缓了就容易漏，而瓦屋顶的排水较快，它的坡度可以适当小一些。

“囷窌仓城，逆墙六分”（囷，是贮藏谷物的圆囤。逆墙，即城上的女墙。“逆”又作“却”字讲，是指墙身逐步退却，杀减它的宽度），这句话的意思是建造贮藏谷物的囤仓的墙与建造城墙的基本方法相同，墙身自下而上逐渐变窄，墙上部有女墙，女墙的高度等于城墙高度的六分之一。

“堂涂十有二分”，这是讲台阶的坡度。清朝孙诒让在《周礼正义》中汇集前人的说法，把这句话解释为“十二分中取一分为峻”。这种1∶12的坡度用来做缓坡道似乎还可以，用来做台阶就显得太平缓了。因此把原文解释为十分中峻起二分，也就是台阶坡度是1∶5，可能还妥当些。

“窦其崇三尺”。“窦”是指宫中的排水管沟，它的形状、宽窄根据实际需要而定。为了防止壅塞，规定它的深度是三尺。

“墙厚三尺崇三之”，这是讲当时一般的夯土墙底部的厚度是三尺，其高度为厚度的三倍。

从以上这几段有关建筑的条文可以看出，早在两千多年前，人们就试图总结一些经验数字。这些经验数字，来源于建筑工匠的生产实践，也成为工匠世代相传的技术口诀。这些经验数字积累起来，也是宋代李诫编写《营造法式》的渊源之一。

可惜的是，《考工记》的匠人篇中缺乏有关建筑工匠的施工经验和操作技能的具体记载，但是，我们从《考工记》的轮人、辀人、车人等有关木工的条文中，可以看出对木工的质量要求是很高的，诸如：

木工必须善于利用材料——“审曲面势”，就是根据天然木材的曲直纹理、阴阳向背、形状特点去利用它。在加工时，从材料的性能和形状出发，考虑木材纹理的曲直向背，如何受力更为合适。有的适宜用在直处，有的适宜用在弯曲的地方。如果受力状况与木料纹理不符，木材就会劈裂。《考工记》中辀人篇讲制造车辕的要求，车辕前端放在马背上，后端位于车轮中心，所以需要选用合适的弯料，利用它原来的曲纹，再用火烤到需要的弯度，使车辕有良好的弹性。

在做车轮、车盖、车辕的零件时，各有一定的比例和尺度概念。书中列举了许多经验数字，其中提到车辕的榫卯深度要与辐宽相等。如果“辐宽而凿浅”（车的辐条宽度大于辐条的榫卯深度），则榫卯不会坚固，容易摇晃；如果“凿深而辐小”，则榫卯虽然很坚固，但辐条的强度不足，车轮就不能经受住沉重的荷载。书中又讲到车轮的形状需根据使用要求来决定——“行泽者欲杼，行山者欲侔”，就是走沼泽的车轮要削薄它践地的边缘，淤泥就不容易粘住车轮；走山路的车轮的边围要呈矩形断面，使车轮很结实，可以抵御山石的撞击和摩擦。由此，我们可以看出，《考工记》中对质量要求不仅讲了应该怎么做，还讲了为什么需要这样做，使我们不仅知其然，还知其所以然。

《考工记》中还提出许多检查质量的方法。车轮做好以后，凡能通过下列各项检查的，该工匠可算是“国工”（达到国家标准的意思）。用规检查车轮圆不圆，把轮子转动起来，看它是否正；用绷紧的绳子检查辐条是否正对轮子中心，上下成一直线，把轮子平放在水里面，看它四周是否均匀下沉；再用度量衡检查轮子的体积和重量，看左右轮是否完全一样。这些检查方法都包括着几何学和物理学的一些基本原理。

综合以上情况，说明当时木工师傅在掌握工具、选材、加工、制造、检查质量等各个环节都有许多好经验，反映了当时的木工技术已达到一定水平。这些经验和技术也可以运用在当时的木构房屋建造上。

通过对《考工记》有关建筑方面条文的分析，使我们了解到春秋末、战国初时期取正定平的方法；了解当时木工的经验和技能；了解当时的尺度观念和等级制度；了解当时对城市布局、城墙高度、道路宽度的设想。由此说明我国在早期就有了较系统的城市规划理论和较精巧的建造技能。这些条文文字十分简练，内容比较丰富，因此，《考工记》是研究古代建筑经常引用的重要典籍之一。

历代学者对《考工记》作过引经据典的考证，写下过浩如烟海的注疏。但是，我们现在建筑系学生和建筑界技术人员一般不可能、也没有十分必要去阅读那些繁难的考证和注疏。因此，我写这篇《考工记·匠人篇》浅析，意在从建筑学的角度，用较通俗的文字和浅显的说明来向青年读者介绍这篇年代较早、文字较难的古籍。若有不妥和疏漏之处，还望识者指正。

注释：

[1] 关于考工记的成书年代，在汉朝时已有不同看法。孔颖达认为：“文帝得周官，不见冬官，使博士作考工记补之。”僧虔认为：“是科斗书考工记。科斗书，汉时已废，则记非博士作也。”《汉书·艺文志》记载：“周官经，王莽时刘歆置博士。是孝文时此经亦尚无博士……安得有博士作记补经之事，足证其妄矣。”郑玄认为：“纪录出于前代，则是成于晚周。”唐朝贾公彦认为：“虽不知作在何日，要知在秦以前，是以得遭秦灭焚典籍，韦氏、裘氏等阙也。”清朝江永认为：“考工记，东周后齐人所作也，其言秦无庐，郑之刀，厉王封其子友始有郑，东迁后以西周故地与秦，始有秦，知故为东周时。书其言‘桔逾淮而北为枳，鸜鹆不逾济，貉逾汶则死’皆齐鲁间水，而终古戚速椑茭之类，郑注，皆以为齐人语，故知齐人所作也”。

[2] 历史上著名的考据家及其有关考工记的著作举例：

刘　歆：《周官经六篇》

郑　玄：《周礼·郑玄注》

孔颖达：《礼记正义》63卷

贾公彦：《礼记疏》

王安石：《周官新义》（附考工记解）

俞　樾：《群经正义》

乾隆御纂钦定周官义疏48卷

孙诒让：《周礼正义》86卷

载　振：《考工记图》2卷

郭沫若：《郭沫若文集》第14、16集

[3] 范文澜在《群经概论》中引《尚书大传》："周公摄政，一年救乱，二年克殷，三年践奄，四年建侯卫，五年营成周，六年制礼作乐，七年致政成王。"郑玄注《周礼》云："周公居摄而作六典之职，谓之周礼。"《明堂位》孔疏云："成王即位，乃用周礼矣。"这些材料都说明"按此则周公制礼，虽在六年，其颁行则在执政时"。

[4] 梁启超在《古书真伪及其年代》一书中分析前人对《周礼》的注和序，否认了"周礼是周公所做"的论点，然后提出他自己的看法："这书总是战国、秦、汉之间，一、二人或多数人根据从前短篇讲制度的书，借来发表个人的主张。主张也不是凭空造出来的，一部分是从前制度，一部分是著者理想……孟子和礼记王制说'侯国方百里'，周礼说'侯周方五百里'……春秋和战国初的国多地狭，所以侯国只可以方百里。战国末，国少地辟，自然侯国可以大些了。因此，益知周礼是战国以后的书，但刘歆为新莽争国，为自己争霸，添上些去，自然不免，或者有十之一、二。"

[5] 钱基博著《经学通志》，1936年

[6] 清朝考据和疏证《周礼》的书籍中较著名的有："方苞的《考工记析义》四卷；孙诒让的《周礼正义》八十六卷；载震的《考工记图》二卷；阮元刻十三经注疏本；程瑶的《沟洫疆理小记》、《水地小记》、《考工创造小记》各一卷；郑珍的《考工轮舆私笺》一卷，《附图》一卷；任启运的《宫室考》十三卷；惠栋的《明堂大道录》八卷；江永的《礼书纲目》；张惠言的《仪礼图》等。

[7]《管子·司马法》："六尺为步，步百为亩。"《史记·秦始皇纪索隐》："王制八尺为步，今以六尺四寸为步。"

原载《建筑史论文集》第7辑

《三辅黄图》的建筑史解读

朱永春

《三辅黄图》及其性质

《三辅黄图》，是中国一部历史地理典籍，叙述以长安为中心的秦汉三辅地区的都城建设。书名中的“三辅”，指的是汉代在长安附近的京畿地区所设立的3个郡级政区：京兆尹、左冯翊、右扶风。至于“黄图”，早年研究秦汉史的陈直先生认为，取“宏大规模之义”。陈直长于以金石史料证史，得出此论。据他所称：“昔见有‘昔引黄图’瓦当。‘黄图’二字，盖起于西汉，取其宏大规模之义。”[1]但陈直并未对“昔引黄图”作训释，仅推测此瓦当文字应为“汉宫所用摹写景物之词”。“昔引”作何解，瓦当中的“黄图”如何生出“宏大规模”之义，都未详明。此外，陈直语中用了“盖”，似对该瓦当的真伪或断代也不肯定。据此，当代学者辛德勇对此作了补充：

> “黄”字古可通“广”…… 因此，“昔引黄图”瓦当和《三辅黄图》书名中的“黄图”，也完全有可能是通作“广图”。“广”字有宽宏远大之义，“广图”用于瓦当，其吉祥语义犹如后世习用之“鸿图”。[2]

此外，学者何清谷认为，“黄图”就是帝都图。

> 我以为“黄图”就是帝都图。《艺文类聚》六三南朝江总《云堂图》：“览黄图之栋宇，规紫宸于太清。”“黄图”在此指帝都，这可能是汉朝以来习用的称谓。“黄”，本谓土地之色。《易·坤》：“天玄而地黄。”古以五色配五行五方，土居中，故以黄色为中央正色，而中央为帝都所在。《三辅黄图》即三辅地区的帝都图[3]。

尽管《三辅黄图》书名存疑，作者也不详。但该著记述秦汉都城和京畿地区皇家建筑的主题是显而易见的。因此，今天研究者，大多将《三辅黄图》看成一部历史地理著作。其实，中国的地理学典籍，如果从《尚书·禹贡》算起，就综合了历史、人文、经济等因素，远不像现代的“历史地理学”那么单纯。就《三辅黄图》来说，因其主题是汉长安及京畿地区宫观、坛庙、苑囿的，亦即在长安城的背景下观察其建筑，实际上也是一部弥足珍贵的中国建筑史学典籍。

《三辅黄图》的建筑史学价值

治中国建筑史，上溯到秦汉，就变得模糊起来。这是因为存世的地面建筑，仅有些石阙、石祠，不得不更多地借助文献稽考，以及画像石、画像砖、帛画、冥器一类的形象资料。其中《三辅黄图》的史料价值，备受建筑史学家的珍视。梁思成《中国建筑史》、童寯《江南园林志》、刘致平《中国建筑类型与结构》等中国建筑园林的原典，都以其为主要参考文献。这是因为，在秦汉典籍中，《史记》、《汉书》、《后汉书》等史学著作固然精审可靠，但只有只言片语涉及到建筑园林。有些汉赋是描绘城市和建筑的，如班固的《西都赋》和张衡的《西京赋》，状物对象都是长安，其固然有一定的参考价值。但不仅受制于篇幅局限，文学语言也达不到建筑学起码的精度。其他诸如《西京杂记》，虽然在西汉宫殿苑囿背景中展开，但却是以猎奇的眼光，专搜求奇闻轶事，难怪史家将其归为杂史著作。传世至今的，惟《三辅黄图》聚焦于西京城市和建筑。

如果说，宋代的《清明上河图》展示的是一幅世俗建筑的长卷，透露出宋代市井文化的繁盛；那么，《三辅黄图》绘制的是一幅宫廷建筑的全景图，揭示了秦汉帝都的宏大气象。全书值得称道的是，城市与建筑关系的处理：俯视都城时，不游离建筑；细说建筑时，有都城的视野。以书中对汉长安的记述为例，首先整体考察了汉长安：宫殿、八街九陌、九市十二门。然后将视线转向具体的宫殿、苑囿、池沼、台榭、明堂、圜丘、太学、南北郊、社稷、陵墓、观阁、署，乃至库仓、厩圈。如述及厩时，首句便是“未央大厩，在长安故城中”，这种以城市的视野观察建筑，在中国古代历史地理著作中是罕见的。

《三辅黄图》之所以有较高的建筑史料价值，还因其将触角探入到秦汉建筑的细节。以秦汉较普遍的建筑类型“宫”为例：书中有“以竹为宫，天子居中”的竹宫；种植葡萄的葡萄宫；养犬的犬台宫；有大到“马行迅疾一日之间”方才“遍宫中”的馺娑宫；筑于泾水边用于“望北夷”的望夷宫；祭天的祈年宫，应当近于清代的祈年殿；“张羽旗，设供具，以礼神君”的寿宫，当属祠仙性质。这些，深化了我们对秦汉宫室的认识。再如，秦汉高台建筑为一大景观。《三辅黄图》中有大量对高台建筑的记述，从“欲与南山齐”的云阁，到“梁木至于天，言宫之高”的天梁宫；从“高四十丈，上起观宇，帝尝射飞鸿于台上”的鸿台，到“祭仙人处，上有承露盘，有铜仙人，舒掌捧铜盘玉杯，以承云表之露”的神明台，给出了是时高台建筑具体鲜活的形象。此外，重屋式的市楼—“旗亭楼”、最早的戏场—角抵优俳之观，藏书性质的石渠阁、天禄阁，射熊观等等，直面秦汉建筑细节。

对《三辅黄图》的解读中，还可以看到诸多后世绝迹的建筑类型，如“象天极”的极庙、“祠祭招仙人”的通天台、集仙宫、存仙殿等等。对这些建筑的考察，可以深入到秦汉城市建筑背后的观念形态。原来，除了儒家礼仪，还有后世已淡化了的法天观念、长生成仙观念。

《三辅黄图》的版本及注疏

《三辅黄图》一书被征引，始见于曹魏时期如淳的《汉书注》。因此，一般认为《三辅黄图》的初本，约略出于东汉末至三国时期间。原书至迟在南宋时期已散佚。今通行的传本，一般认为，是唐代中期前后所编定。初本的作者以及今通行传本的纂辑者都不详。

《三辅黄图》始著录于《隋书·经籍志》时，称“黄图一卷，记三辅宫观、陵庙、明堂、辟雍、郊畤等事”，可见原书初本仅一卷。南宋晁公武《郡斋读书志》著录时作三卷，陈振孙《直斋书录解题》著录时则作为上下二卷。元季致和年间（1328年）所刻的致和本，作六卷。该本为现存最早的版本。

现代对《三辅黄图》的注疏，始于民国时主京师图书馆的张宗祥的《校证三辅黄图》，1958年由古典文学出版社出版。此后，陈直以张氏《校证三辅黄图》为底本，著《三辅黄图校证》，1980年5月由陕西人民出版社出版。陈直是著名秦汉史家，长于金石史料证史。当代学者何清谷的《三辅黄图校释》，2005年6月由中华书局出版。何著除了吸收了前人研究成果，还重视考古发现和实地考察，从校勘的细致、引证文献的丰富性等方面来看，是目前最完善的校本。

参考文献：

[1] 陈直. 三辅黄图校证. 西安：陕西人民出版社，1980
[2] 辛德勇《三辅黄图校释》后述.《书品》2006年第1期
[3] 何清谷. 三辅黄图校释. 北京：中华书局，2005

［宋］李诫《营造法式》

《营造法式》评介

郭黛姮

一、《营造法式》的性质

《营造法式》是北宋末徽宗朝崇宁二年（公元1103年）出版的一部建筑典籍，它又是由官方颁发、海行全国的一部带有建筑法规性质的专书。这部书出版的主要目的是为了满足建筑工程管理需要，通过对建筑技术做法编著法式制度，对建筑施工所需的劳动力制定功限定额，对建筑材料的使用制定用料限额，以达到在当时生产力和生产关系的水平之下实现科学管理的目的。它的产生不是偶然的，这不仅与当时的生产力发展水平、生产关系状况有着密切关系，同时又与北宋的政治经济形势有着密切关系。王安石变法成为编制《营造法式》的契机，而自秦、汉历隋、唐、五代，建筑技术水平的日臻完善则成为编制法式的物质基础。

1. 北宋建筑行业的发展，使官手工业规模空前

将建筑业作为官方控制的手工业，专门从事皇家建筑工程活动，由来已久，相应地便产生了一套管理机构。随着官手工业的发展，这套管理机构日益庞大，例如在汉代设将作少府，掌修宗庙、路寝、宫室、陵园等皇家所属土木工程。到了唐代设将作监，其下再设四署，左校管理梓匠，右校管理土工，中校管理舟车，甄官管理石工、陶工。宋代的将作监规模进一步扩大，分工更细，将作监下有十个部门。

另据《宋会要辑稿》载与土木工程有关者共二十一作，即大木作、锯匠作、小木作、皮作、大炉作、小炉作、麻作、石作、砖作、泥作、井作、赤白作、桶作、瓦作、竹作、猛火油作、钉铰作、火药作、金火作、青窑作、窑子作等[1]。

在宋代的官手工业中还有一个变化，就是工匠地位有所改变，前朝的徭役制在政治动乱的年代逐渐被和雇制所代替，官府所需工匠不能再靠征调徭役，必须通过招募、给酬的方式来完成，于是对雇工制定了“能倍工，即偿之，优给其值”的政策，劳作工匠可依技艺的巧拙，年历的深浅，取得不同

的雇值。这样便刺激了劳动者的积极性，工匠世代相传之经验做法不断加以改进，生产技术进一步娴熟，致使沈括在《梦溪笔谈》中称“旧《木经》多不用……”，这说明即使像著名工匠喻皓所掌握的《木经》，到了北宋末人们已觉得不适用了。在官手工业得到发展之后，需要有一套新的定额标准来满足工程管理的需要，这种社会需求正是《营造法式》产生的基础。

2. 官方对建筑业管理不善，需加强法制

北宋开国后大兴土木，东京的十几处皇室建筑，有半数以上是在开国之初的几十年内建造的。在这样大规模的建设活动中，管理不善便出现了巨大浪费。再加上监官虚报冒领，因此到了天圣元年（公元1023年）竟有430处工程“累年不结绝”。由于没有一套完善的管理制度，便造成财政亏损、国库空虚。在仁宗至和元年（公元1054年）的诏书中已察觉到这类问题：“比闻差官修缮京师官舍，其初多广计功料，既而指羡余以邀赏，故所修不得完久。”于是要求“自今须实计功料申三司，如七年内损堕者，其监修官吏工匠并劾罪以闻”。[2]即使下了这样的诏书，仍未能制止监官们中饱私囊的现象。至神宗时期，王安石变法，提出“凡一岁用度及郊祀大事，皆编著定式”，以完善管理制度。熙宁五年（公元1072年）令将作监编制一套“营造法式”，过了将近20年，于元祐六年（公元1091年）才完成，但是这部“元祐法式只是料状，别无变造用材制度，其间工料太宽，关防无术”，[3]“徒为空文，难以行用”。[4]由于元祐法式未能解决严格管理的问题，所以在哲宗朝绍圣四年（公元1097年）皇帝又下圣旨，命李诫重新编修。李诫于元符三年（公元1100年）完成，并于崇宁二年（公元1103年）出版，海行全国。

二、《营造法式》一书的主要内容

《营造法式》（以下简称《法式》）由“总释、总例”、“诸作制度”、“诸作功限”、“诸作料例”、“各作图样”五个部分组成，共计三十四卷。在这三十四卷之前，还有一卷“看详”，阐明建筑行业的通行规矩，并且针对由于“方俗语滞”、“讹谬相传”所造成的建筑构件一物多名的情况，通过考究文献，定出统一的称谓。同时还说明了《法式》编写的特点。现将五个部分的内容简要介绍如下：

1. 总释、总例

共二卷，四十九篇，这一部分属考究经、史群书的条目。《法式》编者李诫从《周官考工记》、《易·系辞》、《礼记》、《尔雅》、《义训》、《博雅》、《说文》、《释名》、《鲁灵光殿赋》、《春秋》等70部古代文献中辑录有关建筑各部构件及做法的条目共计283条，清理了历代建筑所用的名词术语，总结了文献中所反映的建筑经验。对于有些条目，在引出文献之后，还添加了宋代使用情况的注释，这些注释是对于相关制度章节的补充。例如“铺作”条，在引《景福殿赋》中“桁梧复叠，势合形离”句后加注“桁梧，斗栱也，皆重叠而施，其势或合或离”。在引《含元殿赋》中“云薄万栱”、“悬栌骈凑”之句后加注“今以斗栱层数相叠，出跳多寡次序，谓之铺作”，则补充了大木作制度中未加阐明的“斗栱”、“铺作”等词的概念。又如“斗八藻井”条，引《西京赋》“蒂倒茄于藻井，披红葩之狎猎”之句后，注明“藻井当栋中，交木如井，画以藻文，饰以莲茎，缀其根于井中，其华下垂，故云倒也”，则是对“藻井”为何有此名称及其在建筑中的位置均作了说明。这对于人们理解有关制度是至关重要的。此外还说明宋《法式》如何根据前人经验修定一些制度，如定功制度按《唐六典》修定，取正、定平、举折、筑墙等制度按《周官·考工记》修定。

“总例”则是对编写著作制度的一些原则所作的说明。例如，何谓构件的“广、厚”？指出“称广厚者谓熟材”；何谓构件的“长”？指出“称长者皆别计出卯”。在这一节中还交待了“功限”、“料例”中有关称谓的含意。

2. 诸作制度

所谓“诸作制度”是指建筑行业所属各工种的“制度”，例如关于木工工种的有大木作、小木作、锯作等方面的制度；关于石工工种则有石作制度。《法式》用了十三卷的篇幅编写出木、竹、瓦、石、泥、窑、砖、雕、彩绘等不同工种的制度，每种工种的制度所包括的内容主要在以下几个方面：

1）建筑总体上的设计原则。例如建筑的平面柱网布局，个体建筑在建筑群中的尺度关系等。又如建筑的色彩总体上“唯青绿红为主，余色隔间品合”。

2）确定建筑构件的细部尺寸方法，指出构件细部尺寸与总体的关系。例如斗栱中的各种斗、栱、昂、枋、耍头、衬枋头如何随着总体尺寸的不同而变化。不仅对于木构件，而且包括台基栏杆一类的石构件。

3）建筑构造做法。中国古代的房屋大都采用分件加工制作，总体安装的办法来完成，如何处理构造节点，事关建筑的安全，《营造法式》详细制定了大木结构、砖石结构的节点构造做法——榫卯在不同部位的变化，以满足建筑的安全和牢固的要求。

4）每一工种的技术操作规程。在当时任何建筑都是以手工方式进行加工的，《营造法式》指出如何选择最合理的加工方法，例如在石作制度中对带有雕刻的石构件，编制出一套完整的工序，即“造作次序”，将石构件的加工归纳成六道工序：

（1）打剥（2）粗搏（3）细漉（4）褊棱（5）斫砟（6）磨礲

这里的前三道工序对于任何一种雕镌制度都是必不可少的通则，而后面的几道工序可依据雕镌对象的具体情况来调整。

5）提出了关于建筑材料特性方面的注意事项。例如在彩画制度中提出绘制彩画时的衬色与禁忌。由于彩画使用的生青、石绿、朱砂皆为矿物颜料，价格较昂贵，颜料本身有透明度，因此在彩画绘制过程中先以“草色”打底，草色是一些较便宜的颜料，此即《法式》所称的“衬色之法”。《法式》还从画面艺术效果的角度总结了色彩配置的经验，如“染赤黄，先布粉地，次以朱华和粉压晕，次用藤黄汁通罩，次以深朱压心”，通过布粉地、压晕、通罩、压心四个步骤才完成。又如“合草绿汁，以螺青华汁用藤黄相合，量宜入好墨数点及胶水少许”，这里的“好墨数点”、“胶水少许”是多么难得的经验啊！

3. 诸作功限

《法式》自卷十六至卷二十五以卷的篇幅开列了各工种的用功定额，首先从用功性质上作了分类，即有以下几类：

1）总杂功：指任何工种均通用的类型，如搬运、掘土、装车等。

2）供诸作功：即主要工种的辅助性工作，如砌砖、结瓦时需有供砖、瓦及灰浆者，供作功与本作功之比为2:1。供作功各工种比例不同，如大木作钉椽，每一功，供作一功。小木作安卓每一件及三功以上者，每功供作五分功。

3）各工种技术操作用功：

造作功　使构件成形所需之功，如造覆盆柱础，首先是造素覆盆所需之功。造铺作，首先是将一组铺作中的每个斗和栱的分件加工成形所需之功。

雕镌功　对于需要雕饰者作进一步加工所需的用功量。

安卓功　石作中称“安砌功”。木作斗栱中称“安勘绞割展拽功”，就是将构件安装、就位所需之功。石作中安砌功为造作镌凿功的2.5/10。而铺作的安装功即为造作功的4/10至10/10。小木作中造作功与安卓功的比例无一定之规，两者之比在0.63～1.1/10之间。总的来看，小木作的造作功所占比例超过其他工种。

《法式》功限制度除作为定额本身的价值之外，还成为各作制度的补充文献。在功限中，为了计功方便，将有些复杂的部件中所用分件及数量全部列出，如一朵转角铺作中的上百个分件，这对人们理解铺作的构成提供了重要的依据。如石作功限，补充了雕镌制度的使用范围。彩画作功限，提供了各种彩画制度使用于不同屋舍的信息。

4. 诸作料例

《法式》卷二十六、二十七共载有石作、大木作、竹作、瓦作、泥作、砖作、窑作、彩画作等八个工种的用料定额，其中还记载了当时使用的材料规格，如木材中较大木方有大料模方、广厚方、长方、松方等；小木方有小松方、常使方、官样方、截头方、材子方、方八方、常使方八方、方八子方等；柱料有朴柱、松柱等，并给出各种木料的使用部位。这反映了当时官手工业中对建筑材料实行较科学的管理制度的状况。另一方面，料例中还记载了材料的配比，例如彩画中所用色彩的配制，砌墙所用石灰与麻刀的配比等。

5. 诸作图样

《法式》自卷二十九至卷三十四以六卷的篇幅绘制图样218版，产生了中国建筑史上空前完整的一套建筑技术图，其图样类型有以下若干方面：

测量仪器图共5版，包括有望筒、水池景表、水平、水平真尺等仪器的轴测图。

石作图样共20版，包括有石雕纹样、石构件形制图。

大木作图样共58版，包括有构件形制、成组构件形制、建筑物总体或局部图样。

小木作图样共29版，包括有常用木装修及特殊木装修的形制及其雕饰纹样图。

雕木作图样共6版，绘有建筑上常用的混作、剔地起突、剔地挖叶、剔地平卷叶、透突平卷叶华版、华盘等图样。

彩画作图样共90版，绘有不同形制的彩画纹样。

三、《营造法式》编写的特点

1. 建立统一的技术标准

编制《法式》的初衷是为了控制功料，但如果简单地开出一个功料定额清单，势必重蹈元祐法式的复辙，即“只是料状，别无变造用材制度”，“徒为空文，难以行用”，李诫针对元祐法式的问题，首先对当时的建筑技术作了全面的总结，这样便编写出了各工种的制度，使得“及有营造位置尽皆不同”时仍然有据可依。这实际上成为当时在建筑工程中建立起来的统一技术标准。面对木构建筑复杂的技术做法，及广大地域中不同地区工匠派别的差异，如果没有统一的技术标准，则难以编制出统一的工料定额。当时的官手工业并没有一支完全稳定的队伍，无论匠人是来自军工或和雇工，素质都是不齐的，就连对于建筑构件的称谓都可一物多名。如对檐的称呼多达14种，就连最普通的构件“柱子”称谓还可有二，即“柱”、“楹”，梁的名称有三，即“梁”、“宲廇”“欐”，有的构件称谓使人费解，如角梁，被称为“觚棱”、“阳马”、“阙角”……之类。至于每一构件的形制，乃至建筑某一部位的做法，也同样会有多种不统一或不科学的状况，例如北宋著名工匠喻皓所撰《木经》中，关于踏道的制度称“阶级有峻、平、慢三等。宫中则以御辇为法，凡自下而登，前竿垂尽壁，后竿展尽臂，为峻道……前竿平肘，后竿平肩，为慢道；前竿垂手，后竿平肩，为平道”。像这样的规定带有相当随意的成分，御辇长度可能有变化，人的手臂长短也有变化，无法说出台阶的准确坡度，当然也就难以规定功料定额。因此具有实践经验的李诫，首先编出各作制度，将工匠经验及诸作谙会整理、发掘，使建筑各部之造作规矩呈现在各作制度之中。

中国木构建筑的特点是结构形制复杂、变化多，装饰品类多，木雕、石雕、彩画均需使用。再加上建筑需满足不同等第的使用要求，体量大小需加以变化，建筑构件又需满足预制装配的要求。面对这诸多变化因素，要想制定统一功料定额，必须首先找出各工种的技术特征。如大木作，首先制定出“用材制度”，使建筑的结构纳入以材分°模数为系统的轨道，这可称之为古代的一项系统工程。又如对于装饰中的石雕和彩画，这在任何一幢建筑上都会是个性很强的，同时又是无序的，难以统一的，《法式》将石雕归纳成四种主要雕刻类型，将彩画归纳成五种主要彩画类型，并以工序的多少、纹样的繁简、技术难度的差异，排列出适于不同建筑等第的装饰标准。

2. 有定法而无定式

制定《法式》的目的不是将建筑限定在固定的模式之内，而是为了整理出技术通则，便于管理。李诫在编制《法式》的宗旨中提出了“变造用材制度”，其中的“变造”体现了一种变化造作之意，例如卷四大木作制度一，整卷介绍斗栱的做法，其将斗栱的制度分成“用材之制”、“造栱之制”、“造昂之制”、“造耍头之制”、“造斗之制”、“总铺作次序”、“造平坐之制”等小节来阐明有关斗栱的各种制度，包括构件形制、组合规律、变化原则以及技术加工要点等各个方面，但却未讲一组具体的斗栱。工匠依据制度所定原则可以造出多种斗栱，例如一朵六铺作斗栱，可以有单栱造、重栱造、偷心造、计心造、卷头造、下昂造、上昂造等十余种形式。又如彩画作制度，首先指明彩画绘制程序、晕染方法、主要色调等，然后便明确指出“用色之制，随其所写，或深或浅，或轻或重，千变万化，任其自然”。在制度中不仅有“量”的要求、尺寸的控制，而且指出艺术风格的特征，如对五彩遍装彩画，其艺术效果是“取其轮奂鲜丽如组绣华锦之文尔”，其所绘花纹既可是“华叶肥大，不露枝条”的丰满格调，也可是“华叶肥大，微露枝条”，透出几分清秀。总之，留给匠师创作的机会。《营造法式》虽称《法式》，但仍不失其灵活性，以保证建筑创作的千变万化。其特点是有定法而无定式。

3. 以比类增减的原则制定用功用料定额，控制功料

1）制定工日标准

在用功标准上首先对自然界造成的全年功日长短的差别作了规定，将功日分成长、中、短三类，“称长功者谓四月、五月、六月、七月；中功谓二月、三月、八月、九月；短功谓十月、十一月、十二月、正月”。以中功为准，长功加10%，短工减10%。

2）区别人员素质标准

在《营造法式》中规定“诸式内功限并以军工计定，若和雇人造作者，即减军工三分之一”。这条是针对当时情况而定的特殊制度，北宋因赵匡胤以陈桥兵变掌权，为防政局变化，自开国以来便有几十万军队驻守东京，这些军队在平时即充作军工，成为皇室建设的主力，而到北宋末，即《法式》制定的年代，距开国时已几十年过去，老弱者增多，因之军工定额比和雇工匠要低。

3）制定技术质量标准

在各工种内分出上、中、下三等不同难度的工作。在“诸作等第”这一卷中对各工种的工作作了专门的等第区分，例如石雕，能做剔地起突或压地隐起或减地平钑者，为上等功；能作覆盆柱础、石碑者为中等；只能作放在次要位置的石版或石块者为下等。

4）制定出建筑的“标准件”用功、用料定额，比类增减

由于建筑物的大小、形制是随客观条件而变化的，例如一组形制相同的斗栱，在用材等第不同时，用功则不同。这种变化如果一一开列出用功数量，将会不胜其繁，且仍会挂一漏万，到施工中又是临时不可查找。因之《法式》总例中提出：“诸造作并依功限，计长广各有增减法者，各随所用细计；如不载增减者，各以本等合得功限内，计分数增减。”于是《法式》便定出了标准用功量。

对于用料，总例中提出“诸营缮计料，并于式内指定一等，随法计算；若非泛抛降，或制度有异，应与式不同，及该载不尽各色等第者，并比类增减”。

4. 全书图文并茂

李诫在总诸作看详中称“须于画图可见规矩者皆别立图样以明制度”。

例如在石雕纹样图中表现出不同构件所施石雕纹样的不同风格，例如同为剔地起突，在柱础上使用时，需随覆盆外轮廓做凹凸变化，而在角石上者则可自由凸起，用以表现石狮的跳跃、行龙的奔腾。在流杯渠图中，表现了风字渠与国字渠的不同纹样及流杯渠与出入水斗子的平面关系。

在石钩阑图中表现单钩阑与重台钩阑之差别。

在望柱、柱头及下座图中，不仅表现出望柱与柱头、下座的雕刻形制，而且表现出三者的插榫关系。

在门钻图中表现出需开挖的池、槽位置及雕刻位置。

又如在大木作制度图样中从以下几方面补充了制度难以用文字表述的部分。

1）构件形制图

（1）表现出构件卷杀的做法。

（2）表现出卯口位置、形状、开凿方法；尤其是列栱，与角部45°方向

的构件相交后，榫卯变得非常复杂，频添了45°方向的卯口，《法式》卷三十绘制了8种列栱情况，若无这些图样，很难想像转角铺作中栱的长短变化和榫卯，更难在施工中做好这类构件。又如“拼合柱”，内部使用暗鼓卯，若无图则难以说清楚。

2）整组构件的形制

如斗栱中的栱、昂、斗的基本类型，同时注明何种为几铺作。

3）建筑局部图样

关于建筑转角部位、柱、额、斗栱、椽、飞、翼角的关系，有四版八幅图样，不仅表现单层房屋，而且表现了楼阁建筑，在使用平坐情况下的角部处理情况。

4）建筑物的总体图：

图样中有关建筑物总体方面的有地盘图，即平面；侧样图，即横剖面；槫缝襻间图，即纵剖面。其中侧样图占的比重最大，共载有殿堂侧样4幅，厅堂侧样17幅，几乎将当时木构建筑各种常用的梁架形式皆包括进来，不仅说明了大木作制度所涉及的问题，而且是对宋代木构建筑构架类型的总结。

在小木作图样中具体描绘出以下的几类装修图样：

（1）常用木装修形制图：包括室外装修常用门窗16种，室内装修中的隔断4种。木钩阑4种。

（2）特殊木装修形制图：小者如牌匾，大者如佛道帐、壁藏、转轮藏。

（3）装修中使用的装饰纹样，如平棊图案，绘出6种纹样。

在雕木作图样中绘有“混作”、“写生华”、“剔地起突华”、“剔地洼叶华”、“实雕”等不同雕刻手法所用纹样。

彩画作图样所占篇幅最多，表现有五彩遍装、碾玉装、青绿叠晕棱间装、解绿结华装、刷饰等彩画制度的梁、额、斗栱、椽飞、栱眼壁等处的纹样，及各种色彩的位置。在华卉纹样中绘出铺地卷成、枝条卷成、写生华等不同风格的华叶处理方式。

《法式》六卷图样的制图方法有的近于今天的正投影图，如地盘图、侧样图、华纹图等，有的为轴测图，如构件、开榫，其中最精彩的是斗的各种轴测图，由于榫卯位置各不相同，于是将斗从各种角度绘其轴测。还有近似于一点透视的立面图——只有两个方向的透视，如佛道帐，为表示台阶、柱廊，于画面左右向中央作透视。这些图样反映了在12世纪中国工程制图学所达到的水平。遗憾的是今天所见各版本的图样几经传抄，已非原貌，可以肯定《法式》宋版图样定会更为令人赞叹不已。

四、从各工种制度中看《营造法式》的价值

1. 总结了中国在10世纪末建筑行业所取得的科技成果。

1）大木作制度中的“用材制度”的科学价值

《法式》卷四大木作制度中首先讲的便是用材制度，这是一项至关重要的制度，正如《法式》序中所称：建筑工程“不知以材而定分°”，势必造成“弊积因循”，因之李诫便首先制定了大木作结构的用材制度：即“凡构屋之制皆以材为祖，材有八等，度屋之大小因而用之……凡屋宇之高深，名物之短长，曲直举折之势，规矩绳墨之宜，皆以所用材之分°以为制度焉”。这项用材制度与今天建筑工程中所使用的模数制度有某些相似之处，姑且称其为“材、分°”模数制。

“材、分°”模数制的意义

“材、分°”模数制的内容包括了三个部分，第一部分阐明“材、分°”模数对于木构建筑的重要性，即“凡构屋之制，皆以材为祖”，意思是说，建造房屋的制度，在任何情况下都要以“材”作为最基本的依据。

第二部分阐述材的形制、等级以及每等材的使用范围。“材”有“足材”、“单材”之分，单材是指斗栱中栱或木方的断面，高15份宽10份，这当中的一份在《营造法式》中称为一分°（读作fèn，为与“分”字区别故加去声符号）。足材高21分°，宽10分°。单材与足材之差称为“栔”，高6分°，宽4分°。材总共有八个等级，最大者9寸×6寸，最小者4.5寸×3寸。

第三部分阐述“材、分°”模数制在大木作制度中怎样运用，即所谓“凡屋宇之高深，名物之短长，曲直举折之势，规矩绳墨之宜，皆以所用材之分°以为制度焉”。人们在大木作制度中可以看到，对于木构建筑的梁、柱、桁、椽、额以及斗栱上的各种构件之长短、曲直，以及加工过程中的每一工序如何下墨线，都是用几材、几栔、几分°来度量的。然而，对于所谓“屋宇之高深”，亦即房屋的开间、进深、乃至于柱高，在法式制度中并未作明确的规定。对此不但不能看作是编者的疏忽，反而应该看作是编者有意为工匠留有余地的做法，使得工匠可以根据客观条件运用“材、分°”制度进行设计与施工，这样“材、分°”制度才不是生硬、僵化的条文，恐怕这就是在《法式》序中所谓的“变造用材制度”的“变造”之含意。

“材、分°”模数制为什么要以栱、枋的断面作为大木构架的基本模数？这主要是由于栱、枋在大木构架中是截面最小的构件，同时又是多次被重复而有规律地使用着的构件，它与大木构架有着不可分割的密切联系。那么，这种以一个构件的截面——“材”作为模数，比单纯的数字模数包含了哪些更深刻的概念呢？从“材、分°”模数制在大木作制度中的运用，可以察觉到，它包含着强度、尺度、构造三方面的概念，这是其他模数制所未能具备的特点。

关于强度的概念：

在大木作制度中，用“材、分°”模数来度量的主要结构构件如大梁、阑额等，均具有较为科学的断面形式。同时，还可看到，在《法式》所推崇的木构体系中，出现了“足材”，在大木作制度中使用足材为模数单位的构件主要是华栱、丁头栱。华栱是一朵铺作中主要的悬挑构件，一条华栱可以看成是一个短短的悬臂梁，它比铺作中其他横向的栱受力要大得多，因此断面需要加大，但工匠们并不是笼统地放大其断面的高度和宽度，而是仅仅增加断面高度，使其高宽比为 21∶10，以提高悬臂梁抵抗弯矩的能力。这样的处理明确地体现着结构力学的基本原理，足材的使用证实了工匠们寓强度概念于“材、分°”模数体系中的意图。

关于构造的概念：

使用斗栱体系的中国木构建筑，每一幢房屋正是因为使用整齐划一的“材”作为栱、枋的断面，才能保证栱、枋搭接时具有标准化的构造节点，才能把几十个形状各有不同的斗、栱、昂、耍头搭成一朵朵铺作，所以“材、分°”模数制所包含的构造概念是可想而知的。它所表现出来的构造规律是材、栔相间组合，高 6 分°的栔，不仅是足材与单材之差，而且还相当于除了栌斗以外几种小斗的平和欹的高度。材、栔相间组合的构造方式，成为铺作各处节点构造的基本格局。在法式制度中，当谈到几材几栔时，如果不特别指明是梁高或柱径，用以表示构件的具体尺寸，笼统地称几材几栔就意味着几层栱或枋与斗相间叠落在一起的构造做法。所谓几材几栔，就是某种构造方式的代名词。据此推想，在施工交底时，匠师们只要讲明某一节点是用几材几栔，也就等于今天给出了具体的节点构造大样，对于工匠来说，结构的某一位置上用几材几栔，必定是某种构造方式，这种构造方式已是同行之间众所周知的节点做法了。

关于尺度概念：

房屋结构的强度大小和构造节点的标准化，与“材、分°”制的密切关系，在法式制度的字里行间，比较明显地反映出来了。那么“材、分°”制与建筑艺术的关系又如何呢？经过仔细研究便可发现，制定“材、分°”制的人把材分成八等，分别用于不同等第的建筑，而且在用材制度中规定同一幢房屋上有些情况需要使用不同等第的材，例如副阶用材，《法式》规定“副阶材分°减殿身一等”，如果殿身用二等材，则副阶用三等材。副阶用材等第降一级，就意味着副阶所采用的构件都比殿身采用的构件要有所减小。在当时官式建筑中普遍使用斗栱的情况下，斗栱的大小敏锐地反映着建筑的尺度，如果殿身和副阶斗栱材分°等第相同，由于副阶比殿身低矮，处在接近人的部位，副阶斗栱势必显得粗笨。当时的工匠们已经认识到人们所感受的建筑物之大小，不仅用绝对尺寸为衡量标准，而且可以利用相互对比和衬托得到一种相对的印象。在八等材中，“材、分°”制度明文规定七、八等材用于殿内藻井，这也是通过调整材、分°大小来体现建筑尺度的又一例证。八等材只及一等材断面的1/4，使用八等材的藻井，作为大殿室内装修的构图中心，显得格外精细工巧，与大殿殿身所具有的粗壮构件形成强烈的对比，这样既可利用藻井把殿身衬托得更加雄伟，又可通过大殿本身粗壮的梁、柱、斗栱，反衬出藻井的精美。

在用材制度中还有“殿挟屋减殿身一等，廊屋减挟屋一等，余准此”的规定。对此可理解为控制建筑群中主要建筑与附属建筑之间尺度关系的规定。在建筑艺术处理上要求建筑群中的建筑主次分明，主要建筑的体量由于材料的局限也不可能做得太大，这就需要正确处理主要建筑与从属建筑的关系，以取得主次分明的艺术效果。“材、分°”制度规定降低廊屋和挟屋的用材等第，正是为了这样的目的。

“材、分°”制中对于八等材的尺寸规定并不是以等差级数递减的，而是明显地把它们分成三组。一、二、三等为一组，每等材之间高度相差0.75寸，宽度相差0.5寸。四、五、六等材为第二组，每等材之间高度相差0.6寸，宽度相差0.4寸。七、八等材为第三组，两者之间也是高度相差0.75寸，宽度相差0.5寸。之所以分成明显的三组，可以理解为其目的在于适应殿阁、厅堂、小亭榭等不同等级和规模的建筑之需要。然而第一组的三等材和第二组的四等材之间的尺寸差，比其他各等材之间的差都更小，高度上差0.3寸，宽度只差0.2寸，这又是为什么呢？这种现象的出现可以看作是允许殿阁和厅堂两类建筑群中个体建筑的用材等第互相渗透的。

这种“材、分°”模数制的产生，是与当时生产力、生产关系的状况密切相关的，由于当时的官属建筑都是利用官手工业的施工队伍进行施工的，在施工过程中，工匠们采取专业化分工，制作梁架的工匠承担着整个建筑群中所有这类构件的加工、安装，制作斗栱的工匠则承担着建筑群中所有大小不同的房屋中斗栱的加工、安装，当工匠们接受施工任务时，没有条件看到像今天这样详细的施工图纸，而是靠主持工程的都料匠进行口头交底，当然也就不可能讲得面面俱到，往往只能粗略地交待有关建筑开间、进深的总体控制范围，间数，斗栱朵数，铺作数等。工匠们便会根据他们世代相传，经久可以行用的一套规矩，确定建筑的用材等第，进行构件加工，最后拼装成一幢幢房屋。“材、分°”模数制既保证了他们所加工的构件具有标准化的节点，从而准确无误地拼装，又保证了构件具有足够的强度，同时使建筑群中的每一幢建筑具有适宜的尺度。“材、分°”模数制的生命力还在于施工中简化了复杂的尺寸；同一类型的构件，它们的材、分°尺寸是相同的，在不同等第的建筑上使用时，只需记住它的材、分°尺寸，而不必去记住它的实际尺寸，便可进行加工，减少施工的差错。“材、分°”模数制所蕴含的设计与施工经验，是其他模数制所不能比拟的。

但是，对于一幢建筑物的开间、进深等大尺寸，并不能用材、分°模数制去衡量，这要由匠师按照实际情况去设计，有的学者从《法式》卷十七功限中找出一条“造作功并以六等材为准”的文字，于是便以此为据，将卷四、卷五大木作制度中的有关开间、进深方面作为举例开列的个别尺寸，用六等材计算其用材的分°数，并将此变成通则[5]。这种做法缺乏科学的严密性，且作者将六等材用于殿阁，即与用材制度所规定的范围相违。

从《法式》编著的宗旨来看，其以有定法而无定式为原则，绝不会将开间、进深都用材分°模数去加以限定的。“材、分°”模数制的应用，与斗栱的使用有着密切关系，材的概念形成于斗栱的发展过程中。从史料来看，最早的斗栱，见于西周初的铜器“夨令簋”上的大斗，斗与栱组合在一起的例子现存最早的材料是战国的采桑猎钫和中山国的铜方案等青铜器，到了汉代在明器和汉阙上都可以看到建筑中使用斗栱的例子，并且已经达到一定的熟练程度了。

经过南北朝、隋唐、五代的发展，到了北宋，“材、分°”模数制终于达到了成熟的阶段，这不仅表现在《法式》对于用材制度的推崇，而且还表现在“材、分°”高宽比在《法式》成书前的宋代遗构中的日趋统一。

北宋灭亡之后，南宋时代为了使南方工匠熟习《法式》，并运用于当时的官式建筑中，曾进行过重刊。但到后来，经过若干次战乱，发达的中原文化，受到了落后奴隶主贵族统治的扫荡，“材、分°”模数制便付诸东流，代之而起的是清代的“斗口”模数制。但是“斗口”模数制已基本失去了“材、分°”模数制的特点，而是向数字模数制靠近了。

2）关于大梁断面的科学价值

以用材之制为基础的大木结构，任何一处的梁，其断面的高宽比都是与“材”的高宽比相同，即无论梁的尺寸有多大，其高宽比皆为3:2，这样便保证了木梁受力的合理性，进而保证了建筑的安全性。

《法式》对梁的规制还有以下的特点：

（1）梁的断面尺寸是随着梁的长度而变化的。梁越长，断面尺寸越大。

（2）梁的断面尺寸与梁表面加工的精粗程度有关。凡表面做了较精细加工的，断面尺寸就可小些；凡表面仅做粗加工的，断面尺寸就要大些。这是因为考虑到粗糙的面层承载能力稍差的缘故。

（3）由于不同类型的建筑对梁的强度要求有所不同，如殿阁一类的建筑要求的强度高，因其所承托的屋顶，构造做法复杂，瓦饰厚重，荷载的重量大，所以把梁的断面尺寸加大。而厅堂一类的建筑荷载重量稍轻，所以梁的断面尺寸就小些。

（4）表面经艺术加工、做成稍稍弯曲的月梁，与未经艺术加工的直梁，断面大小是不同的。因为考虑到梁面经艺术加工，做成弧形表面后，承载力的有效值减弱，所以将梁断面稍稍放大。还有其他一些因素，如考虑到建筑上所用斗栱的等级，满足建筑艺术处理的要求，或因梁头出跳的构造要求等，也对某些梁的断面尺寸作了调整。

此外，《法式》还对梁首、梁尾的处理也作了规定，一般月梁梁首断面均减至一个“足材”的大小，即21分°×10分°，然后或进入斗栱的斗口中，或插入柱身。

《法式》对于梁长度和断面尺寸的规定，是把技术要求与艺术要求加以综合考虑之后而制定出来的。今天，分析其对梁受力情况的认识程度，可以看出，这不仅是总结了当时工匠的实践经验，而且是有所提高的科学结论。关于这个问题，一方面可从与《法式》成书前后的中国古代建筑遗物的比较中得到证实，另一方面也可从与西方材料力学发展史的有关论断的比较中得到证实。

例如比《法式》成书年代晚三四百年的达·芬奇的论断。达·芬奇所提出的、在当时被认为具有普遍意义的原理是：“任何被支承而能自由弯曲的物件，如果截面和材料都均匀，则距支点最远处，其弯曲也最大。”[6]他通过实验得出的结论是：“两端支承的梁的强度与其长度成反比，而与其宽度成正比。”[7]也就是说，同样断面的梁，长度越长，强度就会越小。同样长度的梁，宽度越大，则强度越高。把这个结论与《法式》的总结相对照，可以看出《法式》关于梁的长细比的规定中已包含了长度与强度成反比关系的这层意思，而达·芬奇对于梁的强度与宽度关系所下的结论，远不如《法式》对于梁的高宽比的规定更接近于问题的实质。《法式》规定梁的高度尺寸是宽度的1.5倍，说明当时已认识到梁的高度尺寸之大小比梁的宽度尺寸之大小在受力中更为重要，而达·芬奇并未认识到这一点。到了17世纪，伽利略才在这点上突破了达·芬奇的结论。伽利略在《两种新科学》一书中提出：“任一条木尺或粗杆，如果它的宽度较厚度为大，则依宽边竖立时，其抵抗断裂的能力要比平放时为大，其比例恰为厚度与宽度之比。”[8]在这里，伽利略已证实了影响杆件受力的关键是断面高度，杆件立放时承载能力好，说明强度与断面高度有密切关系。竖立与平放时的强度之比恰为厚度与宽度之比的结论，说明杆件的宽度变化对强度影响不大。但未给出杆件断面高宽比最恰当的比例。因此，在这个问题上，伽利略的结论还未达到《法式》将梁断面的高宽比确切地定为3:2的结论之深度。

继此之后，17世纪下半叶至18世纪初的一位数学、物理学家帕仑特（Parent，公元1666~1716年）在讨论梁的弯曲的一篇报告中，当谈到如何从一根圆木中截取最大强度的矩形梁时，总结出了一种科学的方法，即要求矩形梁的两边AB与AD的乘积必须为最大值，这时矩形梁的对角线DB即为圆木直径，它恰巧被从A和C所作的垂直线三等分[9]。根据这个结论，可以求出矩形梁长短边的比例关系，当短边为2时，长边为2.8。这与《法式》

中所规定的梁断面高宽比3:2较为接近了。18世纪末至19世纪初，英国科学家汤姆士·杨（Thomas Young，公元1773~1829年）也证实了帕仑特的结论，并进而发现从一已知圆柱体中取一根矩形梁时，"刚性最大的梁是其截面高度与其宽度成$\sqrt{3}$:1的比例；而强度最大的梁乃是高度与宽度两者成$\sqrt{2}$:1的比例；但最富于弹性的梁乃是其高度与宽度相等的梁"[10]。拿这个结论与《法式》关于梁断面高宽比的结论相对照，可以看出$\sqrt{3}$:1即3.46:2，$\sqrt{2}$:1即2.8:2。《法式》规定梁断面高宽比为为3:2，可以看成是取了两者的中间值，既考虑到刚度，也考虑到强度。

也许有人会认为，《法式》只不过是当时实践经验的总结，未必会作这样的考虑。可是，从保留下来的当时的实物看，绝非以简单的"实践经验的总结"所能解释。从现存的24个建筑物中有关梁断面尺寸的95个参数可以看出，50%左右的梁断面高宽比是在$\sqrt{2}$:1至$\sqrt{3}$:1的范围内，而只有37%的梁断面高宽比是在1.5（±0.1）:1的范围内。《法式》将梁断面的高宽比确切地规定为3:2的比例关系，应当承认这是古代匠师经过对梁的强度、刚度作了仔细研究之后而得出的结论。因此，应当把这个结论看成一种理论性的上升。还有一点需要指出，即《法式》所规定的梁断面尺寸，普遍比现存唐宋时代一般古建筑实物的梁断面尺寸稍大，这可能是由于《法式》一书中所定的规章制度专门适用于修建供皇族使用的建筑工程，因而对工程质量和安全度特别重视的缘故。

12世纪初（公元1103年）成书的《法式》竟然能得出这样有价值的科学的结论，在时间上比西方科学家帕仑特的结论早约600年，在科学性上已被后世许多科学家的实验和实践所证实，这是不能不令人赞叹的。

3）在彩画制度中《法式》从颜料化学性能的角度提出若干禁忌

铅粉在绘画中是不可缺少的，但它会起化学反应，今天的人们对此是有所了解的，然而当时的人们未必都能认识这点，从一些壁画中所绘人物的脸部现在已经变黑足以证明，然而《法式》却明确指出："雌黄忌铅粉、黄丹地上用，恶石灰及油不得相近"。之所以如此，我们必须考察一下这些颜料的化学成分，方可明其原因；

铅粉：$PbCO_3 \cdot Pb(OH)_2$

雌黄：As_2S_3 即硫化砷

黄丹：含有 PbO 氧化铅

石灰：CaO 氧化钙

绘制彩画时，颜料必须用水调制，这样便会产生下列反映：

①雌黄遇铅粉

$$2As_2S_3 + 2[PbCO_3 \cdot Pb(OH)_2] + 6H_2O \rightarrow 6PbS + 4H_3AsO_3 + 3H_2CO_3$$

硫是非常活跃的因素，与铅相遇便会产生 PbS 即硫化铅，为黑色。从颜色来看，雌黄为黄色，铅粉为白色，两者叠加之后，从直观上是不会想像其为黑色的，然而由于会产生 PbS 当然要变黑。

②雌黄遇黄丹

$As_2S_3 + PbO + 3H_2O \rightarrow 3PbS + 2H_3AsO_3$，也产生了黑色 PbS。

③“恶石灰”之意即怕与石灰放在一起，因石灰为 CaO，遇水变成 $Ca(OH)_2$，是强碱，而 As_2S_3 能溶于强碱溶液。

④为何与油不得相近？“油”即指桐油，是干性油，雌黄中的硫会使干性油进一步交连、固化，使油膜变硬、变脆，从而降低了桐油的性能，因此雌黄不能与桐油相近。

《法式》将工匠的经验作了精辟的总结，对保证彩画质量是非常重要的环节，壁画中的人物脸部变成黑色，正是由于工匠不明配色中所蕴藏的科学道理，而《法式》能将事物表象背后的东西挖掘整理，写入制度条文之中，其所具有的科学价值令人赞叹！《法式》还对于有些矿物颜料在使用时需用胶罩面，以保证色泽稳定，记载了丹粉刷饰一类，指出所用土朱需刷两遍，“并以胶水笼罩”。这类彩画施工之中的古老经验一直保留至今。对颜料的配制，《法式》也提供了诸多经验，如“黄丹用之多涩燥者，调时入生油一点”；有些颜料如藤黄需用热水调制，而且“不得用胶”；而雌黄，则捣细后“用热水淘细华入别器中”，用时需“澄去清水，方入胶水”。又如在五彩遍装彩画中赤黄不是简单的用黄红颜料调出的“凡染赤黄，先布粉地，次以朱华合粉压晕，次用藤黄汁通晕，次以深朱压心”。调制草绿的方法是“以螺青华汁用藤黄相和，量宜入好墨数点及胶少许”。这些宝贵经验皆出自有实际操作经验的匠师之手，这正是李诫所称“勒人匠逐一讲说”，将工匠“世代相传，经久可以行用之法”写入《法式》的缘故。

2. 反映了北宋末期的社会思想文化特点

1）礼制秩序的保证

以伦理型文化为主体的中国古代思想体系，对建筑的发展具有重要影响，到了宋代这种影响有被进一步强化的倾向，这在宫殿、陵墓、礼制建筑及宗教建筑中表现得尤为突出。这些建筑群追求长长的轴线，空间序列的展开，建筑高低大小的尺度变化，乃至对技术做法上的一系列等级要求。例如北宋皇陵，每一座帝、后陵之间从参拜神道的长短，石象生的多少，上宫下宫尺度，陵台层数等方面皆表现出严格的礼制秩序和差序格局。通过《营造法式》对用材等第的制定，保证了许多建筑群具有等第鲜明的差序格局。

2）细腻柔美建筑风格的追求

尽管在宋代的理学家眼里，看不起雕章丽句的柳永、晏殊的词，但它毕竟是那一历史时期所创造的文化的组成部分，由于社会生产力的提高，物质生活的丰富多彩，社会的文化心理发生了变化，人们不仅需要风格豪迈的艺术品，也需要那具有宛转柔美的艺术风格的诗词，这种社会文化心理的变化，对于造型艺术具有相当大的影响。它不仅使北宋画苑中出现了“写实”、“象真”风格的花鸟画派，而且更直接地影响到建筑艺术风格，使之发生了重要的转变，一反唐代单纯追求豪迈气魄但缺少细部的遗憾，而着力于建筑细部的刻画、推敲，使建筑走向工巧、精致。木构建筑从大木作中派生出小木作工种，专事精细木件的加工制作，在《法式》中用了6卷的篇幅阐述了有关小木作的各种规则，从《法式》小木作、雕作的记载使人们得以窥见当时装修之概貌。《法式》所以能翔实地记述当时的每一种木装修的形制、功限、图样，这与自唐代以来木装修的发展是分不开的。例如藻井，《新唐书》车服制有“王公之居不施重栱藻井”的规定，这说明连贵族的住宅都希望用藻井来装修。从技术方面看，势必已经有了一套娴熟的做法，制作是不成问题的，且出现过越级使用者，但封建帝王为了利用建筑装修来抬高自己的身价，不得不限制他人使用，于是便对建筑等第进行控制而出此禁令。到了北宋，对于藻井的使用曾经再次发出禁令，《宋会要辑稿》舆服四载“景祐三年（公元1036年），八月三日诏曰，天下士庶之家，凡屋宇非邸店、楼阁、临市街之处，毋得闹……斗八”。这说明当时不仅在一些高等级建筑中，就连市井邸店也都有使用藻井的。在邸店中还有使用截间版帐之类做出一间间雅座的装修，对此孟元老在《东京梦华录》中曾作过记载：“惟任店入其门一直主廊曰百余步，南北天井皆小阁子。”[11]“诸酒店必有厅院，廊庑掩映，排列小阁子，吊窗花竹，各垂帘幕。”统治者企图以权力来限制室内装修的使用是无济于事的。特殊的宗教建筑装修也有较大发展，如在当时的著名寺院中，皆可找到转轮藏殿，且处重要位置。《营造法式》小木作的内容，使建筑的装修、装饰工艺水平跃上新的高度。与此同时，建筑色彩、彩画品类增多，等第鲜明。五彩遍装、碾玉装、解绿结华装等带有多种动植物、几何纹样题材的彩画，施于各种等级的建筑中，唐代宫殿中使用的赤白装彩画已渐衰微。

《营造法式》的石作制度反映了在雕刻艺术中，能够娴熟地运用剔地起突、压地隐起、减地平钑等多种手法，雕凿出层次分明、凹凸有致的建筑装饰物。这些彩画与雕饰和具有多样化的平面和屋顶的建筑物组合在一起，便产生了新一代的绚丽、柔美的建筑风格。随之砖石建筑以将木构建筑模仿得维妙维肖作为时尚来追求。

3）官手工业管理水平走向科学化

《法式》用13卷的篇幅，制定出建筑所用功料定额，在《功限》中较科学地将用功性质、数量作了分类，其称“功分三等，第为精粗之差，役辨四时，用度长短之晷，以至木议刚柔而理无不顺，土评远弥而力易以供”，从工匠技能上、工作对象加固难易程度上区别了等级，从时间上区别了四季不同长短的工日，在实践中能够做到“类例相从，条章具在”。这正是在当时摆脱农业文明，发展手工业的见证。

功限中所列用功量是以等值劳动为基础的，为了求得不同工种、不同劳动条件的“等值”，《法式》详细制定了计功的标准所本。这样便为管理工作逐渐达到科学的新水平打下了基础。

在“料例”中对于用料的规格、数量的规定，可以制止贪官的虚报冒领，达到官防有术的目的，也为当时建筑工程管理提供了具体的用料额度。这些规定或可称之为中国古代工程管理学的杰作。

学习《营造法式》不仅使人们了解宋代建筑的规章、制度、建筑的发展状况，而且使人们了解了这部书在中国乃至世界科学史上的地位，它所蕴含的哲理之丰富，文化价值之出色在古代建筑典籍中是无与伦比的。

注释：

[1]《宋会要辑稿》职官三〇之七

[2]《宋会要辑稿》职官三〇

[3]《营造法式》劄子

[4]《营造法式》总诸作看详

[5] 陈明达《大木作制度研究》

[6] S·P·铁木生可著. 常振机译. 材料力学史. 上海：上海科学技术出版社，1961：5

[7] 同上。

[8] 同上，第12页。

[9] 同上，第38页。

[10] 同上，第81页。

[11] 孟元老《东京梦华录》卷二 酒楼。

[元] 薛景石《梓人遗制》

梓人遗制

陈明达

元代的一部关于木工技艺的著作。元初薛景石著，有中统四年（1263）段成己序，成书当在此前。明焦竑《经籍志》曾有著录。原书已佚。全书卷数、内容不详，现仅散见于《永乐大典》。据段序："古攻木之工七：轮、舆、弓、庐、匠、车、梓，今合而为二，而弓不与焉。"可知此书内容包括建筑中的大木作、小木作及其他木工。

《永乐大典》卷一万八千二百四十五、十八漾匠式诸书《梓人遗制》一卷，附图共十五，记叙五明坐车子、华机子、泛床子、掉籰子、立机子、罗机子、小布卧机子等七类制造法式。每类各分三部分：首为"记事"，泛论历史制度沿革；次为"用材"，详述各构件尺寸算法；末为"功限"。又卷三千五百十八至十九，九真门制两卷，前一卷中有格子门、板门两类制造法式，均收自《梓人遗制》，行文款式同前。附图九页半，计有格子门三十四式，板门二式以及额、限、立桥、华板等构件图。所叙内容如"四斜毬文格子"、"四直方格子"，"其名件广厚，皆取门桯每尺之高，积而为法。"这与宋《营造法式》所述大同小异，可以从中辨析两代木作差别。图中格子门格眼图案与《营造法式》差别较大，已近于明清形式。板门中的"转道门"一式则不见于《营造法式》，亦未见有后代实例。

原载《中国大百科全书》建筑园林城市规划卷（中国大百科全书出版社，1988）

[明]《鲁班经》

《鲁班经》评述

程建军

《鲁班经》是流行于民间木工匠师的一本建筑著述，有多种版本。现在人们看到的是明代的《鲁班营造正式》、清代的《鲁班经》和民国的《绘图鲁班经》，在民间还有许多手抄本和其他版本。明代的《鲁班营造正式》曾载于明代焦弘《国史经籍志》里，简称《营造正式》。关于《鲁班经》的研究已有前人的许多成果，比如刘敦桢先生“明《鲁班营造正式》钞本校读记”（《刘敦桢文集》二卷，418页），郭湖生教授的文章“鲁班经与鲁般营造正式”和其在1984年出版的《中国古代建筑技术史》中的“《鲁班经》评述”就有较为系统和深入的研究评述，还有 Mr. Klaas Ruitenbeek〈Carpentry and Building in Late Imperal China-A Study of the Fifteenth-Century Carpenter's Manual Lu Ban Jing〉等研究成果，这些成果对人们了解和认识《鲁班经》起到了重要作用，尤其是 Klaas Ruitenbeek 的研究成果令人侧目，其对《鲁班经》从建筑到家具，以及所载各种择日、魇镇禳解内容，作了较深入的系统研究。近年又有不少关于《鲁班经》的研究成果面世，为大家又提供了许多宝贵的资料。

一、《鲁班经》的版本与源流

从《鲁班经》中的主要内容看，其涉及建筑施工程序、仪式、建筑样式、图样、家具设计尺度与样式以及有关建筑的文化风俗习惯等，可见该书为民间木工匠师关于民间房屋营造和家具制作的专门用书。其经历了自明至民国的发展历程，有多种版本问世，书中内容也多有变化，但传承关系还是十分明确的，即晚期的《鲁班经》是由早期的《鲁班营造正式》逐步发展而来。也有传承《鲁班经》部分内容的相关经书如《鲁班造福经》、《五车拔锦》、《鲁班寸白集》流行民间。

兹将有关《鲁班经》演进历程整理如表1：

鲁班经演进历程表 **表1**

书　名	年代与版本	出版者或所藏地	特　点
《鲁班营造正式》	约明中叶，天一阁刻本，六卷	宁波天一阁	约明成化、弘治年间，1465～1505年
《鲁班经匠家镜》	明万历年间（1573～1602年），明万历刻本，三卷	国家文物局 故宫博物院	改版更名后，加入与禁忌风水相关内容
《鲁班经匠家镜》	明崇祯年间（1628～1644年），翻明万历刻本，三卷	北京图书馆	1. 加入万历本散失的前二十一页篇幅 2. 部分图形可能重绘，文字内容未更动 3. 万历本增加算盘、手推车、踏水车、推车
《新镌京版工师雕斫正式鲁班经木经匠家镜》	同治刻本，三卷	中国科学院	简称《鲁班经匠家镜》
《工师雕斫正式鲁班经匠家镜》	清代刻本，三卷	南京工学院	
《新刻京版工师雕斫正式鲁班经匠家镜》	晚清刻本，三卷	北京大学	较崇祯本增加茶盘托盘棕式、牌扁式条目
《绘图鲁班经》	民国27年（1938年）初版	上海鸿文书局	内容与《鲁班经匠家镜》明万历刻本相同，编排有异
《绘图鲁班经》	1995年第八版	竹林印书局（台湾）	内容与《鲁班经匠家镜》明万历刻本相同，编排有异
《绘图鲁班木经匠家镜》	1999年10月再版	育林出版社（台湾）	重编本，全书分为二部分

据刘敦桢和郭湖生先生研究，宁波天一阁范氏所藏明成化、弘治年间《鲁班营造正式》钞本，在明焦弘《国史经籍志》亦曾收录，简称《营造正式》。全书有六卷，而宁波天一阁范氏的抄本只存三十六页，其中有插图二十幅，内容仅限于建筑，如一般房舍、楼阁、钟楼、宝塔、畜厩等大木作项目，并不包括家具、农具等，且插图多用立面图及侧面图样。在编排顺序上先论述定水平垂直的工具，再说明一般房舍的地盘样式及剖面梁架，然后是特殊类型的建筑和建筑细部，例如驼峰、垂鱼等。没有后来版本《鲁班经》中大量克择日课等魇胜禳解内容，比较实用。

对于《鲁班营造正式》成书于何时？目前并无定论，郭湖生先生认为，从其内容分析大致可推估成书最晚应于元末明初之际，其推论要点如下：

1. 插图保留了许多宋元时期的建筑手法，建筑插图绘制以平面和剖面来表示，与宋《营造法式》中的地盘分槽和建筑侧样图相仿，而后期的《鲁班经》则没有了地盘平面图，建筑格式也由侧面图改绘成为易于理解的透视图。此外，在断水平法中的定水平工具“地盘真尺”、“水绳、水鸭子”与宋《营造法式》中的“真尺”、“水平真尺”插图相仿。

2. 插图中“垂鱼”、“掩角”等图样，亦和宋《营造法式》的建筑装饰图样“雕云垂鱼”之形式类似，与现存宋代建筑之构件相似。“掩角”即建筑之“护角”，是用于保护建筑封檐板转角处的构件，同时具有一定的艺术效果。这种构件广泛使用于浙江、福建地区，至今该地区的传统建筑仍在广泛使用。

3.《鲁班营造正式》中“请设三界地主鲁般先师文”一文有：“……冒恳今为某路、某县、某乡、某里、某社，奉大道弟子某人……”等记载，若依中国历代行政区域等级划分名称来看，其中的路、县、乡、里、社为当时的地方级制名称，“路”为元代行政区域划分名称，然而这个部分在之后的《鲁班经匠家镜》中标题已改为“请设三界地主鲁班先师祝上梁文”，内文中在提及屋宅主人的户籍资料时改为：“……今据某省、某府、某县、某乡、某里、某社，奉道信管（士）……”其中已无“路”的称呼，改为省、府、县、乡、里、社等地方级制名称，因明代已采用省、府、县三级制行政区域划分。

《鲁班经匠家镜》为明代万历年间的增编刻本，较《鲁班营造正式》本增加民间常用的家具、日常器物与和建筑施工相关的择日、真言、镇符等内容，并改编重绘了插图，建筑的侧样改绘成透视方式，名称由“格”改为“式”，更便于人们理解。“匠家镜”意为匠家营造房屋和生活用家具的参考指南。全书分文字叙述和图样两大部分，并以图样来解释文字的内容，全书分为三卷，各卷内容如下：

卷一记载从“鲁班仙师源流”始，至伐木、架马、上梁等各种房屋建造法；

卷二记载建筑、畜栏、家具、日用器物，大至仓廒小到围棋盘的做法和尺寸，十分详尽；

卷三记载建造各类房屋的凶吉图式共七十二例，还有许多压镇禳解的符咒与镇物等与风水禁忌相关内容。

明代崇祯年间所刻印的《鲁班经匠家镜》，书卷的书目、文字、插图、编排、版次皆与万历刻本大致相同，但也有些许变动，如其卷一比万历刻本多了推车式、踏水车、手水车式、算盘式等条目。其刻本质量较万历刻本为次。《绘图鲁班木经匠家镜》和《绘图鲁班经》为近代印行，其内容大致与《鲁班经匠家镜》相同。

《鲁班经》各版本主要内容异同 表2

主要章节内容	《鲁班营造正式》	《鲁班经匠家镜》	《绘图鲁班经》
请设三界鲁班先师文	●	●	●
鲁班先师流源		●	●
地盘图	●		
动土平基		●	●
定盘真尺图	●		
断水平法	●	●	
水鸭子图	●		
鲁班真尺	●	●	●
曲尺	●	●	
推白吉星	●	●	●
伐木择日	●	●	●
起工格式	●	●	●
定磉扇架		●	●
宅舍吉凶论	●	●	●
宅舍房屋格式	●	●	●
王府宫殿、司天台、祠堂、凉亭水阁、仓敖、桥梁		●	●
造门法与门式	●	●	●
悬鱼、掩角、驼峰格式	●	○部分内容相似	
楼阁图式	●	●	●
五音造羊栈格式	●	●	●
五音造牛栏法		●	●
各种家具格式		●	●
相宅秘诀		●	●
灵驱解法洞明真言秘书		●	●

从表中很明显地看出，明代的《鲁班营造正式》的内容主要是关于民间建筑的方法、技术方面的，但清代的《鲁班经匠家镜》的内容保留了大部分建筑的内容，建筑技术的内容略有减少，如地盘图、定盘真尺图、水

鸭子图等，但却保留了断水平法，增加了家具式样和设计以及不少风水吉凶、择吉日课方面的内容，使其走向民俗化迈了一大步。而民国时期出版的《绘图鲁班经》的内容大致与《鲁班经匠家镜》相同，但在内容上作了增减，如减少了家具的内容，对图文作了重新编排。但三者的先后承继关系是非常明确的。

至于《鲁班经》的编著者，并无明确的资料可以证实。古籍资料中记载比较明确的是收藏于故宫博物院明代万历刻本《新镌京版工师雕正式鲁班经匠家镜》，书中署名“北京提督工部御匠司司正午荣汇编，局匠所把总章严集，南京御匠司司承周言校正”。但《元史·志·百官》、《明史·志·职官》并无“御匠司”、“局匠所”等营缮机构，也没有“司正”、“把总”、“司承”等官衔。由此推测《鲁班经》的编辑者可能是不了解当时官制的民间匠师（图1～图3）。

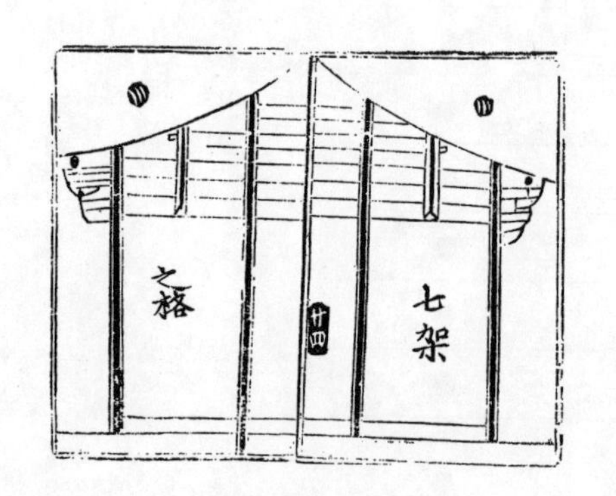

图1 《鲁班营造正式》七架格

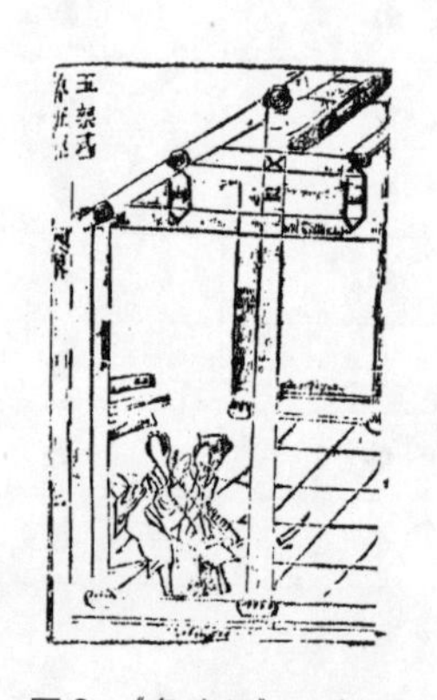

图2 《鲁班经》五架式

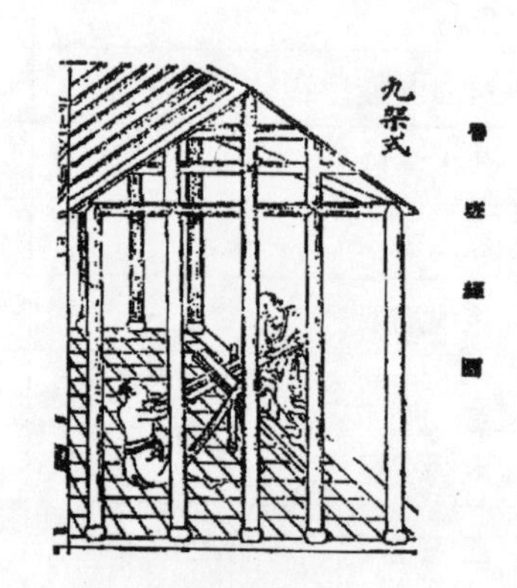

图3 《绘图鲁班经》九架式

二、《鲁班经》关于建筑的主要内容

《鲁班经》涉及到多种建筑类型，有宅舍、皇殿、王府、司天台、寺观庙宇、祠堂、营寨、凉亭水阁、钟楼、宝塔、门坊、仓廒、桥梁、畜栏等，而建筑构架方面又有三架屋、五架屋、七架屋、九架屋等常用的诸式，比较实用。建筑类型有形象图示，而建筑构架则有地盘的心间、次间各间尺度和进深尺度，侧样则有檐柱高、栋柱高和步架的宽度尺度，有了这些关键尺度，建筑构架和建筑空间就已经确定了，建房的基本条件已经满足。

今将《鲁班经》中所载宅舍的三架屋、五架屋、七架屋、九架屋尺度绘成平面和剖面示意图，我们发现建筑尺度之间有系统关系，如三架三间心间宽与步柱高相等，五架三间的次间与三架三间栋高尺度相同，五架三间心间宽度、七架三间次间宽度和九架步柱尺寸一样（图4）。

《鲁班经》中所载宅舍尺度　　表3

宅舍规模	开间			柱、栋高			段深（步架）
	心间	次间	稍间	步柱（檐柱）	仲柱（内柱）	栋高	
三间三架	1.11	1.01		1.01		1.21	0.56
三间五架	1.36	1.21		1.08	1.28	1.51	0.46
三间七架	1.43	1.36		1.26		1.66	0.48
五间九架	1.48	1.36（推测）	1.2（推测）	1.36		2.20	0.43

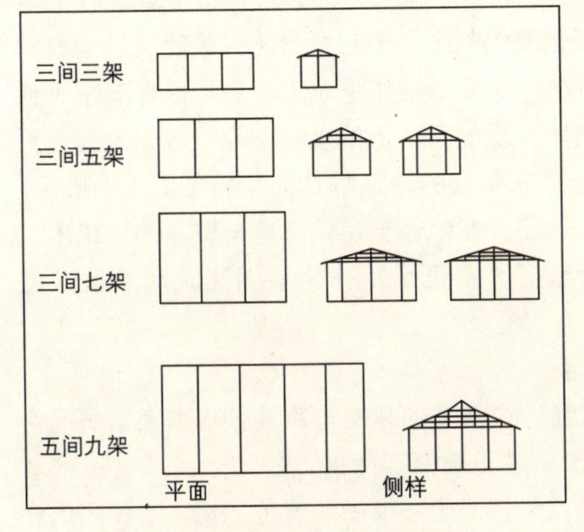

图4　建筑平面、剖面（据《鲁班经》所载屋舍尺度绘制）

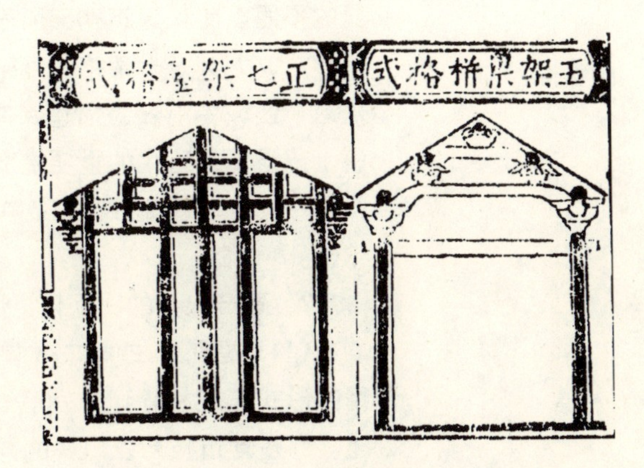

图5　《五车拔锦》所载七架格式与五架格式

这里有一个问题，在所看到的许多版本中，包括明天一阁本《鲁班营造正式》和清《鲁班经匠家镜》中建筑“正七架三间格”（三间七架）中栋高为一丈零六寸，这显然是一个错误，且被代代版本传抄，因为该格步柱高就有一丈二尺六寸，已高过栋高，这是不可能的，查《五车拔锦》中的有关内容，其栋高为一丈六尺六寸，计算其三架格式举高为1/5.6，五架格式举高为1/4.28，九架格式为1/4.09，而七架格式则为1/7.2，通过绘图复原，笔者认为栋高尺寸依然过低，举架高度不够，屋面坡度过缓。七架格举高当在1/4.12左右，推测栋高应为一丈九尺六寸。按郭湖生先生勘误七架格栋高为二丈零一尺计算，举高则为1/3.6，似乎举高不应高于1/4为准，即类似《营造法式》所谓厅堂举高以1/4为率。从《鲁班经》所流行的东南沿海地域来看，民居建筑屋顶坡度的确较为平缓，举高比大致在1/4～1/5之间。由此看出《鲁班经》在很大程度上有实践的指导作用，但也不乏将此作为经典神明的意义，作为一种规矩、习惯、制度或仪式承继下来（图5）。

三、关于《鲁班经》的几个问题

1. 流行的地域性

郭湖生先生在《中国建筑技术史》的“《鲁班经》评述”中说：“《鲁班经》的主要流布范围，大致为安徽、江苏、浙江、福建、广东一带。现存的《鲁班营造正式》和各种《鲁班经》的版本，多为这一地区所刊印（天一阁本为建阳麻沙版，万历本刻于杭州）。此区的明清民间木构建筑，以及木装修、家具保存了宋元时期的手法特点，这一现象的地域与《鲁班经》流布范围一致，不是偶然的。”其论断是正确的。笔者认为，对照该区域现存之明清建筑以及木制家具多与书中所记载相吻合，相对地与北方的建筑结构有明显的不同。比如建筑构架所表现的穿枋梁、插拱是东南沿海地区建筑常见构架形式，尤其是七架格和九架格所表现的梁枋上的坐斗和瓜柱收口方式，更是这一区域中浙江、福建闽南和广东粤东的建筑构造典型特征。《鲁班经》中十分强调鲁班尺的重要性及其运用，在明清至现代闽南与粤东的传统木工匠师中，于民间建筑施工中仍然把“鲁班尺”作为重要建筑尺度确定的依据。

2. 建筑知识的民间化、民俗化

《鲁班营造正式》与《鲁班经》中涉及的建筑与家具，基本上是民间常用的形式与规格，建造房舍的工序是正确而实际的，是贴近民间营造的著述。许多营造技艺以口诀的方式记录，便于匠师间的流传记忆。对民间的许多建筑习俗有大量的篇幅说明，如对于“鲁班尺”、“寸白尺”的使用，各种祈祷词、择日、禳解、符咒等记录、样式与使用，以及行帮的规矩、制度与仪式等，是民间建筑营造整体过程与内容的真实写照，反映了民间建筑文化的诸多内涵。

3. 建筑与器具的规范化

《鲁班经》中记载了鲁班真尺、曲尺、定盘真尺、水平等建筑工具，有建筑地盘图（平面图）和侧样（剖面图），亦记录了当时常用建筑类型、名称和常用尺度，以及常用家具、农具的基本尺度和式样，包括三十多种生活家具，对其尺寸、名称、用料、榫卯、造型都作了详细的记述。这些均规范了民间建筑与器物的标准，反映了明清之际民间建筑营造、家具木工技术发展程度。

总之，《鲁班经》作为民间流传的建筑专著，其涉及的许多民间建筑、器物和建筑民俗、行会组织制度等恰是对官府颁布的《营造法式》、《工部做法》的重要补充。除此之外，书中对各种家具、农具、仓储、畜栏等器具的记录也是一份宝贵的资料。可以说《鲁班经》在传统建筑环境、建筑类型、建筑室内陈设、建筑文化信仰、风俗等诸方面与其他古代建筑著述相比有着大的外延。它不仅是研究民间建筑传统和有关建筑民间风俗的重要史料，也是研究中国建筑史的重要著述，值得人们深入系统地研究。

参考书目：

[1] 明《鲁班营造正式》. 天一阁藏本. 上海：上海科学技术出版社，1988
[2] 清《鲁班经》
[3] 民国《绘图鲁班经》
[4] 郭湖生. 鲁班经与鲁般营造正式.《科技史文集》第7辑，1981
[5] 郭湖生.《鲁班经》评注. 中国古代建筑技术史.
[6] 程建军，孔尚朴. 风水与建筑. 江西科学技术出版社，台北，1991
[7] Klaas Ruitenbeek. Carpentry and Building in late Imperal China，New York
[8] 曹志明等.《鲁班经》源流与文化意涵初探. 2005 设计与文化学术研讨会论文（台湾）

［明］计成《园冶》

《园冶》评述

喻维国

明代末年造园家计成编著的《园冶》一书，是一部论述园林建筑的专著，在造园史上有着重要的地位。我国古代园林以自然风景园著称于世，我国古代园林的规划设计与传统的山水画有着密切联系，在园林的营造过程中，往往有画家参与设计。如宋代的俞征、元代的倪云林、明代的张南阳、清代的张琏等。他们本身就善于绘画，或者是从画家脱胎出来的造园家。在中国园林史上，有关造园的著作也是屡见不鲜的。如宋代的《洛阳名园记》、《吴兴园林记》，清代的《游金陵诸园记》、《扬州画舫录》等。但其内容多属于园林的一般记述和描绘。把造园作为专门学科来加以论述，仅见于明末文震亨的《长物志》和计成的《园冶》。就内容来说，又以《园冶》最为完整。

一、《园冶》成书的历史背景

《园冶》虽然是历史上一本重要的造园专著，但关于《园冶》以及作者计成的资料，却非常缺乏。仅见的除原书正文外，当首有明末官僚阮大铖崇祯甲戌年（1634 年）写的“冶叙”，计成崇祯辛未年（1631 年）的“自序”和郑元勋崇祯乙亥年（1635 年）的“题词”，以及书尾有崇祯甲戌年（1634 年）写的类似“跋”的几句话。在全书之末有两个印记，一为“安庆阮衙藏版，如有翻刻千里必治”，一为“扈冶堂图书记”。在“冶叙”之末有“皖城刘炤刻”。此外，阮大铖《咏怀堂诗》中有“早春怀计无否张损之”一首；《咏怀堂诗外集》中有“计无否理石兼阅其诗”一首，和“宴汪中翰士衡园亭”诗四首。明末清初李渔在《闲情偶记》中也提到了《园冶》。

从仅有的资料来看，我们对计成其人，以及《园冶》成书的情况还不很清楚，但可以看出《园冶》的成书与刻本和阮大铖有着密切的联系。

作者计成，字无否，号否道人，明末松陵（今江苏吴江）人。计成在自序中说，他从小善于绘画，青年时曾到过燕、楚等地游历。中年时定居润州（今江苏镇江），偶然堆了一座假山，从此远近闻名，才开始走上造园的生涯。他曾先后为毗陵（今江苏常州）吴又予，真州（今江苏仪征）汪士衡以及郑元勋、阮大铖等建造过园林。平时利用空余时间编写了《园牧》一书。姑熟（今安徽当涂）曹元甫见了说："斯千古未闻见者，何以云'牧'，斯乃君之开辟，改之曰'冶'可矣。"随即改书名为《园冶》。

明中叶以后，社会的阶级矛盾和民族矛盾发展到空前激化的程度。至天启年间（1621～1625年）一小撮代表顽固势力的宦官集团与大地主世袭官僚相勾结，形成了以魏忠贤为首的黑暗统治。为《园冶》写叙的阮大铖正是魏忠贤的"忠实爪牙"，他曾编造过"百官图"杀害异己。崇祯元年（1638年）在一片舆论压力下，魏忠贤被定逆案，畏罪自杀。阮大铖摆脱了惩处，避居南方。在这期间，阮大铖来到了汪士衡的园林，即计成所经营之园。他认为其园很适合他的情趣，而且计成有专门造园的著作《园冶》，不仅有实践，而且有理论，于是也在一块空地上建造起园林来。在与计成、曹元甫等人对酒当歌的时候酝酿了这篇"冶叙"。

在阮大铖避居江南隐于乡里的十七年中，和计成、汪士衡、曹元甫等人的关系至为亲密。在阮大铖的诗集中经常出现他们的名字。阮大铖不仅为《园冶》写叙，为计成写诗，而且现存的《园冶》版本也出自阮氏。在明末宦官集团威风扫地、声名狼藉、阮大铖处境极其孤立的情况下，计成却以阮大铖的赞赏和支持为荣，两人不仅关系至为密切，而且思想感情也很一致，也许就是这个原因，《园冶》自成书后三百年时间里，和阮大铖的诗文一样，一直不为人们所重视，可见计成当时只是一位没落地主阶级的清客和帮闲。但他以造园为职业，在参与造园实践的基础上，总结了园林设计的经验和劳动人民的创造成果。编著了《园冶》这部造园专著，在学术上还是很有价值的。

二、书中的主要内容

《园冶》一书分为相地、立基、屋宇、装折、门窗、墙垣、铺地、掇山、选石、借景等十部分（图1～图5）。相地前列有兴造论与园说。在文字上，全书采用以"骈四骊六"为其特征的骈体文，使用了连篇的典故，讲究对句和词藻，不仅造园内容的阐述受到了限制，而且有些地方用词生僻。

"兴造论"阐述了写这书的目的在于惟恐造园的方法"侵失其源"，于是"聊绘式于后，为好事者公焉"。"兴造论"的第一句就说："世之兴造，专主鸠匠，独不闻三分匠七分主人之谚乎，非主人也，能主之人也。"并诬蔑建筑工人"惟雕镂是巧，排架是精，一梁一柱定不可移，俗以无窍之人呼之甚确也。"至于"第园筑之主，犹须什九，而用匠什一"。所谓"园林巧于园借，精在体宜，愈非匠作可为，亦非主人所能自主者。"计成所强调的"主"，是"非主人也，能主之人也"，就是说并不是"园主"，而是园林设

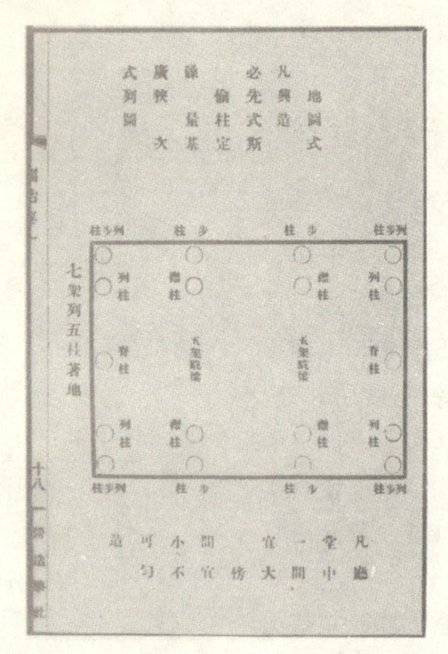

图1　地盘图（明计无否《园冶》，下同）

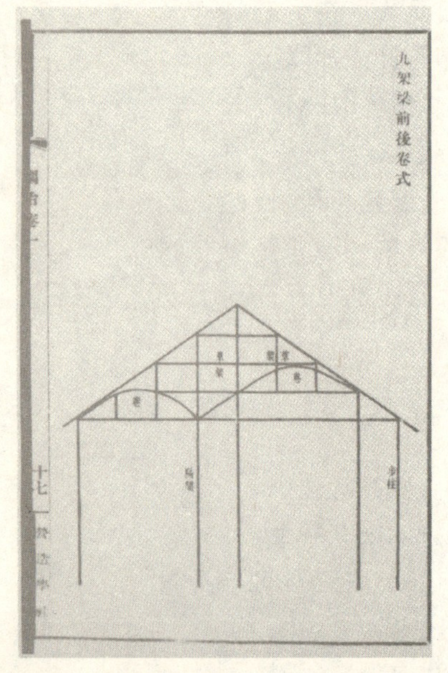

图2　九架梁前后卷式

计者、造园家。但他对劳动工匠的态度却是“俗以无窍之人呼之甚确也”，“愈非匠作可为”。郑元勋在题词中更说什么“主人有丘壑矣，而意不能喻之工，工人能守不能创，拘牵绳墨，以屈主人，不得不尽贬其丘壑以狥，岂不大可惜乎”。在计成、郑元勋看来，他们的所谓高深道理，工人是不会理解的，工人只会墨守陈规，限于规矩法则，只有计成才有着“灵奇使世闻”的天才，能使“大地焕然改观”，创造“千古未闻见”的园林艺术。所以从立论来说，反映了作者鄙视劳动人民的唯心史观。

“园说”是全书的总论。在造园工程中，技术与艺术相比，艺术应占首位。“园说”从艺术效果出发，就造园所达到的意境进行了描述。如“凡结林园，无分村郭，地偏为胜”，“围墙隐约于萝间，架屋蜿蜒于木末，山楼凭远，纵目皆然，竹坞寻幽，醉心即是，轩楹高爽，窗户虚邻，纳千顷之汪洋，收四时之烂缦”。特别是“虽由人作，宛自天开”，是对中国古代园林特征的一个概括。中国古代园林是自然风景园，同时利用借景等手法扩大园林空间，丰富园林景色。在风景区的园林，通过互相资借，其本身就是自然风景的一部分。因此，园林设计如能做到与周围环境相协调，与自然山水相一致，“虽由人作，宛自天开”，就称得上是成功的作品。但就具体内容来说，“园说”所描写的正是没落地主阶级生活方式与审美观的写照，体现了鲜明的阶级性。

“相地”即园林选址。园址选得好则容易做到“构园得体”。“相地”分别指出山林地、城市地、村庄地、郊野地、江湖地的环境特点和园林的各自风格。如“园林惟山林最胜，有高有凹，有曲有深，有峻而悬，有平而坦，自成天然之趣，不烦人事之工”，江湖地则有“悠悠烟水、澹澹云山、泛泛渔舟、闲闲鸥鸟。”

“立基”指的是园林建筑的设计原则。一般园林以“定厅堂为主，先乎取景，妙在朝南。”首先要考虑取景和朝向。其余的亭台可以“格式随宜”。立基分别列出厅堂基、楼阁基、门楼基、书房基、亭榭基、廊房基、假山基。反映了建筑物在园林中所占的重要位置，也反映了他们在园林设计中的各自特征。如园中书房要“择偏辟处，随便通园，令游人莫知有此，内构斋馆房室，借处景自然幽雅，深得山林之趣”。廊房则要“蹑山腰落水面、任高低曲折、自然断续蜿蜒”等。

“屋宇”、“装折”、“门窗”、“墙垣”、“铺地”是园林建筑设计的具体内容。它对园林的艺术效果起到很大的作用。在《园冶》中不仅都列了专题，而且都辅以图说，为研究江南园林和明末清初的南方建筑提供了文献资料。

“屋宇”讲的是单体建筑的营建，在建筑上属于大木作。除门楼、堂斋等单体建筑名词解释外，在建筑技术上列举了五架梁、七架梁、九架梁、草架、重椽、磨角和地图。从中可以看出中国古代木构建筑的灵活性。如五架梁前后各添一架就是七架梁列架式，如七架梁前后添一架就是九架梁。为了室内外表面整齐，并有利于排水，可以用草架重椽。地图即建筑平面示意图，是施工的依据，“凡兴造必先式斯”，表示建筑为几进，每进几间，用几柱。在图说中出现了“偷柱”这个名词，也就是用驼梁，上立童柱，使柱不着地。“然后式之列图如屋”，相当于剖面示意图。书中列举了架梁式八种，其结构方式与现存江南地区常见的穿斗式相吻合。

“装折”主要指可以安装与拆卸的木制门窗，属于小木作。在功能上起到分隔空间的作用。“假如全房数间，内中隔开可矣。”长隔是装折的一种，一般分为束腰、棂空、平版几部分，《园冶》论述了平版与棂空的比例，说“古之床隔棂版分位定于四六者，观之不亮，依时制，或棂之七八版之二三之间。”《园冶》不仅强调了棂空部分的面积，使室内光线明亮，又照顾到使用上的方便，使平版之高”约桌几之平高，再高四五寸为最也。”棂空的花格既要有变化，又要照顾到整齐，要做到“曲折有条”、“如端方中须寻曲折，到曲折处还定端方，相间得宜，错综为妙”。在构图上要力求革新，不受老框框的约束，“古以菱花为巧，今以柳叶生奇”，栏杆“古之回文万字，一概屏去”。要合乎时宜，以简便为雅。

“门窗”指的是砖墙上留出的门窗框洞，它和“墙垣”、“铺地”均属于瓦作。门窗框用磨砖砌筑，不仅式样要行时，而且本身起到框景的作用。墙垣“宜石宜砖，宜漏宜磨，各有所制”。主要以“从雅遵时，令人欣赏”为原则。如乱石墙“宜杂假山之间”漏砖墙有“避外隐内”之意，用于需要眺望的地方。大门的照壁，大厅的面墙都可以用磨砖墙。白粉墙江南地区最为常用，书中记述了传统的用纸筋石灰，为使表面光滑细腻，可以用白蜡磨打。当时还出现了新的施工

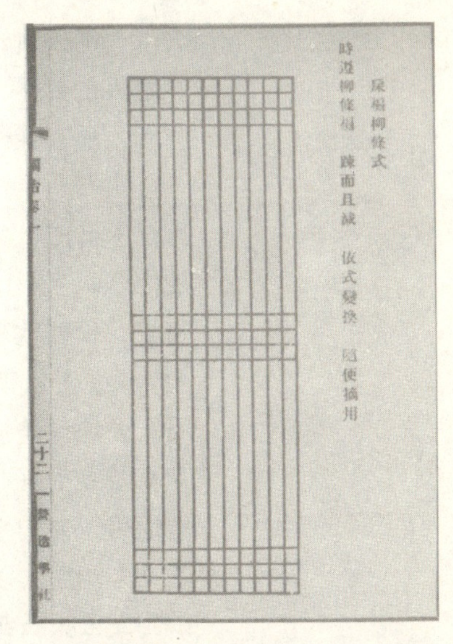

图3 床隔柳条式

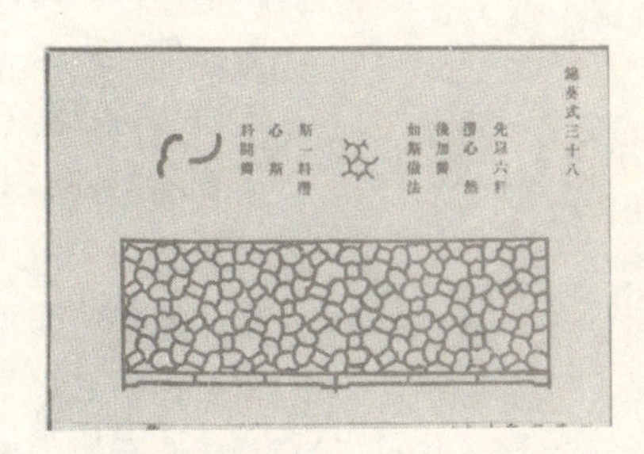
图4 锦葵式栏杆

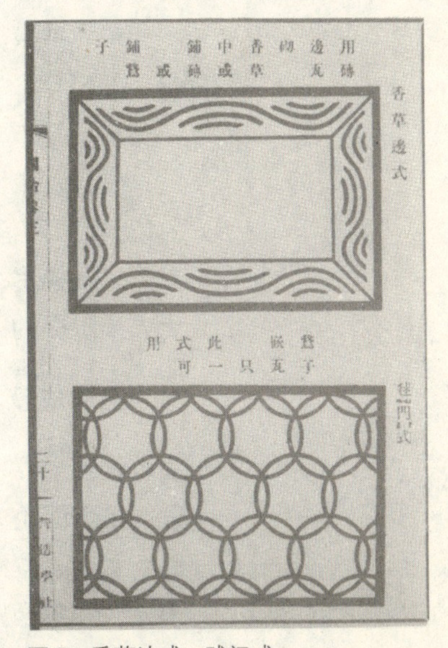

图5 香草边式、球门式

方法，即用黄沙石灰打底，用少量石灰盖面，用麻帚轻擦，同样可以得到明亮鉴人的效果，而且有利于清洁。铺地不仅充分利用破砖废瓦，而且“各式方圆，随宜铺砌”，可以收到很好的效果。

山石是中国园林中的重要内容。对于“少以绘名”最喜爱荆浩、关同山水画的计成，并没有停留在对山石的艺术描述上，却非常重视工程技术方面的内容。“掇山之始，桩木为先。较其短长，察乎虚实”。叠假山首先要考虑打桩，根据地基的虚实情况来决定桩的长短。同时在施工过程中强调了安全，“绳索坚牢，扛抬稳重”，石材的使用，要注意因材致用，“立根铺以麄石，大块满盖桩头”。在木桩上盖满大块的粗石，然后“渐以皴文而加”，使用有皴纹的好石头，使造型瘦漏玲珑。在山石池、峰、岩的叠砌时，都自觉地运用了力的平衡和杠杆原理，《园冶》中称为“平衡法”。在山石池中使四边受力均衡，以免因受力不均而漏水。峰的造型必须上大下小，为取得平衡，须用二三大石封顶。理悬岩“起脚宜小，渐理渐大”，同样用“平衡法”，使悬跳的部分受力均衡，后脚牢固。对于山石的艺术要求，“峭壁贵于直立，悬崖使其后坚，严密洞穴之莫穷，涧壑破矶之俨是”，“蹊迳盘且长，峰峦秀而古”。总之掇山胸中要有真正的意境，通过概括、创造，使假山的形象有逼真的感觉。也就是“有真为假，做假成真”。阁山“宜于山侧，坦平可上，便于登眺，何必梯之”。是建筑与山石结合的很好办法，现存苏州留园冠云楼，扬州个园，承德避暑山庄烟雨楼都使用了这种方法。峭壁山是依墙叠的山石，“借以粉壁为纸，以石为绘也。”这种手法在现存园林中也最常见到。

选石的内容摘自宋杜绾《云林石谱》，原书载有灵璧石、青州石、林虑石等116种，计成选择他曾用过的16种摘记下来。可贵的是计成认为“石无山价，费只人工”，“便宜出水，虽遥千里何妨，曰计在人，就近一肩可矣”。他认为“古胜大湖，好事只知花石，时遵图尽，匪人焉识黄山”。说出了他敢于打破常规，提倡就地取材，节省人力，又能创造出各种不同的风格。

借景是中国园林的传统手法。计成认为是“林园之最要者也”。又说“如远借、邻借、仰借、俯借、应时而借。然物情所逗，目寄心期，似意在笔先，几描写之尽哉”。联系计成所说“构园无格，借景有因”的具体内容，士大夫阶级的闲情逸志的思想情调在此流露无遗。

三、成就与糟粕

纵观全书，从园林的整体到局部，从设计原则到具体手法，有条不紊地进行了全面论述，最后以借景结束。在客观上反映了我国古代造园的成就，总结了造园方面的经验，是研究古代建筑和园林的一分重要资料。尽管计成说什么“第园筑之主，犹须什九、而用匠什一”，但书中所反映的成就，正是劳动人民生产实践的记录，在历史上远在《园冶》成书之前就普遍存在着的，并一直沿续到现在。但《园冶》起到了综合、归纳和总结提高的作用，必须予以肯定。

《园冶》就造园的成就来说，可归纳为“巧于因借，精在体宜”，“虽由人作，宛自天开”二句话。这二句话的精神贯穿于全书。“巧于因借、精在体宜”是《园冶》一书中最为精辟的论断，它说明建造园林的方法和手段。因借是我国古代造园的优良传统，只有很好地解决了因地制宜和借景，园林的设计才能算做到得体、合宜。《园冶》说：“因者，随基势高下，体形之端正，碍木删丫，泉流石注，互相借资，宜亭斯亭，宜榭斯榭，不妨偏径，置婉转，斯谓精而合宜者也。”在我国古代园林中，如始建于北宋的苏州沧浪亭，就是以“崇阜广水”称著，这地方原是一片水乡，“积水弥数十亩”，北宋建园时，就是采取“高阜可培，低云宜挖”的方法，取得了“崇阜广水”的效果。又如建于明代中叶的苏州拙政园，当时这里地势低洼，积水弥漫，建造时利用这个洼地进一步开挖、疏浚。“凡诸亭、槛、台、榭皆因水为面势”，建成以水景为主的园林，具有江南水乡特色。单体建筑如一般住宅的厅堂为三间、五间。《园冶》中说，在园林中“须量地广窄，四间亦可，四间半亦可，再不能展舒，三间半亦可。”并说“深奥曲折，通前达后，全在斯半间中生出幻境也”。这在园林中亦常见到，如苏州留园曲溪楼一带的建筑，灵活自如，几乎分辨不出是几间几架了。

绿化是园林中的重要组成部分。《园冶》虽然没有作专门的论述，但在不少地方涉及到绿化内容。《园冶》认为新建的园林，“只可栽杨移竹”，因为杨柳、竹生长快，可以很快形成绿化气氛。《园冶》对旧园林的改造也很重视，说“旧园妙于翻造，自然古木繁花”，可以充分利用原来的大树。因为开池叠山和一些建筑活动可以在短期内达到的，而大树则要几十年以至上百年才能形成。为了保护树木，在园林建筑时就要因地制宜地处理。如“多年树木，碍筑檐垣，让一步可以立根，斫数桠不妨封顶，斯谓雕栋飞楹构易，荫槐挺玉成难，相成合宜，构园得体。”又如叠山迭石，《园冶》认为“石无山价，费只人工”，最好是“是石堪堆，便山可采”，“到地有山，似当有石”，“就近一肩可矣”。因此“慕闻虚名，钻求旧石”就成为不当的了。

所谓借景，就是把园外的景色有机地组织到园林里来，或在同一个园林里，使各个景区的景色互相借资。在不大的园林里，使用借景的手法，扩大园林空间，丰富景色，无疑是重要的。《园冶》说“借者，园虽别内外，得景则无拘远近”，“极目所至，俗则屏之，嘉则收之”，斯所谓巧而得体者也”。并归纳说有“远借、邻借、仰借、俯借，应时而借”。借景是我国古代园林惯用的手法。见于文献记载的，如白居易《庐山草堂记》中说：“山北峰曰香炉峰，寺曰遗爱寺，白乐天见而爱之，面峰腋作为草堂”。北宋司马光的独乐园也使用了借景的手法。《独乐园记》中说：“洛阳距山不远，而林薄茂密，常若不得见，乃于园中筑台，屋其上，以望万安轘辕，至于太室，命之曰见山台。”又如宋叶梦得《群斋望蒋山》说：“忽看北山岭，突入当坐隅，欢言顾之笑，便觉欲崎岖，似我槿篱间，层峦俨相扶……”，生动地写出了借景的内容。借景见于实例的，如始建于北宋中叶的苏州沧浪亭，当年在崇阜山上可以远眺苏州西南的灵岩、天平诸峰，建于明中叶的上海豫园，假山上建有望江亭，可以眺望黄浦江，无锡寄畅园借景于惠山，北京夕园借景于玉泉山，至于清中叶建造的北京颐和园，借景于西山则更是借景的绝好例子。但是把借景的内容从感性认识上升到理性认识，从实践的效果提高到理论的高度，还是比较完成的。借景一词用之于造园也仅见于《园冶》。

“虽由人作、宛自天开”，说明造园所要达到的意境和艺术效果。中国古代园林既然以自然山水为模拟对象，因此园林中的山石、水面建筑、绿化都要以自然的存在为基础，经过概括和提炼，以达到“宛自天开”的境界。所以在园林中叠山就“最忌居中，更宜散漫”，假如在厅堂前叠山，“耸起高高三峰，排列于前”，那就是败笔。亭子是园林中不可少的建筑，但“安亭有式、立基无凭”，亭子既有一定的规式，但建造在什么地方，如何建造，要依周围的环境来决定。我们在苏州拙政园中部远香堂眺望，就至少可以看到六只亭子，可是它们的远近、高低、大小、体形各不相同，与周围的景色组织在一起，就显得丰富而自然。但亭子又不仅是供观赏的，亭者停也，是游览过程中停息的地方，停在这里就要求周围有景色可看，不然“加之以亭，及登一无可望，置之何益，更亦可笑”。廊子是游览的路线，“宜曲宜长则胜”，要“随形而弯，依势而曲，或蟠山腰或穷水际，通花渡壑，蜿蜒无尽”。楼阁“立半山半水之间，有二层三层之说，下望上是楼，山半拟为平屋，更上一层，可穷千里目也。”至于装折也应以“曲折有条，端方非额”。其中心思想也就是要自然，要与模拟自然山水的自然风景园相协调。

造园设计是一种综合性的工程技术与园林建筑艺术，计成作为没落地主阶级的清客和帮闲，其设计的思想是不可能脱离其阶级属性的。书中所反映的腐朽生活方式和颓废的思想感情，正是工人所“不能喻”的主要内容，在意识形态上反映了农民、手工业者与地主阶级思想意识的对立。

明代造园的园主，有不少是退休失意的官僚，计成为晋陵吴又予建造的园林亦属于这一类。其指导思想就是在有限的空间里建造一个享乐基地。在这里，他们“暖阁偎红，雪煮炉铛涛沸”，在园林中吃喝玩乐。他们所欣赏的是那“片片飞花，丝丝眠柳”，把“晓风杨柳”比喻为“蛮女之纤腰”。他们所爱听的，是那佛寺的“梵音到耳”和“鹤声送来枕上”。更有那“夜雨芭蕉”，把它比喻为“鲛人之泣泪”，再加上“溶溶月色”，“瑟瑟风声”，“俯流玩月”，“坐石品泉”，这样他们就离尘世更远了。在这里他们悠游自在，物质上精神上都得到了满足，填补了空虚。

《园冶》在“借景”中说：“因借无由，触情俱是”，“物情所逗，目寄心期”。就是说作者所说的借景内容，反映了他的内心的欲望，使所看到的外界景物，与他的内心的情趣相吻合。所以这些自然景物的取舍，正是没落地主阶级思想感情的流露。计成在借景中所描写的内容，除什么“片片飞花，丝丝眠柳”，“俯流玩月，坐石品泉”之外，就是什么“红衣新浴，碧玉轻敲”，“梧叶忽惊秋落，虫草鸣幽”，“恍采明月美人，却卧雪庐高士”，“风鸦入树夕阳，寒雁数声残月，书窗梦醒，孤影逸吟，锦幛偎红，六花呈端”等。这些所谓借景的内容，正如计成所说的“愈非匠作可为”，只有像他这样的清客、帮闲才能设计得出来。这正是计成自以为高明的地方，也正是我们所要批判的内容。

原载《中国古代建筑技术史》（科学出版社，1990）

［清］李渔《闲情偶寄·居室部和器玩部》

17世纪的贫士建筑学——读《闲情偶寄·居室部和器玩部》

侯幼彬

《闲情偶寄》的作者李渔是明末清初的一位文化名人，他字笠鸿，号笠翁，别号湖上笠翁，浙江兰溪人，生于明万历三十八年（1610年），卒于清康熙十九年（1680年）[1]。他的前半生在江苏如皋和浙江兰溪度过，父亲开药铺，家境尚优裕。顺治初年清兵入浙，因溃兵骚扰，李渔家居遭毁，家道败落。他41岁移居杭州，52岁迁居南京，67岁又转回杭州。他中过秀才，曾两赴乡试，前次没考上，后次中途闻警折返。此后绝意仕途，主要靠卖文、演戏维持生计。

李渔论著颇丰，除《闲情偶寄》和诗词杂文外，著有《玉搔头》、《比目鱼》等十余部传奇和《十二楼》、《无声戏》两部短篇小说集。有人认为，长篇小说《回文传》、《肉蒲团》也是他写的。他建立了一个由他的姬妾组成的家庭女子戏班，为达官显贵出堂会，也携班为友朋酬应助兴，换取李渔所说的“日食五侯之鲭，夜宴三公之府”[2]的“帮闲”生活。戏班演出的剧本都是由李渔自编，并由他自己导演，积累了丰富的戏剧创作和舞台演出的实践经验。他在南京开设“芥子园”书铺，刊行一批自编的《芥子园画谱》、《笠翁诗韵》、《尺牍初选》之类的教科书、工具书和时文选集。他还带着戏班游走四方，不仅到过“江之左右，浙之东西”，而且“游燕适楚，之秦之晋之闽”，有广阔的阅历。虽然参与了这么多的文化、演出活动，但他的后半生经济境况并不好。他说自己“无半亩之田，而有数十口之家”[3]；“贫贱一生，播迁流离，不一其处”[4]；自叹过的是“债而食，赁而居”[5]的日子。这种表述可能有些夸张，但他确有东奔西走，漂泊不定，穷愁求援的情况。让自己的姬妾上门为权贵演出，也是一种贫困谋生的无奈。李渔是一位通才、全才、奇才，豪放不羁，浪漫轻狂，学识渊博，才气横溢；论他的身份，可以说是职业作家、畅销书作者、戏曲理论家、戏剧导演、戏班主和出版人，是文人和商人的统一体；而他的自我定位是：“予，贫士也”[6]。

《闲情偶寄》是李渔最重要的著作。这部书于康熙十年（1671年）首次印行。后来曾改名为《闲情偶集》，收入《笠翁一家言全集》。《闲情偶寄》

全书分八部：词曲部、演习部、声容部、居室部、器玩部、饮馔部、种植部、颐养部。前两部专论戏曲，后六部说的是家居生活中的衣着服饰、梳妆打扮、房舍庭园、家具古玩、饮食烹饪、莳花栽木、行乐休闲、养生保健等方面。这部随笔体的著作，表面看上去好像一部集大成的家庭生活指南，而实际上它的许多讲述，已升华为学术专论。其中最有价值的，自然是词曲部、演习部所讲的戏曲理论、戏曲美学，涉及词曲的结构、词采、音律、宾白、科诨、格局和演习的选剧、变调、授曲、教白、脱套，被誉为“中国戏剧史上第一部真正的导演学著作，而且也是世界戏剧史上第一部真正的导演学著作”[7]。《闲情偶寄》的居室部、器玩部、种植部有关房舍、山石、家具、陈设、竹木、花卉的论述，现在也被视为中国园林美学的重要遗产。李渔自诩有两大绝技，“一则辨审音乐，一则置造园亭”。他的确很关注造园，也有造园实践。他住家乡兰溪时的“伊园”，住居南京时的“芥子园”，住居杭州时的“层园”，都是他自己置造的。北京的“半亩园”，也是他在京当幕客时为贾中丞修建的。经他堆叠的半亩园山石颇负盛名。我们从建筑史的角度来审视，应该说李渔并非只关注造园，而且也非常关注房舍。如果说李渔的戏曲论述是“真正的导演学”，那么李渔的居室、器玩论述，至少也可以说是“准建筑学”。更重要的是，它不是《工程做法》那样的“官工建筑学”，也不是《鲁班经》那样的“匠工建筑学”。李渔是从一个“贫士”的生活、“贫士”的视角来关注房舍、家具、陈设，他的讲述构成了一部17世纪的响当当的“贫士建筑学”。

这部贫士建筑学包容着李渔极富特色的对于建筑学领域的诸多精到见解：

一是紧贴生活

李渔在《居室部》开篇第一句就说：“人之不能无屋，犹体之不能无衣。衣贵夏凉冬燠，房舍亦然”[8]。首先强调的是房屋的实用价值。他紧贴生活，追求实效，不拘礼法格局。对于不能以面南为正向的房屋，提出“面北者宜虚其后，以受南薰；面东者虚右，面西者虚左，亦犹是也。如东、西、北皆无余地，则开窗借天以补之”，表现出对南向日照的高度重视，不惜开天窗也要争取日照。他关注起居生活的便利、实惠。在论述庭园“途径”时指出：“径莫便于捷，而又莫妙于迂。凡有故作迂途，以取别致者，必另开耳门一扇，以便家人之奔走”。他知道迂途可延长路途而扩展空间，可避免僵直而添加别致，但有损便捷，特地想出一个高招，另开耳门备急。这样达到了“雅俗俱利，而理致兼收”。对于宅屋檐廊，他批评那种“画栋雕梁，琼楼玉栏，而止可娱晴，不堪坐雨”的华而不实。他认真地琢磨房屋的“出檐深浅”，说贫士之家“欲作深檐以障风雨，则苦于暗；欲置长牖以受光明，则虑在阴”。剂其两难，他设置了一种“活檐”。就是在瓦檐下另设一扇板棚，用转轴固定，晴天把板棚翻贴在檐内当作檐部顶棚；雨天把板棚撑出，以承檐溜。他说这是“我能用天，而天不能窘我矣”。李渔很重视居室整洁，注意居家的物品储藏。他主张在精舍左右，另设一间俗称“套房”的小屋，专门用作储藏室。他对橱柜设计也精心安置，争取尽可能多的藏物空间。他想出了“一橱变为两橱，两柜合成一柜”的点子，连抽屉内部也分大小数格，以便有序地分装细小物品。他特别提出了利用屋顶顶格的做法。他说：“顶格一概齐檐，使高敞有用之区，委之不见不闻，以为鼠窟，良可慨也。亦有不忍弃此，竟以顶板贴椽，仍作屋形，高其中而卑其前后者，又不美观，而病其呆笨”。为此他设计了“斗笠形”的顶格，“四面皆下，而独高其中”。这样就形成吊柜四张，以竖板作门，时开时闭，“纳无限器物于中，而不之觉也”。竖板上再裱贴字画，有如“手卷、册页”。李渔的这个创意是典型的吸取民间顶格的储物方式，并加以文人的雅化。

李渔的力求功能实效达到十分执着的程度，他甚至在书房墙上装上可将小便排到墙外的装置；在坐椅上添加炭灰抽屉和扶手匣，组成带桌面、带薰笼的暖椅。所有这些都凸显出李渔对家居生活质量、生活情趣的极端关注，对居室功效、居室改善的良苦用心。

二是崇尚俭朴

晚明直到清初的江南社会弥漫着一种浓厚的世俗享乐主义，“恶拘俭而乐游旷”[9]、“羞质朴而尚靡丽”[10]，以至纳妾嫖妓都成了风流时尚。李渔的生活也有浸染享乐主义的一面。朋友们陆续给他赠送姬妾而使他家口日繁，也是这一现象的反映。但是李渔毕竟是个“贫士”，他的建筑意识、造园理念和艺术审美追求，都没有沾上奢靡习气。相反地，他却极力崇尚俭朴。他说：“凡予所言，皆属价廉工省之事，即有所费，亦不及雕镂粉藻之百一”。他大声疾呼：“土木之事，最忌奢靡。匪特庶民之家当崇俭朴，即王公大人亦当以此为尚。盖居室之制，贵精不贵丽，贵新奇大雅，不贵纤巧烂漫”。他不仅从“节约”的角度忌奢，而且上升到艺术品格的“简约”的高度来崇朴，这是很可贵、很有见地的。他选用物料，不以贵贱定高低，而是着眼于材料的用得其所。他十分赞赏一位老僧收取斧凿之余的零星碎石，垒成一道墙壁，“嶙峋崭绝，光怪陆离，大有峭壁悬崖之致”。他调侃说：“收牛溲马渤入药笼，用之得宜，其价值反在参苓之上”。他把这个理念用于园林叠山，主张大山“用以土代石之法，既减人工，又省物力，且有天然委曲之妙”。这是十分明智地取得求廉、求省、求简与求真、求朴、求雅的统一。

三是顺乎物性

李渔在讲窗户、栏杆的制作时，对于顺乎物性有一段非常精彩的论述。

他说："窗棂以明透为先，栏杆以玲珑为主，然此皆属第二义；具首重者，止在一字之坚，坚而后论工拙……总其大纲，则有二语：宜简不宜繁，宜自然不宜雕斫。凡事物之理，简斯可继，繁则难久；顺其性者必坚，戕其体者易坏。木之为器，凡合笋使就者，皆顺其性以为之者也；雕刻使成者，皆戕其体而为之者也；一涉雕镂，则腐朽可立待矣"。这真是中国建筑思想史上掷地有声的铿锵之言。怎样做到"坚"，对于窗棂、栏杆之制，李渔的答案是："务使头头有笋，眼眼着撒"（图1）。这的确是对木作装修顺其性的精彩概括。

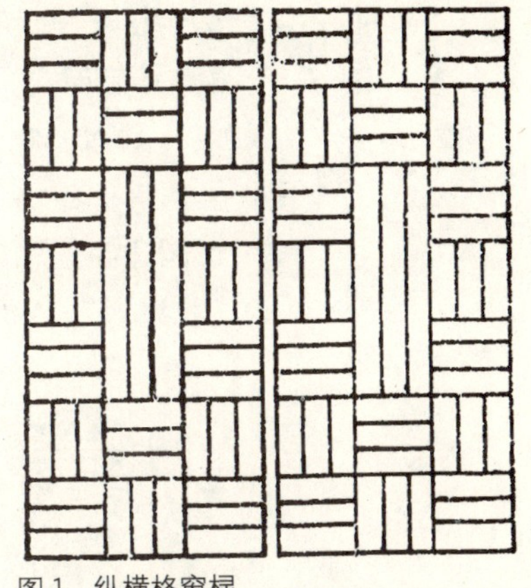

图1　纵横格窗棂
这种窗棂没有空悬的棂条接头，李渔说此格"是所谓头头有笋，眼眼着撒着，雅莫雅于此，坚亦莫坚于此矣"。

李渔的这种"顺其性"的理念，就是强调"用因"，强调因材致用、因物施巧、因地制宜、因势利导。这在他论述房舍的高下、向背，造园的挖池、筑山，花木的栽种、培育，以及贱材的智巧妙用等等，都贯穿着这条原则。

李渔有一段关于"以瓮作牖、以柴为扉"的表述。他说寒俭之家，"瓮可为牖也，取瓮之碎裂者联之，使大小相错，则同一瓮也，而有哥窑冰裂之纹矣。柴可为扉也，取柴之入画者为之，使疏密中窾，则同一扉也，而有农户儒门之别矣"。这种变俗为雅，点铁成金，当时有人认为"惟具山林经济者能此"，不是一般人做得到的。李渔不同意这说法，他说"有耳目即有聪明，有心思即有智巧，但苦自画为愚，未尝竭思穷虑以试之耳"。李渔在这里强调了"顺其性"的因物施巧，强调了建筑设计构思的重大意义，特别强调了只要"竭思穷虑"地创意，是不难达到"点铁成金"的。

四是自出手眼

李渔非常推崇艺术创作的个性，房舍营构的标新创异，他在《居室部》的"房舍第一"中就用了一大段来强调这一点：他说自己"……性又不喜雷同，好为矫异，常谓人之葺居治宅，与读书作文同一致也。譬如治举业者，高则自出手眼，创为新异之篇；其极卑者，亦将读熟之文移头换尾，损益字句而后出之，从未有抄写全篇，而自名善用者也。乃至兴造一事，则必肖人之堂以为堂，窥人之户以立户，稍有不合，不以为得，而反以为耻。常见通侯贵戚，掷盈千累万之资以治园圃，必先谕大匠曰：亭则法某人之制，榭则遵谁氏之规，勿使稍异。而操运斤之权者，至大厦告成，必骄语居功，谓其立户开窗，安廊置阁，事事皆仿名园纤毫不谬。噫，陋矣！以构造园亭之胜事，上之不能自出手眼，如标新创异之文人；下之至不能换尾移头，学套腐为新之庸笔，而嚣嚣以鸣得意，何其自处之卑哉"！

这真是一篇淋漓尽致的抨击筑屋造园因袭仿旧的檄文。李渔在这里一再强调要"自出手眼"：置造园亭，他要"因地制宜，不拘成见，一榱一桷，必令出自已裁”；装修精室，他巧作斗笠状顶格，既可藏物，又似手卷、册页，“简而文，新而妥”；设计栏杆，他创造出正面“桃花浪”，背面“浪里梅”，“以一物幻为二物”；制作匾联，他列举蕉叶联、此君联、手卷额、册页匾等非定格定制，既“取异标新”，又“有所取义”（图2）。可以说大到造园建宅的总体格局，小到窗棂匾联的细部样式，李渔都十分执著地呼唤要“脱巢臼”、“贵活变”、“出自裁”、“创新异”。

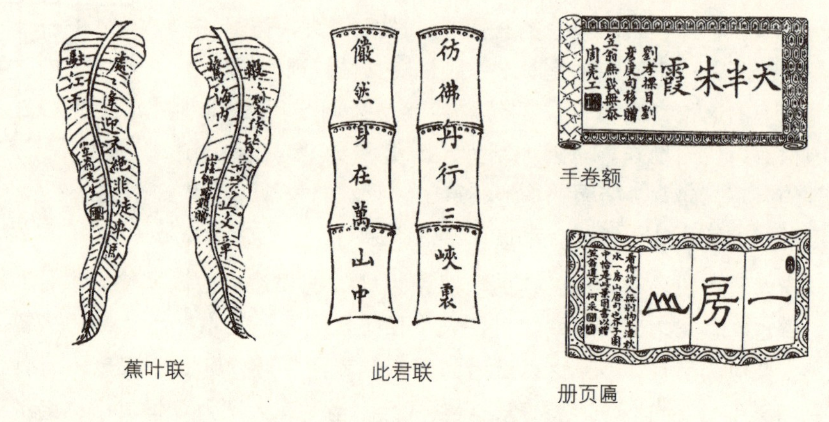

图2　联匾四例
这是从“联匾”一节的插图中摘取的四例，李渔说其特点是：“不徒取异标新，要皆有所取义”。

五是剪辑自然

李渔有个十分得意的创想：买一艘湖舫，在舟舱两侧各辟一个“便面窗”。他说：“坐于其中，则两岸之湖光山色、寺观浮屠、云烟竹树，以及往来之樵人牧竖、醉翁游女，连人带马尽入便面之中，作我天然图画。且又时时变幻……是一日之内，现出百千万幅佳山佳水，总以便面收之”。这种便面窗，“不但娱己，兼可娱人。不特以舟外无穷之景色摄入舟中，兼可以舟中所有之人物，并一切几席杯盘射出窗外，以备来往游人之玩赏”。（图3）李渔还进一步对这个现象作了一番理论解析：“同一物也，同一事也，此窗未设以前，仅作事物观；一有此窗，则不烦指点，人人俱作画图观矣”。这是一个极为精彩的论析。李渔在这里为我们描述了一个典型的、生动的“剪辑自然”现象。通过“便面窗”的画框作用，原本是自然的事物，变成了画面中的景物。

图3　带“便面窗”的湖舫
李渔构想的带便面窗湖舫，“便面窗”即扇面形的窗。

值得注意的是，李渔是在“取景在借”的标题下展述便面窗的。李渔把透过便面窗摄取景物，视为一种“借景”。我们由此可以领悟到，“借景”实质上就是一种剪辑自然。造园立宅的撷取环境景观，很大程度上是通过对环境自然景观的剪辑获得的。借景的剪辑就是计成在《园冶》中说的“极目所至，俗则屏之，嘉则收之”[11]。计成所列举的“远借、邻借、仰借、俯借、应时而借”[12]，正是借景剪辑自然、融入环境的种种选项。在这一点上，李渔和计成一样都已具备环境设计的意识。

在家居庭院中，凿池堆山，叠石莳木，应该说也是一种剪辑自然的方式。它不是从特定的视点、视角借景自然，而是在人工环境中移入自然。这种对自然的剪辑，用的是典型概括的方式。李渔说；“幽斋磊石，原非得已，不能致身岩下，与木石居，故以一卷代山，一勺代水，所谓无聊之极思也。然能变城市为山林，招飞来峰使居平地，自是神仙妙术，假手于人以示奇者也，不得以小技目之”。李渔很看重这个妙术，说“磊石成山，另是一种学问，别是一番智巧”。对这种典型概括的剪辑自然，李渔深谙其中奥秘，意识到叠山磊石都与主人的雅俗息息相关，用他的话说，就是“以主人之去取为去取。主人雅而喜工，则工且雅者至矣；主人俗而容拙，则拙而俗者来矣”。他认为“一花一石，位置得宜，主人神情已见乎此矣”。李渔这里说的“主人”，就是计成所说的“能主之人”[13]，用现在的话说，就是“设计主持人”。他可以由园主人自己主持，也可以请造园家主持。李渔在这里意识到，在人工自然的创作中，都以主人的去取为去取，充分强调了设计主持人的重大作用。

从以上五方面，不难看出李渔的“贫士建筑学”是带有“平民建筑学”色彩的“文士建筑学”。我们注意到这个建筑学“说了什么”，其实也应该注意它“没说什么”。李渔在居室部、器玩部通篇大论中，一没说建筑的礼法、等级，二没说建筑的风水、堪舆，很能反映他不谐俗儒的品格。

李渔在明末清初的出现不是孤立的。《园冶》的作者计成，生于明万历十年（1582年）；《长物志》的作者文震亨，生于明万历十三年（1585年）；他们都只比李渔大二十几岁，都是同代人。是明末清初的江南社会孕育了计成、文震亨、李渔的文士建筑意识。台湾的汉宝德先生把它称为“明清文人系之建筑思想”[14]。汉先生对这个“南系文人建筑思想”给予了很高的评价。他说：他们“大胆地丢开宫廷与伦理本位的形式主义，又厌弃工匠之俗，故很自然地发展出现代机能主义者的态度”；他们“开辟了环境设计艺术的契机”，“是建筑艺术知性化的先声”；他们“对建筑用材很慎审地选择，对质感、色感的精心的鉴赏、品味，西方在现代建筑出现之前，从未有若此之认识”；“我国在明清之间的文人们对建筑之了解超越西人甚多，可贵的是他们物质主义的精神，使建筑脱离了早期的纯象征性，而与生活连在一起。这一点，即使是现代建筑时期的西方大师也不能达到”[15]。汉宝德先生的这些精辟点评，是站在统览中国建筑和世界建筑的思想史的高度所作的评价，大大深化了我们对李渔建筑思想的学术价值和历史地位的认识。

17世纪的中国还处于农耕社会，距离中国建筑的“现代转型”和中国专业建筑师的出现，为时尚早。李渔们的建筑思想注定只能是昙花一现，但闪烁在《闲情偶寄》中的建筑功能意识、节约意识、创新意识、顺乎物性意识和崇尚自然意识，历久犹新，至今仍然散放着不谢的靓彩。

注释：

[1] 过去多以为李渔生于1611年，卒于1680年或1681年。据李渔故乡发现的《龙门李氏宗谱》，明确记载李渔生于明万历三十八年庚戌八月初七，卒于清康熙十九年庚申正月十三

[2]、[3]《李笠翁一家言》卷三〈复柯岸初掌科〉

[4]、[5]、[6]《闲情偶寄》〈居室部·房舍第一〉

[7] 叶朗. 中国美学史大纲. 上海人民出版社，1985

[8]《闲情偶寄》〈居室部·房舍第一〉。后面凡属《居室部》、《器玩部》的引文，均从略不注

[9] 王士性. 广志绎.

[10] 张瀚. 松窗梦语·风俗记.

[11]、[13] 计成.《园冶》卷一〈兴造论〉

[12] 计成.《园冶》卷六〈借景〉

[14] 汉宝德. 明清建筑二论. 境与象出版社，1982

[15] 以上引汉宝德语，均见《明清建筑二论》〈明、清文人系之建筑思想〉

[清] 顾炎武《历代帝王宅京记》

古代建筑考据学经典——《历代帝王宅京记》

柳　肃

《历代帝王宅京记》又名《历代宅京记》，明末清初著名哲学家、思想家顾炎武所著。全书二十卷，记述了上自传说时代的伏羲、神农，下至南宋、历朝历代的都城以及各诸侯国王城的地理位置、历史沿革；都城内外的行宫、离宫、皇家园林；散布于外地各郡县的离宫别馆；围绕王朝宫馆所发生的历史事件、传说掌故等等，是我国历史上第一部辑录都城历史资料的专著，引用文献资料之多，史料之翔实，均前所未有。故书出之后，广为传抄，历史上曾经有过许多抄本，正式刻印刊本也有多种。

作为一部记录都城历史的专著，此书具有很多特点。

第一，史料翔实，考证渊源。

书中凡记述任何都城，不论是地理位置，还是历史沿革，都尽可能多地引用历史典籍。每写到一个都城，都要引用数种文献，尽可能搜罗相关的历史记载。例如写上古时代黄帝都城，说“黄帝居轩辕之丘，邑于逐鹿之阿，迁徙往来无常处，以师兵为营卫”（引自《历代帝王宅京记卷之一/总序上》）。为了证实其正确性，还引用了《山海经》、《后汉郡国志》、《帝王世纪》、《水经注》、《魏土地记》、《晋太康地理记》等多种史籍中的相关记载（同上）。他写唐长安，引用了《旧唐书》、《唐书》、《唐六典》、《地理志》、《册府元龟》、《长安志》、《十道志》等多种古典文献。不仅把有关都城的史实叙述得准确详细，而且还对都城周围的郊县以及郊县的著名景物及其历史沿革也都有详细记述。例如关于唐长安周围郊县的记载中有：“昭应县有宫在骊山下，贞观十八年置，咸亨二年始名温泉宫，天宝六载更名华清宫，治汤井为池，环山列宫室，又筑罗城，置百司及十宅”（引自《历代帝王宅京记卷之六/关中四/唐》），这是古代史书中关于今西安华清池的较早记载。

第二，史籍考据佐以地理史迹实证，力求准确。

在考证某个都城或某座著名建筑的具体位置时，除了引用历史典籍以外，还尽可能借助地理上的标志性纪念物以佐证它的正确性。例如书中记述上古时代的都城“伏羲氏都于陈”，不仅引用《春秋传》中“陈，太昊之虚也”，同时还附之以“今河南开封府陈州有太昊陵”为证（参见《历代帝王宅京记卷之一/总序上》）。“神农氏初都陈，后居曲阜。”而《三皇本纪》中注曰“今淮阳有神农井”。“《水经注》曰：陈城，故陈国也。伏羲、神农并都之，城东北三十许里，犹有羲城，实中”（同上）。本来作为上古时代没有文字记载的历史只靠口头代代相传，然后再由后来的史书记载，其可信度当然被后世质疑。然而佐以历史遗迹的事实证明，这就大大提高了它的可信度了。

第三，相关记录详备。

《历代帝王宅京记》中所记载皇帝居住的宫殿绝不只是记录与皇帝生活相关的主要宫殿，而是尽可能把史籍中所记载过的所有行宫、离宫、别馆都写出来。例如关于汉代的皇宫，书中记录的就有长乐宫、长信宫、未央宫、建章宫、桂宫、天梁宫、鼓簧宫、北宫、寿宫、明光宫、甘泉宫、长定宫、竹宫、棠梨宫、永信宫、中安宫、养德宫、长门宫等数十处，这些都是长安城内和城外的宫殿。此外，还记录有其他各郡县的离宫，如杜县的宜春宫、湖城县的鼎湖宫、池阳县的池阳宫、汾阴县的万岁宫等等。据他统计“汉畿内千里，并京兆治之内外宫馆一百四十五所。班固《西都赋》云：前乘秦岭，后越九嵕，东薄河、华，西涉岐、雍，宫馆所历百有余区，秦离宫二百，汉武帝往往修治之。”（引自《历代帝王宅京记》卷之四/关中二）。关于各朝代的宫殿建筑，此书为我们提供了最集中的、最多的信息。

第四，相关内容丰富。

《历代帝王宅京记》理所当然就是写都城和皇宫，但是顾炎武所写的绝不仅限于此，与都城皇宫相关的内容，如思想文化、历史事件、传说掌故等都有介绍。例如书中写到秦代大建宫室说：“三辅黄图序曰：易曰上古穴居而野处，后世圣人易之以宫室，上栋下宇，以待风雨，盖取诸大壮。三代盛时，未闻宫室过制，秦穆公居西秦，以境地多良材，始大宫观。戎使由余适秦穆公，示以宫观，由余曰：使鬼为之则劳神矣，使人为之亦苦民矣。是则穆公时秦之宫室已壮大矣。”（引自《历代帝王宅京记》卷之三/关中一/汉）表明儒家思想中反对宫室建筑过分奢侈浪费。又如关于汉代著名宫殿建章宫的来历，书中记载“武帝太初元年，柏梁台灾，粤人勇之曰：粤俗有火灾，即复起大屋，以压胜之，帝于是作建章宫，度为千门万户”（引自《历代帝王宅京记》卷之四/关中二/汉）。由此看来，历史上著名的宫殿建章宫最初的建造目的原本是没有实际用途的，只是为了防止火灾而建“大屋”用以压胜的。

以上这些特点的形成，主要是因为本书的作者顾炎武所持的严谨的治学态度和科学的研究方法。

顾炎武，江苏昆山人，明万历四十一年（公元1613年）生，学名继绅，字忠清。因景仰南宋民族英雄文天祥的门生王炎午的忠贞品格，更名炎武，字宁人。

昆山顾氏为“江东望族”，官宦世家，至炎武父辈家道中落。父亲顾同应，母亲何氏，生子五人，炎武是次子。在他很小时，就过继给嗣祖顾绍芾。顾绍芾博学多闻，留心时事政治，但因病早卒，由嗣母王氏抚育。王氏受过良好教育，好读史书，他们两人对顾炎武的思想产生了深刻的影响。顾炎武从小饱读诗书，除了阅读《左传》、《国语》、《战国策》、《史记》和《资治通鉴》等儒家典籍，也读过《孙子》、《吴子》等兵书。他十四岁正式入学，经过十四年的寒窗，在科举上没有取得什么成就，于是逐渐淡薄功名，日益发奋读书，研究学问，遍览二十一史、天下郡县志书，以及历代文集及奏章文册等，掌握了大量的文史资料。

甲申（公元1644年）之变，清兵入关，顾炎武参加了南明政权，积极参加领导抗清斗争，并终生保持不与清廷合作的态度。此后潜心学问，漫游各地，二十五年间，遍历山东、河北、山西、陕西等广大地区。所到之处，即考察山川形势，广交豪杰师友，终其后半生。

他博览群书，知识广博，著述甚多。代表著作有《音学五书》、《日知录》、《营平二州史事》、《昌平山水记》、《山东考古录》、《京东考古录》、《肇域志》、《天下郡国利病书》和《历代帝王宅京记》等，内容涉及经学、史学、音韵学、地理学、文学等领域。在研究方面，他特别重视典章文物、天文地理、古音文字、民风土俗的考证，他因此而被学界称谓“通儒”。他的一生真正做到了“读万卷书，行万里路”，他的所有著作都是通过实地考察和书本知识相互参证，认真分析研究以后写成的。尤其是他编写的卷帙浩繁的《肇域志》、《天下郡国利病书》和《历代帝王宅京记》，这三部书被称为相互关联的姊妹篇。《肇域志》专记舆地；《天下郡国利病书》则重在朝廷政治；《历代帝王宅京记》则汇记历代都城史实。正是因为以上原因，所以才有前面所述《历代帝王宅京记》书中史迹史料考证之翔实，相关记录之详备丰富这些特点。

顾炎武死于康熙二十年（公元1681年），享年七十岁。其学术成就和政治思想在历史上产生了深远的影响。他不但开清代学术新风，甚至影响到中国近代的政治变革。正如梁启超在《清代学术概论》中所说：“清代儒者以朴学自命以示别于文人，实炎武启之。最近数十年以经术而影响于政体，亦远绍炎武之精神也。”

[清] 允礼等《清工部〈工程做法〉》

清工部《工程做法》的成书原委

蔡　军

作者推断及内容简介

在中国古代建筑历史长河中，作为官方颁布刊行的古典建筑技术书，当首推宋代崇宁二年（1103 年）李诫著的《营造法式》和清代雍正十二年（1734 年）允礼等编著的清工部《工程做法》，这两部经典建筑技术书不论在构成体系上还是在记载内容上，均以绝对的优势在古典建筑文献中占有重要的地位。因此，关于它们的研究对于古典建筑理论的探讨，古代建筑遗构的保护、维修、重建，以及中国乃至亚洲古典建筑史料体系的确立等均具有重要意义。近年来，随着国家对清史研究的日益重视，特别是对于清代建筑保护、更新力度的加深，清工部《工程做法》亦越来越引起广大学者的关注，对其研究的深度和广度正进一步加强[1]。

清工部《工程做法》有许多版本，国内一些大图书馆（中国科学院图书情报中心、北京图书馆、北京大学图书馆）等均有传抄本或通行本等不同版本的收藏，其存帙情况不尽相同，据考证应盖源于武英殿刊本[2]。由此可见，武英殿刊本被认为是清工部《工程做法》的祖本。日本东京大学东洋文化研究所藏有雍正十二年（1734 年）刊本及咸丰四年（1854 年）刊本。两者书名均为《工程做法七十四卷》，共 20 册，每册标题为《工程做法则例》，木版本、袋缀，大小分别为 26. 4cm ×17. 5cm 及 27. 6cm ×18. 4cm，文章内容、字体与武英殿刊本基本一致[3]。

本文主要介绍清工部《工程做法》的成书原委、作者推断及内容简介。

一、成书原委

清朝作为我国的最后一个封建王朝，1616 年努尔哈赤在赫图阿拉即汗位，建元天命，国号“大金”（史称“后金”）。1622 年迁都沈阳，国名由“后金”变为“清”，1636 年太宗皇太极继位，1644 年把北京定为首都。1654 年圣祖康熙继位，建立了所谓的“康熙盛世”。1723 年世宗雍正继位，雍正九年（1731 年），清朝政府开始着手组织编纂清工部《工程做法》，历时三年，于雍正十二年（1734 年）终于得以刊行。

明末清初，北部地区忙于战事，基本上停止了一切筑城兴工之役。清朝入关后，特别重视争取联合其他少数民族的工作，并且打出了“法明”的旗号，即一切效法明朝。在建筑上，沿用前朝遗留下来的宫殿等设施，基本上使古建筑能完好无损地得以保存，对于工程的一些做法，也基本上沿用了明朝的设计技法。到了康熙、雍正年间，社会相对趋于稳定，大量建筑工程开始兴建。但是，同时也发生了许多主管大臣或监工利用规章制度陈旧不全之便，制造贪污腐化等事件。为了杜绝这类事件发生，就必须有一部详细记载建筑做法，特别是规定用工用料的准则。另外，从雍正八年（1730 年）雍正帝对高家堰石堤工程的态度：“朕不惜百万帑金以卫民济运，工程当务久远坚固，一劳永逸，此外即再增加数十万两亦不为多[4]”。可见他对兴建土木的重视，同时也反映了朝廷当时的经济建设观点。

初入关时，清朝政府实行对汉族地主阶级采取笼络，对人民群众则采取减轻剥削，改革明朝弊制的措施。这两点对于清朝巩固政治，发展经济起了一定的作用。但与此同时，清朝统治者也采取了剃发、圈地及掠人为奴等一系列加深民族矛盾的措施，加深了汉族人民的灾难，也侵害了汉族地主的利益，这不能不激起其坚决反抗。全国各地人民的抗清斗争此起彼伏。康熙朝初期，朝廷内部的斗争及全国各地连年不断的叛乱，以及康熙朝中、晚期，在设立太子等问题上，使得康熙与太子及诸皇子之间的矛盾日益加深，让康熙帝大伤脑筋。到雍正即位时，可以说留给他的是一个乱摊子。朝廷内部斗争十分激烈，雍正朝初期，内排以八阿哥为首的诸亲王异己，外排以年羹尧、隆科多为首的诸大臣隐患。直到雍正中期才得以稍稍平息，这也使朝廷有可能更多地关注其他经济建设。

经过明末清初的长期动乱，社会经济遭到了异常严重的破坏。康熙初年，采取了垦荒、治河等政策，以及经营边疆及巩固统一的战争，经济得到了很大的好转，使城市建设等项事业成为可能。但是到了康熙晚期，基本上呈现了外强中干的局面，雍正元年（1723 年）户部存银仅有 2371 多万两，雍正八年（1730 年）经济得到了一定的恢复，户部存银 6218 多万两，雍正九年（1731 年），由于水灾等自然灾害，户部存银又降到 5037 多万两。这时朝廷开始意识到节约开支的重要性，对于在经济建设中占很大比例的土木工程，既能节省开支，又能建造出保存永久的建筑这一议题，随之也被提到议事日程上来。

明末清初，特别是康熙、雍正年间，许多著名建筑得以建造或保存。例如：沈阳故宫、北京故宫、圆明园、承德避暑山庄等。沈阳故宫是清太祖努尔哈赤和清太宗皇太极修建的宫殿，是清王朝入关前统辖东北地区的政治中心。北京故宫于明代永乐四年（1406 年）开始修建，永乐十八年（1420 年）基本建成。顺治元年（1644 年）清朝统治者进京入关，第二年就对皇宫内的太和殿、中和殿、保和殿进行重建及修缮，以后又对故宫进行了多次重修和改建。北京故宫是明朝及清朝入关后统治全国的政治、经济及文化中心。从明末直到清乾隆年间，两朝先后在北京西北郊营建修缮了香山静宜园、玉泉山静明园、畅春园、圆明园、万寿山清漪园等皇家园林。其中，康熙四十八年（1709 年）玄烨把圆明园赐给皇四子胤禛。胤禛继位后，于雍正三年（1725 年）将之改为离宫型皇家园林，因而大加扩建。在园之北、东、西三面，将多泉的沼泽地改造为河渠水网，设置了一系列的风景点、小园及建筑群。在雍正年间所建成的重要建筑群组共有二十八个之多。康熙四十二年（1703 年），开始兴修承德避暑山庄，直到乾隆五十五年（1790 年）全部竣工。所有这些建筑活动，既要按照清初的“法明”政策，以明朝的设计手法进行设计与修缮，也要根据时代的前进，对建筑设计技法进行不断完善，以满足更高的要求。因此，就有必要对现有的一些做法或估算进行修改和补充。

由于以上社会、政治、经济条件的成熟及建筑活动的要求，由此而产生清工部《工程做法》亦应看作是历史的一种必然。

二、作者推断

作为封建社会大臣向皇帝递请的奏折，清工部《工程做法》中的“奏疏”末尾，列出以管理工部事务和硕果亲王允礼为代表的工部、和以总管内务府事务和硕庄亲王允禄为代表的内务府共 15 位大臣之名。但是，在“奏疏”中还有这样的记载：“臣部选取谙练详慎之员逐款酌凝工料做法务使开册潦然以便查对”，这里的“谙练详慎之员”，笔者认为应该是主持设计的“样房”和编制预算的“算房”，在这里任职的多是“世守之工，号称专家”[5]，这是编写《工程做法》的第一步，对于他们的姓名在该文献中没有任何记载。然后，派出工部郎中福兰泰，主事孔毓琇，协办郎中托隆及内务府郎中丁松，员外郎释迦保、吉葆，来“详细酌凝物料价值”。再派出郎中依尔们，协办郎中福兰泰、托隆，额外主事七达，去“细加察访据实造册呈报前来”。最后，“臣等复行按款详察”。

总之，清工部《工程做法》的编纂过程大致需要这样四个步骤：首先，由工部“样房”和“算房”匠师把最基本的工程做法和所需一切材料编纂出来，再由工部及内务府大臣估算物料工价，然后，由大臣进一步根据实际情况详查，编纂成册上报，供允礼等更高一层官员审查，最后呈报雍正审批。因为“奏疏”中署名的15 位大臣，基本上隶属于工部及内务府，因此，有必要对这两个部门简单介绍一下。

工部初建于天聪五年，内设营缮、虞衡、都水、屯田四司，官职设有尚书、侍郎、司务厅司务、缮本笔贴式、郎中、员外郎、主事、笔贴式等。其中，郎中、员外郎、主事在营缮司中均有设置，营缮主管营建工作，凡坛庙、宫府、城郭、仓库、庙宇、营房、鸠宫会材，并典领工籍，勾检木税、苇税[6]。

清代不同于明代的制度之一，就是设立了内务府。内务府原是从八旗制度产生的，组织的完成是在康熙以后。内务府管理宫廷的宴飨、典礼、祭祀、库藏、财用、服御、造作、牧厩、供应、刑律等事，统以总管大臣，其下分设广储、会计、掌仪、都虞、慎刑、营造、庆丰七司，此外还设有总理工程处、养心殿造办处、武英殿修书处、刊刻御书处等机关，其中，掌仪司主管本府祭祀与其礼仪乐舞，兼稽太监品级、果园赋税。营造司主管本府缮修，庀材饬工，帅六库三作以供令。凡遇工程，简堪估大臣，承修大臣，事毕简查验大臣[7]。

这样的编纂过程，一方面反映了封建社会的等级制度，另一方面也反映了清工部《工程做法》的受重视程度，它应是集体智慧的结晶。

雍正帝的十七弟允礼和十六弟允禄，可以说是在雍正帝24位兄弟中，除了皇十三弟允祥以外，与之最为亲近的人。他们在雍正朝初期的宫廷斗争中，坚决站在雍正帝一面。均在雍正帝去世之后，作为辅政大臣辅佐乾隆帝执政。另外，允礼能诗善画，允禄精火器[8]，也可以说明这两位作为向皇帝最后申报成册大臣的在行及多才多艺。

三、内容简介

清工部《工程做法》主要内容包括“奏疏”、“目录及正文”，正文主要分为“做法”与“估算”两大部分。

1. 奏疏

在此说明了清工部《工程做法》编纂的指导思想、目的、适用范围及编纂原则等。

“奏疏”的开端“题为详定条例以重工程以慎钱粮”，及“一切营建制造多关经制其规度既不可不详而钱粮尤不可不慎”，即建筑设计的规范要详细，而估算更要慎重。在“奏疏”中，特别明确编纂原则：如是修理工程仍照旧制尺寸，如是营造工程，它的级别、材料的好坏都要按照现在的规定。

2. 目录

清工部《工程做法》共74卷，正文之前附有“奏疏”，正文又可分为前半部的“做法”（设计技法，卷1~47）和后半部的估算（卷48~74）两大部分[9]。

3. 做法

“做法”，从大的方面来看，可分为“大木”（建筑构架、卷1~27）、

“斗科”（卷28～40）、“装修”（卷41）及“基础”（卷42～47）。如把“大木”细分，可分为“大式”（卷1～23）和“小式”（卷24～27）。大式又可分为殿堂（卷1～3）、楼房（卷4）、转角（卷5、6）、厅堂（卷7～12）、川堂（卷13）、城楼（卷14～18）、仓库（卷19、20）、垂花门（卷21）、亭、（卷22、23）。并且在“大木”（建筑构架、卷1～27）中，根据建筑规模、屋顶形式及斗科形式的不同，每一卷都对应着一种不同的建筑模式。

这里需要解释的概念是大式与小式，清工部《工程做法》中，卷24～27的每一卷都记载着“小式”的字样，与之相对应的卷1～23却没有“大式”字样的记载，这一概念可从以下分析中获得。拿和“小式”（卷24～27）具有同样檩数（4～7檩）的卷9～12（大式）相比较，“小式”（卷24～27）有以下的特点：首先建筑物的尺寸小（比如：卷9“七檩大木”的面阔是一丈二尺，卷24“七檩小式大木”的面阔是一丈五寸）。其次，记载的建筑部件数少（比如：卷9的部件数为28件，卷24的为19件）。另外，建筑屋顶的形式也有差别，卷9～12有悬山、硬山及卷棚，而卷24～27只有硬山和卷棚。特别在卷9～12中屋檐全部记有飞檐椽，而卷24～27中却没有。总之，清工部《工程做法》中，“小式”是指那些规模小构造简单的建筑。而与之相对应的建筑，则应属于“大式”。

“斗科”（卷28～40）包括斗口单昂、斗口重昂、单翘单昂、单翘重昂、重翘重昂、挑金溜金斗科、一斗二升交麻叶并一斗三升斗科、三滴水品字斗科、内里棋盘板上安装品字科、隔架科11种斗栱的设计技法（卷28）、有关斗栱部件的“安装”（卷29），以及根据斗口的尺寸所列各种斗栱的各部件尺寸（卷30～40）。

“装修”（卷41）中，记载了内外分隔墙上的“隔扇”、“槛窗”、“支窗”、“单扇棋磐门”、“实榻大门”，以及天井的种类之一“木顶隔”的设计技法。特别是以“门决开后”为题，详述了“财门”（31种）、“义顺门”（31种）、“官禄门”（33种）、“福德门”（29种）的实际尺寸。

“基础”（卷42～47）则是由卷1～27中所记大式的石、砖、瓦作（卷42、43）、小式的石、砖、瓦作（卷45、46），及砖造“发券”（卷44）、“土作”（卷47）组成。

4. 估算

估算由“用材”（材料估算、卷48～60）、“用工”（工数估算、卷61～74）所组成。

“用材”（卷48～60）包括“木作”（卷48、49）、“锭铰作”（卷50、51）、“石、砖、瓦作”（卷52、53）、“搭材作”（卷54）、“土作”（卷55）、“油作”（卷56、57）、“画作”（卷58、59）、“裱作”（卷60）。其

中，卷48、49、52、53、55五卷记述的是卷1～47中诸作必要的用材内容，而余下的八卷则是“做法”（设计技法）中没有记载的新增加的内容。

“用工”大体上与“用材”的构成相对应。包括“木作”（卷61～64）、“锭铰作”（卷65）、“石、砖、瓦作”（卷66、67）、“搭材作”（卷68）、“土作”（卷69）、“油作”（卷70、71）、“画作”（卷72、73）、“裱作”（卷74）。其中，卷61、62、63、66、67、69六卷记述的是卷1～47中诸作必要的用工内容，而余下的八卷则是“做法”（设计技法）中没有记载的新增加的内容。

总之，估算的构成与“做法－大木”不同，不是按照建筑类型的分类，而是按照建筑工种的不同进行编纂的。

注释：

[1] 目前为止，专门对清工部《工程做法》研究的著作有以下两部：①故宫博物馆古建部 王璞子等编注．工程做法注释．北京：中国建筑工业出版社，1995年3月②蔡军、张健著．《工程做法则例》中大木设计体系．北京：中国建筑工业出版社，2004年11月。另外，还有一些以清工部《工程做法》内容为依据，对清代木构建筑进行研究的著作，如：马炳坚著．中国古建筑木作营造技术．北京：科学出版社，1991年；梁思成著．清式营造则例．北京：中国营造学社，1934年；陈明达著．清式大木作操作工艺．北京：文物出版社，1985年；中国科学院自然科学史研究所主编．中国古代建筑技术史．北京：科学出版社，1985年。对于清工部《工程做法》研究的论文数量比较多，在此不一一列举。

[2] 故宫博物馆古建部 王璞子等编注．工程做法注释．北京：中国建筑工业出版社，1995：3

[3] 咸丰四年（1854年）刊本（东京大学东洋文化研究所藏），正如其“奏疏”最后记载的那样：“工程做法并物料价值则例因板片糟朽于咸丰四年十二月修补刊刻……”，由于雍正十二年（1734年）刊本年久腐朽、字迹有些模糊不清，由监修官营缮司掌印郎中恩祥等对原有版本进行重新补修。因此，两者之间不可避免地存在着一定的记载差异。最主要的区别在于，咸丰四年（1854年）刊本欠缺雍正十二年（1734年）刊本中关于斗栱色彩的用材部分；雍正十二年（1734年）刊本的卷五十九的“斗栱彩画开后”分为上、下两册，而咸丰四年（1854年）刊本只存在下册部分内容。东京大学东洋文化研究所藏的这两种刊本与北京图书馆藏本的主要区别在于：北京图书馆藏本在1～27卷的每卷卷首，均载有关于该卷所记载的建筑类型之剖面图，而东京大学东洋文化研究所藏雍正十二年（1734年）刊本中欠缺卷11～15、卷21、卷24、卷27的剖面图，咸丰四年（1854年）刊本则只有文字，完全没有图面记载。另外，《古建园林技术》的第一期至第九期及清工部《工程做法则例》连载本专集，也对清雍正十二年（1734年）版本进行了全篇文字刊登。

[4] 中国人民大学清史研究所编．清史编年．第四卷（雍正朝）．北京：中国人民

大学出版社，1991 年 . P427
[5] 朱桂辛．中国营造学社缘起．中国营造学社汇刊，1930 年（第 1 卷）. P2
[6] 赵尔巽等撰．清史稿．第十二册．北京：中华书局出版，1976：3292
[7] 赵尔巽等撰．清史稿．第十二册．北京：中华书局出版，1976：3421
[8] 中国人民大学清史研究所编．清史编年．第四卷（雍正朝）．北京：中国人民大学出版社，1991 年．雍正十二年，果亲王允礼看视达赖喇嘛，亲绘七世达赖像，作为信仰圣物。雍正十三年允礼回京，行至四川，所历名胜多有题咏。另赵尔巽等撰．清史稿（第三册）．北京：中华书局出版，1976 年．P343．载弘历学火器于庄亲王允禄。
[9] 蔡军，麓和善，平野泷雄，张健，内藤昌．中国古典建筑书《工程做法则例》的构成．日本建筑学会计划系论文集．第 520 号 . 1999：313 ~320

[民国] 乐嘉藻《中国建筑史》

读乐嘉藻《中国建筑史》辟谬[1]

梁思成

回忆十年前在费城彭大（编者注：即宾夕法尼亚大学）建筑学院初始研究中国建筑以来，我对于中国建筑的史料，尤其是以中国建筑命题的专著，搜求的结果，是如何的失望；后来在欧美许多大图书馆，继续的搜求，却是关于中国建筑的著作究如凤毛麟角，而以“史”命题的，更未得见。近二、三年间，伊东忠太在东洋史讲座中所讲的《支那建筑史》，和喜瑞仁（Osvald Siren）中国古代美术史中第四册《建筑》，可以说是中国建筑史之最初出现于世者。伊东的书止于六朝，是间接由关于建筑的文字或绘刻一类的材料中考证出来的，还未讲到真正中国建筑实物的研究，可以说精彩部分还未出来。喜瑞仁虽有简略的史录，有许多地方的确能令洋人中之没有建筑智识者开广见闻，但是他既非建筑家，又非汉学家，所以对于中国建筑的结构制度和历史演变，都缺乏深切了解。现在洋人们谈起中国建筑来，都还不免隔靴搔痒。

十年了，整整十年，我每日所寻觅的中国学者所著的中国建筑史，竟无音信。数月前忽得一部题名《中国建筑史》的专书，乐嘉藻先生新近出版的三册，这无疑的是中国学术界空前的创举。以研究中国建筑为终身志愿的人，等了十年之久，忽然得到这样一部书，那不得像饿虎得了麋鹿一般，狂喜的大嚼。岂知……

我希望我只须客客气气的说声失望，这篇书评也就省了。但是我不能如此简单的办，因为对于专门的著作，尤其是标题如此严重的《中国建筑史》，感到有良心上的责任。

外国人讲我们的东西而没有讲到家的，我们都不应该放松，应该起来辩驳它或纠正它，或是自己卷起袖子来做他们所未能做到的。现在无端来一部如此标题的专著，而由专门眼光看去，连一部专书最低的几个条件都没有做到。在这东西学者众目昭彰之下，我们不能不费些时间来批评他，不然却太损中国人治学的脸面。

---

[1] 本文原载1934年3月3日《大公报》第十二版《文艺副刊》第六十四期——杨鸿勋注。

最简单的讲来，这部书既称为"'中国''建筑''史'"了，那么我们至少要读到他用若干中国各处现存的实物材料，和文籍中记载，专述中国建筑事项循年代次序赓续的活动，标明或分析各地方时代的特征，相当的给我们每时代其他历史背景，如政治、宗教、经济、科学等等所以影响这时代建筑造成其特征的。然后或比较各时代的总成绩，或以现代眼光察其部分结构上演变，论其强弱优劣。然后庶几可名称其实。

乐先生这部书非但不是这么一回事，并且有几章根本就没有"史"的痕迹，而是他个人对于建筑上各种设计的意见。如第一章后半"庭园"，他并没有叙述由文献或实例上所得知道的古今庭园是若何，却只说老太太爱在院内种葵花、玉米、黄瓜、蚕豆……年青人爱种花，谁有金鱼缸……等等，又说"庭园应以……，宜有……，可以……，须较……"整整三十八页，而在绪论中却再三声明其为"属历史一方面"，这岂非指鹿为马？绪论中同时又说这是"专取一部分研究"，"一部分"是"一部分"，"研究"是"研究"，何能谓之"史"？

更有令人不解的，除去是否"史"的问题外，就是乐先生章节之分配。为什么把屋盖与庭园放在一章？如屋盖是中国建筑之一部分，为什么乐老先生只研究屋盖部分而不研究其他部分如梁、柱、台基、墙、斗栱、门窗装修等等？而庭园，据乐先生自己说，是一种"特别之建筑装饰"（这是什么意思先不讲），又为何与建筑"一部分"——屋盖——同一章呢？

如果庭园是特别之建筑"装饰"，依此原则，则宫苑，民居，官衙，寺观，城市，都成为"特别之建筑装饰"，那么请问建筑之本身又是什么呢？

名称与章节既如上述的令人不解，现在我们单取其中几个普通的例，一探书的本质。

第一编第七页论屋盖之曲线，先生说，"清代曲线，应载于'工部工程做法'中，余现手底无是书，故不能举"。请问这是正正经经说的还是当笑话说的？中国四千年遗留下来的古籍中，关于建筑术的专书，只有宋《营造法式》和清《工部工程做法》两书存在；而研究四十余年，著中国建筑史的人，竟能"手底无是书"，已属奇怪，因此"故不能举"，更属奇怪；这岂是著书立说的人所应有的态度？何不一张白纸，正中间一行楷书，"中国建筑史"，下写"现因手底无参考书，故不能举"，最为简洁了当？

第一编后半关于庭园的历史或与史微有关系的纪录，则有第十页"周制，皋门之内，应门之外，有三槐"一段；有"钜麑触槐而死"的故事，和其它两三处类似的史料。应门外的三槐，固然是当时的制度。至于赵盾院内有一株槐树，有甚稀奇？何必大惊小怪引为史证？北方的槐树比北平街上的野狗还多；赵宅院内有一株槐树，不要说不足为史证，况且何必要证？证又何益？若连这都要大书特书，则我可以告诉乐先生，晋灵公家里有女人，有厨子，厨子有手，因为“宰夫胹熊蹯不熟，杀之，……使妇人载以过朝，赵盾士季见其手……”。如此做法，则全部四库全书，都成了建筑史了。

乐先生对于史料之选择及应用是如此。至于他对于中国建筑之构造术之了解，则又何如？再举屋盖为例，他说“……屋盖上之曲线，其初乃原因于技术与材料上之弱点而成了病象，……其后乃将错就错，利用之以为美，而翘边与翘角，则又其自然之结果耳”。这乐先生对于中国屋顶之演变唯一的解释，若是先生必作如是见解，至少也请老先生拿出一点有力的证据来。翘边翘角又怎么“是其自然之结果”，我们也愿意明白。无论它是结构上有许多极巧合的牵制所使然的，抑或是因美观上或实用上所需要，在合乎结构原则之下而成功的，它绝对不是如乐先生所说那样神乎其神的“将错就错”哲学的“自然结果”。

第二编十四页说，“斗即斗拱（栱?）在檐下者也，此亭上装饰之可考者也……。”凡是对中国建筑术稍有认识的人，都知道斗栱是中国宫室构架中最重要的有机部分，而不是装饰；凡是对于中国建筑在史的方面稍有认识的人，都知道中国各代建筑不同之特征，在斗栱之构造、大小及权衡上最为显著。斗栱在中国建筑上所占的位置，尤其是研究各时代结构演变经过和形成外观特征上，如此重要，而乐老先生对它，只有不满一行的论说，其书之价值亦可想见矣。

建筑是一种造型美术（Plastic Art)，所以研究建筑的人，对于它形状的观审，必须精慎。第二编中一大部分是塔之讨论，按其形状，乐先生将塔分为许多种，并举实物为例，这是很好的态度。但是乐先生的观察，似乎尚欠准确。例如嵩山嵩岳寺塔，乐先生说是圆的，图也画成圆的；但是关野贞等《支那建筑史》内照片极清楚是多角的，而评解中也说是十二角的。这是因为看不清楚所致的错误，难道老先生的眼镜须要重配了吗？

锦县的古塔，老先生也说是圆的；假使这“古塔”是指城内广济寺的塔说，则其平面是八角的。我自己去摄影并写生过。但是这塔的上部，因为檐层已毁，棱角消失，看来确是不规则的圆锥一个。若称此为圆塔，则几千年后，全中国的塔，无论八角，四角，五角，三角的，都要变成圆塔了。在这里我想责备先生的眼镜也不能了。

至于乐先生对于古建筑年代之鉴别力，即就塔中取一个例，第一条：

> 北魏兴和时建，今之真定临济寺青塔，六方直筒形，狭檐密层。临济宗尚在后，寺名当是后世所改。

在这寥寥数字中，除去可证明先生对建筑年代之无鉴别力外，更暴露两个大弱点，（一）读书不慎，（二）观察不慎；换言之——浮躁。县志卷十五第四页说：

> 临济寺，北魏兴和二年建，在城东南二里许临济村。唐咸通八年，

寺僧义元有道行，圆寂后，建塔葬之，遂移寺建于城内。金大定二十五年，元至正三年重修……”。

北魏之寺在城外，今之寺在城内，今寺之非魏寺，固甚明显。且塔之建既在咸通八年，又哪得来魏塔？即使有魏塔，也只应在城外，不应在城内。志既有金、元重修的记录，在形制方面看来，其清秀的轮廓，和斗栱之分部，雕饰之配置，命题，和雕法，与其它金代砖塔极相似。我自己详细研究过的，临济寺青塔外（见《中国营造学社汇刊》四卷二期），尚有赵县柏林寺真际禅师塔，也是金大定间建，形制差不多完全相同，其为金建无疑。这还是由学问方面着眼；在常识方面，则塔乃临济宗始祖义元禅师的墓塔；“北魏的义元塔”，直是一部宋版康熙字典，岂止“寺名当在后世所改”哉？至于八角看成六角，独其余事耳。

此外所举多条的塔的年代，我未得逐条去校查，以我所知约有三分之一以上已是的确错误的。假使老先生对于建筑的年代稍识之无，就是读书时更忽略一点，也不至有这种的错误。

关于桥的历史，尚没有多少人研究过。但是武断如第二编二十七页所说“唐时巨川，虽无起拱之桥……”一类的话，是须有证据才可说的。鼎鼎大名的赵州大石桥，乃隋匠李春所造。一个单券长四十公尺（约十二丈），正可以证明乐老先生这句话，如同他许多别的话一样，是无所根据，不负责任的。

至于“北海叠翠桥建于辽，卢沟桥建于金，玉蝀桥建于元”，若就桥初建的年代说，的确不错，但若谓为“古代之桥今可得见者”，则完全错误。北海两桥，不要说明清修改已有详细的记录，单就形制而论，其券面之砌法，券顶兽面之刀法，桥檐的枭混，栏杆之雕刻，无一而非明以后的标准“官式”做法。著中国建筑史的人岂可连这一点的认识都没有？至于鼎鼎大名的卢沟桥，则：

> 康熙元年，桥圯东西十二丈，重修。……雍正十年重修桥面。乾隆十七年，重修券面，狮柱，石栏。五十年重修桥面东西两陲，加长石道。……

请问经过这种重修之后，“古代之桥，今可得见”的部分，还有多少？

第二编下，是“仿欧人就用途上分类”的：城市，宫殿，明堂，园林，庙寺观，是老先生分的类。这里所谓“欧人”，不知是欧洲的哪一个人？什么是“城市”？城市就是若干“宫殿，明堂，园林，庙寺观”等等合起来而成的。乐老先生说，“世界所谓建筑，皆就一所建筑物而言，然论中国建筑，则有时须合城市论之……”请问这“世界”是谁的世界？“世界”现代的建筑家，和现在的建筑学校，有只“就一所建筑物而言”，而不“合城市而论之”的吗？古代的雅典，罗马，帕尔密拉，斯帕拉陀等等；近代大火后之伦敦，巴黎之若干部分，新大陆整个的大都市，如华盛顿、纽约、费城及其他，“皆选定区域，合城市宫室作大规模之计划，而卒依其计划而实现者也。”若要畅谈“世界”，至少也须知晓世界大势，不然则其世界，只是他一个人的世界罢了。

论完世界大势之后，乐老先生将“都城之规制”，自“周之东都”，以至“清人入关，都于北京”，数千年的沿革，一气呵成。宫室制度，亦自周始至清，赓续地叙述，在此书中的确是罕贵的几段“史”。然而自周初至今，三千余年，仅仅二三千字，先生虽自谓为“太略”，不怕读者嫌其“太略”？

苑囿园林一节，未能将历代之苑囿园林，如城市宫室之叙述出来。其中一段只将汉、唐以来的苑囿名称罗列，而未能记其历代活动之体相，尤嫌其太略，尚不如“都城”、“宫室”两节。对于清代苑囿建造之年代，老先生也如对于塔的年代一样的不清楚。例如“康熙有畅春园，清华园……”之句，不知乐先生何所据而作此论？近数月来专心研究圆明园史料的刘敦桢先生说，畅春园乃明李伟清华园故址，康熙并未另营清华园。又如“圆明园内之小有天，仿西湖汪氏”，案小有天在圆明园北路武陵春色，乐先生的话，出处不详，恐怕尚待考罢。这不过是一两个例而已。

中国历代建筑遗物，以祠庙寺观为最多；古代建筑之精华，多赖寺观得以保存下来。在这调查工作刚刚开始，遗物实例极端稀少的时候，在一部《中国建筑史》中，现在学者们已经测绘研究过有限的几处辽、宋、金、元遗物，每处至少也值得一页半页的篇幅；庙寺观全节，至少也须享受数十页，乃至更多的记述，才算对得住我们手造这些杰作的先哲。而此书之对庙寺观，只是寥寥数语，不满两页，将古代实物十分之九，如此轻轻撇开，还讲什么中国建筑史！

第三编则为“关于建筑之文”三篇，分论中国建筑之美，仿古，及保存三问题。关于建筑的哲学，犹其他抽象问题，辩论是无止境的。但是在“美”和“仿古”两问题上，有几句不能不说的话，现在合在一起讨论。

建筑之三要素：合用，坚固，美观，已是现代建筑界所公认。三者之中，美的问题，最难下定论。不过合用而且坚固，我们可以说是一座美好的建筑所必须有的先决条件。要创造新的中国建筑，若不从实用和坚固上下手，而徒事于“轮廓，装饰，色彩”的摹仿——盲从，则中国建筑的前途，岂堪设想！

“北平旧建筑保存意见书”是我三篇中最后一文。文中提议将北平古建筑若干部分拆毁。建筑新都市，诚然有时不能不牺牲多少的古物。但是都市设计中的杰作如地安门，西安门，中华门及各牌楼等，乐先生竟说“皆宜撤去，以求交通上之便利”。北平道路宽大，房舍稀松，大街均整齐的通南北、东西，极少有不便交通的地方，须要撤去极堂皇的大座建筑物的。更不用说那地安门，西安门等本身便是都市中不可少的点缀。假使法国有个老头子，提议把巴黎的凯旋门，圣典尼斯门，刚哥广场水池等等，一概“撤去，以求交通上之便利”，那老头子脑部的健康，恐怕就有问题了。

第三册整本是图，在今日制建筑图，丁字尺和鸭嘴笔较毛笔方便。即使用毛笔，亦须准确，不能徒然写意，尤其是建筑的部分。如二编上附图三十，平坐斗栱，竟用皴笔涂绘如同团絮；又如图三十一，檐及屋顶，竟放在鸟巢上，原来也算是斗栱；图三十二，却又将檐下斗栱画成曲纹，如摺扇联置，其与实物之肖似程度，还远不如一张最劣的界画。至于平面图，只能算许多方格。现代工程界有几种公认的方法、符号和标识，制图人应先稍事认识，以便采用。不然，中国旧法木匠们，也有他们的符号标识，也可采用的。

总而言之，此书的著者，既不知建筑，又不知史，著成多篇无系统的散文，而名之曰“建筑史”。假若其书名为“某某建筑笔记”，或“某某建筑论文集”，则无论他说什么，也与任何人无关。但是正在这东西许多学者，如伊东、关野、鲍希曼等人，正竭其毕生精力来研究中国建筑的时候，国内多少新起的建筑师正在建造“国式”建筑的时候，忽然出现了这样一部东西，至自标为“中国建筑‘史’”，诚如先生自己所虑，“招外人之讥笑”，所以不能不说这一篇话。

二十三年二月二十五日　北平

本文全文摘自《梁成思全集》第二卷

“老实”“呆板”的光辉
——梁思成著《清式营造则例》评介

刘　畅

梁思成先生在《清式营造则例》序中有这样的话：“这部书不是一部建筑史，也不是建筑的理论，只是一部老老实实，呆呆板板的营造则例——纯粹限于清代营造的则例。”不少人曾经从林徽因先生为这本书所写的“绪论”中读出了高屋建瓴的智慧，读出了宏大和细腻的审美，读出了阅古览洋的视野，而书中最大的篇幅则是对清式建筑本分的描述，是“老实”、“呆板”的辞解和权衡尺寸表，是翔实的照片和细致入微的图解，以及对《营造算例》的推介和公布。然而，《清式营造则例》的“老实”与“呆板”绝对不是八股式的木然，却是智者拒绝花哨，用建筑家的眼光、学术者的结构综述清覆以来五行八作的散帙，是告别盲人摸象时代的里程碑。

一、平实的篇章结构

《清式营造则例》首先是一篇大文章，作者从历史沿革出发，进而分别讲述了清式建筑的平面、大木、瓦石、装修、彩色的特点。作为七十多年来一直的启蒙之作，“大文章”的讲述再平实不过，并不过多纠缠于古人局部的巧思。随着正文，作者专门提炼出约五百项关键的古建筑名词，列于页白，并于正文之后单独整理成“清式营造辞解”，复列出“清式营造则例各件权衡尺寸表”。联系梁思成先生其他的建筑史学术成果和关怀，我们大致可以体会作者当初谋篇时的几点良苦用心。

其一，用当代的《清式营造则例》为清《工程做法》作释义。

以清代官刊工部《工程做法》为基础文献，先生于20世纪30年代着手研究清式营造，究其根源是为搞清楚宋《营造法式》打基础，而后者才是朱桂老邀请先生担任“中国营造学社”法式部主任的主要目的。清工部《工程做法》凡七十四卷，其中前四十七卷详记各作做法，后二十七卷对应各式做法开列工料细数。当时颁行此书的目的性也很明确，《工程做法·奏疏》中明白说明是“为详定条例，以重工程，以慎钱粮事”，于是将“其营造工程等第，物料之精粗，悉按现行规定，逐细较定，注载做法，俾得了然，庶无浮甓，以垂久远”。比起宋《营造法式》来，《工程做法》列举了每一件木构件的尺寸大小，列举了各种用材的斤两，但是偏偏没有把构件的名目定义、功能、具体位置说清楚，“例如卷一是‘九檩单檐周围廊单翘重昂斗栱斗口二寸五分大木做法’……绝没有一字关于做法或则例的解释”，成为行外人无法理解的天书，“术书而没有‘举一反三’的可能”；而《营造法式》虽然古久难通，但是每个制度做法皆有释义，用语清晰，又详述变通做法，实在是出于融会贯通了整个营造行业的大家之手。在这一点上，《工程做法》与当代的建筑学之间、与清代建筑本身的规律之间都存在着明显的距离。

先生笔端近乎朴素地流出的文字，当是吸取宋《营造法式》的优点，针对《工程做法》所作的释义。

其二，“正文＋辞解＋权衡尺寸表”的篇章总结构是独具匠心的合理结构。

故宫博物院由王璞子先生挂帅，于1958年提出、1962年着手，历经三十余年，终成《〈工程做法〉注释》。注释基本采用惯用的学术方法，将原始记载统计总结成为大量表格，同时注重专用词语、短语、语句原义的解释，是一本专业性极强的著作。与之相比，也与后来梁先生自己的《〈营造法式〉注释》相比，《清式营造则例》的首要任务是当好第一本解释中国古代建筑语法的著作，打好研究的基础，搭好学问的框架。

对于《工程做法》，先生发现：“其实这全部书的最大目标在算而不在样。不过因为说明如何算法，在许多地方于样的方面少不了有附带的解释，我们现在由算的方法得以推求出许多样的则例，是一件极可喜的收获。”从综述到释义再到权衡方法，是最合理的篇章结构。先生的心目中，这三点无疑是至关重要的——对清式建筑总的理解、清式建筑术语和清式营造规则；在今人的研究中，也有三点无疑是长期的任务：校正前人对古建筑的理解、巩固并拓展对古代术语的认识和更广泛而深入地发掘古代营造规则。我们依然在梁先生铺设的轨道上。

二、务实的匠作调查

《清式营造则例·序》中说：“我得感谢两位老法的匠师，大木作内栱头昂嘴等部的做法乃匠师杨文起所指示，彩画作的规矩全亏匠师祖鹤洲为我详细解释”，“直至书将成印，我尚时时由老年匠师处得到新的智识”；今人更需要感谢梁先生放下学者架子走到工匠中务实调查的做法。

有一个典型的例子，今天我们熟知的“和玺彩画”、“旋子彩画”、“苏式彩画”中的前两个名目是在清工部《工程做法》一书中找不到的，也从来没有出现在任何一部已知的“匠作则例”中。这套名词是梁先生与祖鹤洲共同探讨，结合匠作惯用称谓的“发明”。这个发明是如此的恰当，与现存实物是如此的吻合，以至于我们一般不会再使用《工程做法》中罗列的三十六种彩画名目，更不会使用各处则例中多得更加难以记数的彩画花样，而只使用梁先生的定义，就能够非常明确地指代我们想要表达的彩画形式特征。

1901年八国联军侵华期间，日本东京大学工科助教授奥山恒五郎曾至北平从事古建筑调查测绘工作，后有日文版和英文版（日本东京大学1906年）印行。奥山所为，系实测写生，绘制出建筑装饰花纹蓝图八十页，再附以说明。抛开史料价值不谈，该报告能够揭示的建筑装饰——尤其是油饰彩画的面目，远不如梁先生在《清式营造则例》“第六章：彩色”中数页所述，而梁先生关于“殿式”、“苏式”彩画的划分，以及对于“旋子”、“和玺”彩画的定义，已经成为古建筑工作者的标准。反观梁先生与奥山恒五郎研究方式的一大根本区别，就是看谁能够直指文化传承者的核心——“老法的匠师”，从他们的口中得到样式、做法、材料的关键，而后再用当今专业的眼光进行总结和评述。

匠作调查、古建测绘、文献研究，共同构成了梁先生研究中国古代建筑的三大法宝。对于仍然活跃的清末民初的匠作文化，匠作调查在《清式营造则例》中所扮演的角色是举足轻重的。

三、永远的学术启发

《清式营造则例》的学术启发是全方位的，其中有梁先生明确指出有待完善的，诸如“辞解”“只能说是一种简陋的解释，尚待商榷指正”，又如“各部许多详细做法……在《工程做法则例》和《营造算例》里，概无说明，而匠师所授，人各不同，多笨拙不便于用”；也有用当时的眼光看来“甚属幼稚简陋，对于将来不能有所贡献”的“工程的”方面，今天已经发展为社会学、历史学重要的内容；还有一些20世纪30年代无法澄清的认识，尤其是官刊《工程做法》与抄本《则例》之间的异同。

梁先生的“营造算例印行缘起”中有这样的话：“清代工部及内庭，均有工程做法则例之颁定，向来匠家，奉为程式。惟闻算房匠师，别有手抄小册，私相传习。”在官刊则例范围之外，先生敏锐地注意到了私辑则例的重要，并注意到了算房工作对建筑做法和销算定额的需要。中国图书馆善本部和清华大学建筑学院收藏的晚清算房高家档案中可观的做法则例和工料则例，正面证实了营造学社的前辈们的说法。因梁先生寓目诸般匠作文献，其中大多冠以《做法》与《则例》之名，故称清工部《工程做法》为《工程做法则例》。继梁先生之后，王世襄先生又开拓了搜集整理匠作则例的研究领域，王世襄先生整理了寓目的七十三种匠作则例，其中直接关于营造业的则例达五十二种，大部分归入各大图书馆古籍收藏，小部分出自算房、样式房遗留文档。

则例，据《总管内务府现行则例》序所载，无非“聚已成之事，删定编次之也”，就是“先例”加“规则”，王世襄先生称之为“规章制度丛抄”。《工程做法》在做法之外，还详列物料，显然属于则例类书籍，只是没有以则例名之罢了。以收录了《营造算例》的《清式营造则例为发端》，把对《工程做法》的研究拓展到整体匠作则例的研究，历史意义更加彰显，大致体现在以下三点上：

其一，从宏观的角度来讲，清代皇家营造体系是清代建筑设计、销算、施工的整体框架。匠作则例在这个整体框架中起到了规则的职能和其他辅助作用，是澄清清代建筑行业从业人员、建筑创作模式、工程模式、财务管理模式等问题的钥匙。换言之，今日对清代营造则例的讨论就是以则例为媒介，连接起清代皇家营造体系的从业人员，建构系统的皇家营造制度和营造方法的研究框架。系统中要素的研究和结构的研究如辐如辏，组成完整丰满的清代皇家建筑体系研究。

其二，从微观的角度来分析历史现象，清代建筑成就与这个框架完整的结构密切相关；清末以降传统建筑体系的瓦解也在很大程度上归因于这个体系结构的僵化。样式房设计画样工作和算房的销算工作具有技术的独立性，历史上则作为营造部门纳入职官体系，设计人员的能动性受到了相当大的限制。所以说，则例是皇家重视规制、谨慎钱粮的产物，也是职官体制在技术专业中的反映。

其三，从刊行本与抄本的角度衡量，刊刻印行的则例与抄本则例的差别主要是源于所出部门的差异。现存的则例中，刊刻的全是工部则例，内务府诸作则例无一刊行。因此区分部颁版本和内庭版本，进而辨别不同工程项目的建筑设计异同，将为清代建筑研究拓展出更加宽阔的学术前景。

以上便是梁思成先生开创的则例研究课题给我们留下的历史任务。

筚路蓝缕　以启山林
——概说《中国住宅概说》

陈　薇

住宅是关乎民生民事的建筑。对于中国漫长的古代社会，尤其是在“道”、“器”分离的封建等级制度下，住宅记录甚少，其形形总总要能说清楚，真不是件易事。1957年5月由建筑工程出版社出版的刘敦桢著《中国住宅概说》(以下简称《概说》)，乃现代最早关于中国古代住宅研究的学术专著，其筚路蓝缕以启山林之功，不没于天下。

概说“发展概况”

“发展概况”是《概说》的第一部分，刘敦桢先生首先界定了研究对象的重点是“汉族住宅为主体”，接下来是对自新石器时代以来汉族住宅发展的纵向论述。

贯穿“发展概况”的是刘先生对于住宅在中国古代漫长社会发展的深刻认识，这种“深刻”使得我们至今每阅读一次都会受到新的启发。

譬如，对于早期的住宅理解，是基于考古成果和对当时社会制度及生产力发展水平的认识形成的，所以在进行技术总结归纳为四种[1]后，刘先生认为新石器时期住宅“很难决定孰先孰后”，“有袋穴、坑式穴居、半穴居、与地面上的木架建筑四种，但从建筑方面来说，这些穴居与木架建筑是两个不同的结构系统。它们之间似乎不可能作直线的发展”[2]。这些推测在30年后考古界严文明的“重瓣花朵说”[3]中得到证明，也启迪后来关于中国古代住宅的研究一直呈非线性的多元局面。

又如，将住宅作为研究木构形成发展的切入点、将住宅布局作为社会制度的体现，是“发展概况”具有重要启示价值的内容。住宅是人类建筑的最初形式，以其房屋的结构和式样进行探究，虽然在当时还没有深入后来考古学科建立的丰富文化圈的内涵，倒也贴近人类在建造方面进步发展的真实。《概说》之“发展概况”中，在描述归纳新石器时代晚期的木架建筑基础上，对金石并用时期和铜器时代留有了一定的空间，接下来在历史学家认为商代已具备完整的国家形态和具有奴隶制度的条件下，便将河南安阳殷都的宫室遗址作为接续的住宅建筑进行探讨了，并且特别关注和木构有关的柱洞[4]、考虑木柱的防湿设备，还注意到商代已有整体布局的概念和围绕院子进行组合方法的萌芽[5]。随后的周王朝、秦代，均是在木构建筑的技术进步和住宅布局表现典礼方面进行研究。

在汉代这个强大的帝国时期，“居住建筑曾作了很大的进展，尤以统治阶级的贵族们建造大规模的宅第和模仿自然为目的的园林是值得记述的”。[6]这就使得我们观察住宅的角度更加丰富了。在对汉代住宅的总结中，一方面，强调小型住宅没有固定程式、中型以上住宅具有明显的中轴线，并以四合院为组成建筑群的基本单位，它们形成对比的原因“主要应是阶级地位和经济条件的差别”[7]；另一方面，“在技术方面，东汉已使用砖墙，并且汉代的屋檐结构，为了缓和屋溜与增加室内光线的缘故，已向上反曲，构成屋角反翘的主要原因。所有这些事项，说明汉族住宅甚至整个汉族建筑的许多重要特征，在两汉时期已经基本上形成了”。[8]将住宅作为木构研究的一个方面的思路，一目了然。

三国两晋和南北朝及隋唐、五代和宋，《概说》中则从生活的角度论述住宅的回廊、布局、建筑细部的发展和由功能而结构的变化，从而大大丰满了对住宅的认识理解。

刘先生认为中国古代住宅的四合院布局原则在汉代以后基本上沿用下来，“比较重大的成就，还是宋以来园林建筑的发展，和明清二代的窑洞式穴居与华南一带客家住宅的出现，丰富了汉族住宅的内容。”[9]

可以看到，《概说》中的“发展概况”，在每个时期切入点均不同，主要是紧紧扣住住宅和社会发展之政治、经济、文化的关联度，重点突出，纲举目张；在建筑上，也由结构到布局到细节到类型，让我们领会到中国古代住宅逐步发展、充盈的真实过程。

此外，“发展概况”在几个时段的留白，也很重要。除了对金石并用时期的历史学内容承认“目前尚在研究阶段”之外，对13世纪末元代灭宋后采取严酷的政治压迫和经济剥削政策而带来的对建筑的若干影响也是在提出观点后没有给定论，如谈到穴居窑洞用砖石起券和无梁殿，“二者之间不可能没有相互反启发或因袭的关系——虽然孰先孰后现在还不知道。”[10]。甚至在“发展概况”最后对明清住宅也是只说汉族住宅的主流大体，其留白就为后来丰富的住宅类型阐述打下伏笔，“为了进一步了解汉族住宅的真实情况，本文在介绍发展概况以后，不得不叙述明中叶以来各种住宅的类型及其特征”。[11]

概说“住宅类型”

《概说》的第二部分遂以“明清住宅类型”，尤其以实物为例证，来探讨明中叶以来的汉族住宅特点。当时，刘敦桢先生研究的目的是“不仅从历史观点想知道它的发展过程，更重要的是从现实意义出发，希望了解它的式样、结构、材料、施工等方面的优点和缺点，为改进目前农村中的居住情况，与建设今后社会主义的新农村以及其他建筑创作提供一些参考资料”。[12] 所以，他认为在“短期内尚不能正确了解各地区的自然条件与住宅建筑的关系”时，暂以平面形式为标准进行介绍。这可理解为是当时既客观又符合研究意图的分类方式。

“明清住宅类型”分为九类：1. 圆形住宅；2. 纵长方形；3. 横长方形；4. 曲尺形住宅；5. 三合院住宅；6. 四合院住宅；7. 三合院与四合院的混合体住宅；8. 环形住宅；9. 窑洞式住宅。

可贵的是在这九类分述中，刘先生并不只是就形状而谈住宅形状，而是非常重视和前“概况”的纵向联系，同时清晰表达空间上的关联，从而在了解具体类型的式样、结构、材料、施工等特点时，对中国古代住宅的历史定位始终比较清晰。如论述“曲尺形住宅”时，曰“据新近发掘的山东沂南县汉墓画像石，证明东汉末期可能已有曲尺形建筑，可是明清两代的例子，仅城上的角楼和园林中的楼阁规模稍大，在居住建筑中则始终限于城市附近与乡村中的小型住宅”。[13] 又如，在谈“四合院住宅”时说“在时间方面，四合院住宅最少已有二千年的历史，并且建造和使用这种住宅的人们，由富农、地主、商人到统治阶级的贵族”，“单层四合院住宅的平面布置，又可分为大门位于中轴线上、和大门位于东南西北或东北角上的两种不同形体。前者大抵分布于淮河以南诸省与东北地区。后者以北京为中心散布于山东、山西、河南、陕西等省”。[14]

当然，“住宅类型”最主要的是论述关于住宅建造和设计层面的丰富内容。

首先，在功能布局上，注重从生产和生活方式来进行探讨。如“圆形住宅”“室内土炕几占全部面积二分之一，炕旁设小灶供饮事与保暖之用”[15]；“横长方形住宅”“在平面布局上，为了接受更多的阳光和避免北方袭来的寒流，故将房屋的长的一面向南，门和窗都设于南面”[16]。“四合院住宅”存有一定习俗，又表达封建社会的主从关系，而“最足引人之处是各座建筑之间用走廊联接起来，不但走廊与房屋因体量大小和结构虚实发生对照作用，人们还可以通过走廊遥望廊外的花草树木……”[17]

其次，在结构特点上，强调经济性和合理性。如讲“北京南郊的小型住宅”的屋顶用“一面坡”和“东北方面使用囤顶的较多”，“它的产生原因，首先在经济方面，因坡度较低可节省梁架木料”，“其次在气候方面，……人们只要在雨季前修理屋面一次，便无漏雨危险。因此在许多乡村甚至较小城市中，除了官衙、庙宇、商店和富裕地主们的住宅以外，几乎大部分使用这几种屋顶，也有在同一建筑群中，仅主要建筑用瓦顶而附属建筑用一面坡或囤顶的，可见经济是决定建筑式样和结构的基本因素”。[18]

再则，在造型外观上，尤其对南方居住建筑的灵活变化分析颇多。从“湖南湘潭县韶山村我们伟大领袖毛泽东主席的故居”，到浙江、广东、福建等住宅，“这种附属建筑用纵长的三合院或四合院的方法”，“它的外观为了配合不对称式平面，将歇山、悬山、硬山三种屋顶合用于一处，颇为灵活自由，尤以后门上部的腰檐与墙壁的处理方法，不仅是适用上和结构上不可缺少的部分，在造形方面也发挥很好效果。没有它，整个外观必然显得呆板而缺乏变化。可见我国的乡村住宅中蕴藏着许多宝贵资料，等待我们去发掘和研究。”[19] 对安徽徽州一带历史价值和艺术价值相当高的明代住宅也剖析深入，尤其对其古朴素净与繁缛细密的木作结合设计成功原则，阐释独到和精辟。

此外，在材料与施工上，详处则详，简处则简。如讲各种麦秸泥屋顶的做法就十分翔实，分梁架与屋面两部分说明，既讲坡度如何通过梁架调整，又讲各种材料铺叠顺序；既详细到不同气候下的麦秸泥厚度，又直抵确切施工技术和所用工具的重量。而关于客家土楼，“因另有专文介绍，不再赘述”[20]。

需要补充说的是，尽管该部分研究对象是汉族的住宅，但也常清楚阐述和少数民族住宅的来龙去脉，这就使得《概说》在分类下又比较丰满。如谈“圆形住宅”，“这是小型住宅的一种，在空间上分布于内蒙古自治区的东南角上与汉族邻接的地区，就是原来热河省的北部与吉林、黑龙江二省的西部。就形体来说，无疑地由蒙古的帐幕（俗称蒙古包）演变而成”。但“后来与汉族接触频繁，吸收土炕的方法，在帐幕外设炉灶，使烟通过帐幕下部，从相对方向的烟囱散出，但帐幕本身仍维持原来形状。此外，又有在柳条两侧涂抹夹草泥，代替毡子，成为固定的蒙古包，也就是本书所述的圆形住宅。不过这种住宅从何时开始，现在尚不明了。”[21] 又曰及“横长方形住宅”时，既谈到大量的汉族住宅的建造内容，又注重少数民族在受汉族影响下的独特性，如“满族的五开间住宅虽然也在南面开门窗，可是在东次间与东梢间之间，以间壁划分为两部分。入口设于东次间。”[22] “另一种是内蒙古自治区南部（原热河省北部）的小型住宅，入口设于南面，但门窗位置并不对称。室内设灶与土炕。屋顶用夹草泥做成四角攒尖顶，四角微微反翘，显然受汉族建筑的影响。”[23]

最后关于“住宅类型”，要说的是其前后排序颇为讲究。一是规模由小到大、形状由简而繁。“圆形住宅”最小最简单，随后自纵长方形而横长方形、曲尺形、三合院、四合院，直至“三合院与四合院的混合体住宅”，如此循序渐进，理解通畅。如曰非封闭式的曲尺形住宅，“东次间的进深比其他二间稍大，显然从普通三开间横长方形住宅发展而成”。因为前已详述过横长方形住宅，所以至此便可很简约地勾勒出曲尺形的原型和变化。二是从构材而言，1 至 7 类住宅主要为木构，部分涉及砖作、土作，而 8 和 9 类则为土构。从而能让读者比较清晰地把握诸住宅类型的建造特点及其相互关联。只是对于土楼，长方形的放在“四合院住宅”和“三合院与四合院的混合体住宅”，而圆形的放在“环形住宅”，则多少体现出按平面形式进行分类的局限性。

概说“插图”和“图版”

“插图”和“图版”是《概说》的重要内容，尤其是图版 132 帧，成为我们完整理解正文的不可缺少部分。

先说“插图”，共计 11，是配合正文进行的，也排版在文中，集中在“明清住宅类型”这一部分。插图 1 为“调查资料分布概况图”（图 1），如果将图上内蒙古自治区的甘珠尔庙和云南的腾冲做一连线，其所形成的东边

图 1 《中国住宅概说》插图 1 调查资料分布概况图

面积恰为中国的大约二分之一，是中国相对发达的地区，也是20世纪50年代住宅研究的调查覆盖区域，该图具有史料价值。插图的另10幅，可以视为每一类住宅重点内容的说明，如插图2为“麦秸泥屋顶详部”，配合正文明晰地表达了构造、材料、施工的不同形式和方法；插图5为“东北满族住宅平面”，异于汉族的平面布置易于理解；插图6“云南丽江县三合院住宅”，则用钢笔素描的方式表达出南方住宅外观的丰富和变化等。

《概说》正文从扉页起共计53页，图版则自55至134页计80页，紧随正文。“图版”132帧贯穿正文“发展概况”和“住宅类型”两部分，根据图版涉及的资料文献和实物，本人试做一“刘敦桢《中国住宅概说》图版涉及省市分布图示”，广及21个省和直辖市（图2），与插图1的调查分布基本重合。由此可知，也许当时文献中能够了解的重要古代住宅遗存均得到调查。这从另一侧面也显示出《概说》的史料价值和一手资料的珍贵性。

图版的来源为考古、地理、青铜器、画像砖、画像石、明器、石碑、古画、壁画、拓本、志书、样式雷、照片、现场素描和大量测绘图等，这既使得《概说》专著图文并茂、易读易懂，还启示我们一条系统研究古代建筑的

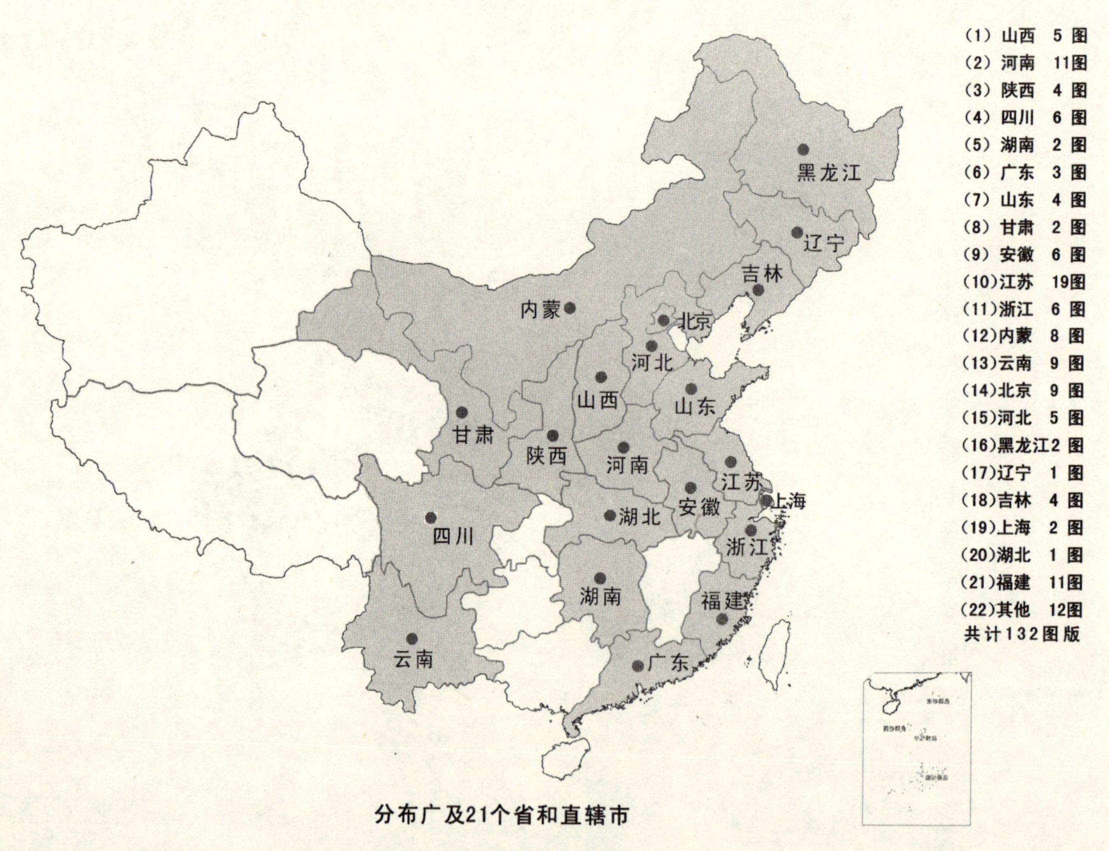

图2 刘敦桢《中国住宅概说》图版涉及省市分布图示

工作方法：文献和实物结合、广博和精深互动。

值得特别提出的是，自36图版开始为关于“住宅类型”，每实例均有平面图（附指北针和比例尺），大多数还有立面图和剖面图，对于外观则配或摄影照片或钢笔素描效果图，有的还用局部透视和剖透视来表达，对于宅园一体的，也有关于园林的表达，如图版108“浙江杭州市金钗袋巷住宅平面”和图版109“江苏苏州市小新桥巷刘宅平面”，从而实例的真实性得到充分体现，也让人读起住宅来有经典建筑的感受和理解，同时大量而丰富的建筑图纸记录，为后来的建筑设计尤其是1980年代以后的建筑创作提供了源泉，也为中国古代住宅作为一种遗产的保护留下了价值无量的档案。

概说“前言”和“结语”

当我们将《概说》的前言和结语对照着阅读，会有发人深思之感慨。虽然“前言”主要是回顾这本书的由来、去向和致谢，“结语”是说研究的现实意义及希望，但是我读来感触良多，于此不揣浅陋与读者分享、共勉。

第一，中国古代住宅研究道路漫长而艰巨。“前言”开场说道：“大约从对日抗战起，在西南诸省看见许多住宅的平面布置很灵活自由，外观和内部装修也没有固定格局，感觉以往只注意宫殿陵寝庙宇而忘却广大人民的住宅建筑是一件错误事情”，这是刘先生开展住宅研究的初衷和朴素感情所在，但是他在抗战时期条件恶劣环境下却独具慧眼发现自下而上的中国古代住宅设计的作用却是十分重要的。几十年后在《概说》的“结语”中，他概括说：住宅“都与各地区的建筑材料具有密切关系”，“所有这些不仅说明我国过去匠师们善于利用自然条件的才能，就是在今天社会主义建设中，我们仍须采用就地取材和因材致用的节约方针，因此，对这些具有一定实用价值的传统方法，应该运用进步的科学技术，予以提高”。[24]他又说：“总的来说，我们对这份文化遗产固然不可盲目抄袭，重蹈复古主义的覆辙[25]，但也不可否认传统文化的一切优点，而应在今天的需要与各种客观条件下批判地吸收，使其能在今后社会主义建设中发挥应有的光辉作用”[26]。可见，刘先生持之以恒地研究住宅自始至终是怀抱理想的。如今，《概说》出版又是半个世纪过去了，尽管其间关于中国古代住宅的研究大有拓展，成果颇丰，但是距离刘先生的要求以及更加深入、细致、全面地挖掘住宅作为文化遗产的价值，还有许多艰辛的工作要做。对于我们来说，一方面继续研究，用刘先生30年前的话说仍然合适：“为改进目前农村中的居住情况，与建设今后社会主义的新农村以及其他建筑创作提供一些参考资料”[27]；另一方面要深入现场广集一手材料，尤其是中国西部的传统住宅，这对于全面保护文化遗产，十分重要。

第二，先辈学者的学识学风永垂风范。这主要指四个方面：一是在学术上承认有限、留有空白，坚持实事求是，同时不乏深刻思考。刘先生在“前言”第二段说道：“本书是以那篇文章（早先在建筑学报发表的‘中国住宅概说’）为蓝本再补充修正而成。严格地说：在全国住宅尚未普查以前，不可能写概说一类书的。可是事实不允许如此矜慎，只得姑用此名，将来再陆续使其充实”，可见其学识观点。二是特别强调研究要实事求是、“摸清家底”。“结语”中曰；“但是我们对居住建筑实在知道得太少。无论为发展过去的各种优点或改正现有的缺点，都须先摸清自己的家底。也就是说：不从全国的普查下手，一切工作将毫无根据”[28]。三是将历史研究和现实结合，具有强烈的社会责任感。如在“结语”中总结了住宅的优点而不讳言缺点时说：“其中应以占全国人口百分之八十以上的农村住宅的卫生状况最为严重……但短期内我们不可能在农村中建造大批新式住宅，只有在现有基础上用最经济最简便的方法予以改善，才符合目前广大农村中日益增长的物质生活和精神生活的实际要求”[29]。四是谦虚和尊重别人的研究成果。这在“前言”之对《概说》出版的“说明”中和“谢悃”中表达得十分清楚。

第三，住宅研究的分类意义值得探究。《概说》在对住宅类型研究后，在“结语”的第一段说道：“上面介绍的九类住宅是从我们知道的有限资料中提出若干不同类型的例子，作极简单的报道，绝不是我国居住建筑的全部面貌，因此，目前对它的发展经过与相互间的关系，有许多问题尚不明了，从而正确的分类暂时还无法着手。”[30]可见，刘敦桢先生对从平面进行住宅分类研究的方法虽然有自己的看法，但是不满足，而且对如何清晰表达住宅间的发展变化期待着。自《概说》1957 年出版至今整 50 年，尤其 1980 年代以来关于中国传统住宅的研究从内容到内涵上都有很大变化，一是从“住宅”研究拓展到对“居住建筑”和“民居”[31]的研究，如刘致平著、王其明增补的《中国居住建筑简史》[32]和陆元鼎、潘安主编的《中国传统民居营造与技术》[33]可为代表，前者从住宅拓展到园林和城市里坊，后者关注的对象也突破了住宅本身；二是在对研究对象的分类上，形成大致五种：第一种是平面法、第二种是外形分类法、第三种是结构分类法、第四种是气候地理分类法[34]、第五种是民系分类法[35]。考察这五种分类，其实包含了中国现代在不同阶段对以住宅为主进行研究的侧重点。第一种乃《概说》所采用，其目的实质是探讨汉族在不同区域由于生产生活方式的不同在住宅建造上的独特性；第二种可谓是 20 世纪 80 年代初对建筑界希翼“走出宫廷、走向民间”、“民居是创作的源泉”的回应；第三种对研究中国不同建筑结构的缘起及在教学中有重要作用；第四种也和建筑界在 1980 年代末到 1990 年代初建筑设计重视地方性有关；第五种是随着人类学、社会学、民俗学等领域的研究成果的丰富在建筑本体研究上进行交叉的反映。这五种分类在我看来并无高下之辩，其分类的目的不同恰体现出中国传统住宅在历史长河中持续流淌和不断生辉的意义。同时，该五种分类的作用在《概说》中都有深思、萌芽及探讨。在这个意义上说，刘敦桢先生《中国住宅概说》之“筚路蓝缕，以启山林“之功，将是恒久和永远的。

2007年深秋于南京

注释：

[1] 第一种为平面圆形而剖面下大上小的袋穴。第二种是山西夏县西阴村仰韶文化遗址中发现的坑式穴居。第三种是入地较浅而周围具有墙壁的半穴居。第四种是前述半坡村遗址中发现的地面上的木架建筑。参见：刘敦桢著．中国住宅概说．建筑工程出版社，1957：第11~14页

[2] 刘敦桢著．中国住宅概说．建筑工程出版社，1957：第12~13页

[3] 严文明的“重瓣花朵说”指的是：早在新石器时代，中国的史前文化就以中原为中心，已基本上形成为一种重瓣花朵式的格局，或者简之为多元一统格局，并且一直影响到中国古代文明的发生和往后历史的发展。参见：严文明，中国史前文化的统一性与多样性，《文物》，1987年3期，后收录于《史前考古论集》，科学出版社，1998年1月：第1~7页

[4] 刘敦桢著．中国住宅概说．建筑工程出版社，1957：第15页

[5] 刘敦桢著．中国住宅概说．建筑工程出版社，1957：第16页

[6] 刘敦桢著．中国住宅概说．建筑工程出版社，1957：第17页

[7] 刘敦桢著．中国住宅概说．建筑工程出版社，1957：第19页

[8] 刘敦桢著．中国住宅概说．建筑工程出版社，1957：第19页

[9] 刘敦桢著．中国住宅概说．建筑工程出版社，1957：第22页

[10] 刘敦桢著．中国住宅概说．建筑工程出版社，1957：第21页

[11] 刘敦桢著．中国住宅概说．建筑工程出版社，1957：第22页

[12] 刘敦桢著．中国住宅概说．建筑工程出版社，1957：第23页

[13] 刘敦桢著．中国住宅概说．建筑工程出版社，1957：第33页

[14] 刘敦桢著．中国住宅概说．建筑工程出版社，1957：第38~39页

[15] 刘敦桢著．中国住宅概说．建筑工程出版社，1957：第23页

[16] 刘敦桢著．中国住宅概说．建筑工程出版社，1957：第26页

[17] 刘敦桢著．中国住宅概说．建筑工程出版社，1957：第41页

[18] 刘敦桢著．中国住宅概说．建筑工程出版社，1957：第27页

[19] 刘敦桢著．中国住宅概说．建筑工程出版社，1957：第36~37页

[20] 刘敦桢著．中国住宅概说．建筑工程出版社，1957：第48页，文中所说专文，在《概说》中有注解，即：中国建筑研究室　张步骞、朱鸣泉、胡占烈合著的福建永安客家住宅。

[21] 刘敦桢著．中国住宅概说．建筑工程出版社，1957：第23页

[22] 刘敦桢著. 中国住宅概说. 建筑工程出版社，1957：第31页
[23] 刘敦桢著. 中国住宅概说. 建筑工程出版社，1957：第26页
[24] 刘敦桢著. 中国住宅概说. 建筑工程出版社，1957：第52页
[25] 原文为“复辙”
[26] 刘敦桢著. 中国住宅概说. 建筑工程出版社，1957：第53页
[27] 刘敦桢著. 中国住宅概说. 建筑工程出版社，1957：第23页
[28] 刘敦桢著. 中国住宅概说. 建筑工程出版社，1957：第53页
[29] 同上
[30] 刘敦桢著. 中国住宅概说. 建筑工程出版社，1957：第52页
[31] 在《中国住宅概说》中一般只用“住宅”一词，在部分开头总论和结语中用到“居住建筑”一词，研究对象比较明确，是指用于居住功能的建筑。而民居则包含住宅及由此而延伸的居住环境中的各类建筑，民居较住宅更加宽泛。但现在许多论文中用法比较随意。
[32] 刘致平著、王其明增补. 中国居住建筑简史. 中国建筑出版社，1990
[33] 陆元鼎、潘安主编. 中国传统民居营造与技术. 华南理工大学出版社，2002
[34] 这四种分类法的概括出自：陆元鼎，中国传统民居的类型与结构，民居史论与文化. 华南理工大学出版社，1995
[35] 参见：陈薇撰写第三章　住宅与聚落，潘谷西主编. 中国建筑史，第83页注1

刘致平《中国建筑类型及结构》

研究中国建筑的重要层面与方向
——重读《中国建筑类型及结构》

赵朗月

建筑既是人与天地之间的保护隔层，又是人与天地之间的联系桥梁。现存古代建筑作为人类物质文明的遗产和精神文明的载体，是活的历史，是无言的老师。研究传统建筑，是要了解中国建筑文化的源流，了解当时人们对自然的认识程度，了解那些古代的能工巧匠是如何将其理想、智慧与能力凝结于建筑之中的，从而达到古为今用的目的。知古才能创新，有了对中国古代建筑全面正确的理解认识，才能创造出具有中华民族特色的优秀建筑。

中国建筑学家刘致平先生是将中国建筑提高到整体文化层面高度之先行者。刘先生的著作《中国建筑类型及结构》，既概括又全面地论述了中国建筑的发展源流和结构类型，加之画龙点睛的重点论述，哲理分析，中外实例比较，使通常枯燥乏味的古建筑技术知识，呈现为一部有史有论，有实例有特色的建筑历史画卷。其行文流畅，语言生动，令人耳目一新。

这部中国古建筑研究杰作是刘先生毕生心血的结晶。他以深厚的建筑设计功力和敏锐的眼光，集数十年实地考察测绘和钻研史料的成果，加之建筑教学的丰富经验，引导读者多角度、全方位、逐渐地由广入深、由简短概括的建筑历史论述进入详实的类型结构和实例分析。

这部书对于建筑专业以及与建筑相关学科的读者来讲，是不可不通读的书，而且是手边不可缺少的书。它既是一部概括的中国建筑历史书，又是一部中国建筑技术的工具书。正如清华大学朱自喧教授指出：“刘先生从中国建筑类型及其结构入手，纵向剖析了中国建筑个体的产生和发展历史；又从民居入手，及于城市，园林，横向展示了中国建筑的宏观方面，即从群体到城市的产生和发展历史，这样就抓住了研究中国建筑历史的两个重要层面和方向。”（引自《缅怀我的启蒙老师刘致平教授》一文，见《华中建筑》，2000 年第 1 期）

本书的最大特点，是手绘草图多，照片实例多。全书前三分之一为文字叙述部分，后三分之二是实物照片和建筑测绘图相结合的图片和插图部分。这些珍贵的第一手资料，不仅显示了刘先生的才华与勤奋，更凝聚了先生在

20世纪40年代的抗日战争环境中，进行实地考察的艰辛。阅读时须将文字论述与图片插图两部分对照起来，以文字叙述部分为线索，绘图照片部分为说明，互相对照补充。为阅读的视觉方便，读者可将重要的图片再拷贝一份，分别贴附于其所属文字附近，以便于查寻对照。通过这样的组合，来理解消化，所学到的建筑类型及其结构知识不是单向的，是多角度立体的，是刘先生为看似呆板的古代建筑技术知识，加上了时间、地理和社会人文的维度。

《中国建筑类型及结构》，故名思义，是一部主要为分析和描述中国建筑的发展演变和结构特征的著作。以"绪论"为开端，以"总结"为结束，全书正文分为三章。第一章"分类论述"，共有八节，主要以建筑的使用功能分类。如"第宅，园林"一节，即是对中国居住建筑发展的概括描述。又如"坛庙，会馆"一节，基本是指中国古代公共建筑。各类型叙述内容多以分析比较的方法，纵向的年代演变和横向的地域比较相穿插，夹之实例对照。第二章"单座建筑"，则以单体建筑形式分类，共分五节。从楼、阁、宫室、殿堂到各类型的园林建筑及门、阙、桥等，从各个构造形式的起源发展到用途实例，都有精僻的论述。第三章"各作做法"，共有十节，是全书分量最重的部分，占一半以上的篇幅，也是全书的精华所在。前面两章大略描述中国建筑的各个功能类型和基本单体形式的发展演变，第三章是将建筑的各部分构造做法分为十类，由基础到屋顶，基本按照建造顺序，从"定向、定平、筑基"开始，包括"大木作"、内、外檐装修……直至"屋顶、瓦作"及"彩色"，详尽地叙述和定义了中国建筑的各部分结构构造的形式和做法。这部分资料性强，信息丰富，定义准确，是刘先生本着"实物第一，资料第二，必须由实物来肯定一切，来总结理论"的原则，将几十年实地考察测绘成果与主要的史料文献——特别是宋《营造法式》和清《工部工程做法则例》这两部官式建筑法规，进行对照研究后所作的心得和总结。

以上是对《中国建筑类型及结构》全书作了大概轮廓的描述。下面将按书中的行文顺序，对一些章节的内容做重点提示。

全书以绪论为开端，这部分非常简短，只六页文字，但内容极其丰富，分为两部分，描述了中国建筑历史的基本轮廓。

绪论第一部分是横向地指出"中国自然环境与建筑的关系"，点明了为何会"产生了各不相同的建筑类型。"（见第1页第8行）

由于各地区不同的地理、气候、人文等因素，导致了不同的材料运用和技术发展。刘先生引导读者：西至青藏高原的碉房—喇嘛教建筑系统，北至蒙古草原上的毡帐蒙古包，南至防湿通风的竹木干阑式；穿过黄土高原的窑洞"穴居"，来到中原的木构宫室建筑……这里也运用中西比较。当讲到"在我国较少用石来建筑……许多石建筑也是模仿木构……"，即提及"如希腊、罗马、埃及等处庙宇，石柱林立，比例窄而高，颇显出石建筑的特

色……”（见第2页第16～18行）

绪论第二部分是纵向的“中国建筑发展简述”，它以社会发展的历史时期为线索，提纲挈领地勾画出每个重要历史时期的基本建筑活动。这里将社会发展的历史时期分为五段：早期原始和奴隶社会为一段，封建社会为四段，即初期、中期前段、中期后段和末期。这部分文字应参照127页的图版4到139页的图版12来研究学习。

这里特别要提到的是这九张“中外建筑比较说明图”，是刘先生在重庆李庄时为同济大学土木系教课的部分讲义手稿。这些精致的笔记形式手绘图稿加之文字提要，以比较分析的方法，概括总结了中外历史上重要的建筑和建造系统。将多方位信息有系统地集中在几页纸上，为读者提供了重要的学习方法和研究思路。譬如图版4为重要中外建筑轮廓尺度比较图，此图中定位了清代故宫太和殿和宋代河北定县料敌塔与其他外国建筑的比较尺度；图版7为中外各种砖石拱券柱廊摘要比较，其中罗马式廊与中国式廊的立面比较，显示出罗马式廊的严谨与中国式廊的开放之不同风格；图版8描述了印度建筑对中国石窟寺和砖塔的影响；图版9包括有汉唐长安及明清北京城平面图，现存重要单体建筑如五台山佛光寺大殿和山西应县木塔，此图左面还特地用比例尺坐标形式标示出中外对比的纪元年代和建筑时期；图版10和图版11则系统地介绍中国木构建筑的大木制度—汉唐宋元明清之斗栱做法，是中国木构建筑结构形式的总纲，应作为第三章“各作做法”之第二节“大木作”系统的基本资料。

以下进入第一章“分类叙述”，全章共八节，以建筑的使用功能分类。每节都相当简练，主要是概括地叙述各类建筑的发展演变特征，阅读时需对照书后相关的图版照片，方可一目了然。

第一节“城市”的开头即说明此处是略论居住建筑和城市平面布置，详细论述是在刘先生另一部专门论述住宅、园林、城市的著作《中国居住建筑简史》中。

第二节“第宅，园林”中，将居住建筑的建造形式略分为六类：1. 穴居－窑洞是穴居的一种；2. 干阑－即南方潮湿地区的一种下层空敞的竹或木楼的做法；3. 宫室式－是大部分北方、中原乃至部分南方地区的主要建筑形式，“结构材料多就地取用，间架尺寸多标准化”。帝王与其他阶层建筑的区别是“房屋甚多而且高大”（注：在第三章“各作做法”中，大多是讲这种宫室式的构造和做法。）；4. 碉房－青藏地区的石砌藏族建筑形式，以前俗称“喇嘛教式建筑”；5. 蒙古包－即汉代的“穹庐”；6. 舟居－过去沿海地区的船上人家。

第三节“陵墓”中，刘先生略论各代帝王陵墓形式的演变，最后指出这种纪念性建筑的建造，“在以后的社会里我们对于有丰功伟绩的人们仍然是应该考虑……用资景仰及激发后进。”

在“坛庙，会馆”一节中，指出“坛即是平地累起的三数层高台，作祭祀跪拜之用。祠庙则仍是一些四合院式的高大建筑”。主要列举了天坛和孔庙为重要的坛庙实例。对于会馆，则是简略叙述这种公共建筑平面布置的常用制度。

第五、六、七、八节分别叙述了我国历史上出现的四种宗教建筑：佛教建筑；喇嘛教建筑；道教建筑；伊斯兰教建筑。

以下来看第二章“单座建筑”，以单体建筑形式分类，共分五节：

一、楼阁

二、宫室殿堂

三、亭、廊及轩、榭、斋、馆、舫

四、门、阙

五、桥

这一章的行文最为流畅潇洒，夹叙夹议，最具可读性。每一节或从单体建筑形式的名字起源开始探究，如对于楼、阁、轩、榭、斋、馆等的论述；或以一种单体建筑的各种不同用途出发，阐述其结构特征及演变，如对于亭的论述，则特别指出园林中常用的亭同秦制的“十里一亭，十亭一乡”及汉代的旗亭、亭障是大不相同的。再如，门、阙这一节，指出这一特殊的建筑形式与中国传统礼制和庭院式布局的直接联系，以及在这点上中国建筑的审美与西方建筑的不同之处。在具体论述不同的门式时，对于牌坊门、屋宇门、墙门及阙门的精彩论述中，引用许多有关的史书记载，体现了刘先生对于史书了解研究的深度和广度。同时也提醒读者，一种建筑形式只有放在特定的历史人文坐标中，才是有生命的，才是体现那个历史时代特征的建筑文化。

第三章“各作做法”，共有十节，是全书的重点，将建筑的各部分工程结构构造做法，基本上按建造程序分为十类：

一、定向，定平，筑基

二、大木作

三、栏杆

四、外檐装修

五、内檐装修

六、台基、须弥座

七、柱础

八、墙壁

九、屋顶、瓦作

十、彩色

本章系统地论述了中国建筑的各部分结构的构造形式和做法，各项定义叙述的广度和严谨准确，使它具有工具书的价值，可作为中国传统建筑工程技术辞典来用。要掌握这一章的内容，须花较大的精力和时间。将文字与图版先对照通读几遍，对内容熟悉之后，可用化整为零的方法，将每节的内容重点按读者自己的理解，再分成几部分，以便理解记忆。除了熟悉各作做法的专业名词和材料构造知识之外，将结构构造本身和其他因素之间的逻辑关系想清楚，是至关重要的。读者可边阅读边提出一些相关的问题来帮助理解记忆，譬如：

气候环境是如何影响建筑定向的？（第一节第一段）

中国木构建筑屋顶的凹曲线是如何形成的？（第二节）

中国木构建筑屋顶出檐有哪些功用？斗栱的结构作用及其演变？（第二节）

栏杆有哪些主要样式和做法？（第三节）

宫殿与园林民居的外檐装修有哪些异同点？（第四节）

内檐隔断和罩有哪些形式？天花藻井是怎么形成的？（第五节）

台基是怎样演变的？清式台基的做法？须弥座的构造和各部名称？（第六节）

柱础有什么功用？有哪些主要样式？（第七节）

在我国不同地区，有哪几种常见的墙壁材料及做法？（第八节）

有几种常见的屋顶式样及结构构造？筒板瓦是怎样发展演变的？（第九节）

彩色对中国建筑的特点起了什么作用？历代彩画色调及形式的演变？（第十节）

带着以上问题来学习有关章节，有助于把握内容的重点，不至于迷失于细部之中。

全书的最后总结，体现了刘先生对中国建筑这一文化遗产取其精华、去其糟粕、批判地继承的态度。这里几处将中国建筑和西方建筑进行比较，如“西方城市多不规则，城内混乱街道屈曲窄小。反观我国，则隋唐的长安、洛阳，元、明、清的北京规模宏伟整齐，规划完密，远远胜过全世界其他封建都市。”“西方建筑多喜将主要建筑暴露，我国建筑则恒喜封闭。外国多集中式，我国多分散为重重院落，注意广大群组的布置。”“外国石建多雄伟，中国木构多轻灵……”

刘先生特别指出：“我国建筑在设计方面的美点很多，如标准化，有灵活性，伸缩性，暴露结构，不故意做作，明确，轻快，主要次要分明，不乱用装饰，能使装饰集中，有整体观念（等级次序），礼制化等，如宋《营造法式》，清《工部工程做法》等即是为了宋清盛期大兴土木而颁布的标准化建筑制度的书籍。”

关于提出“建筑因时代进展而演变的问题”，刘先生以斗栱和大屋顶起翘、出翘的演变及明清过分装饰化、程式化为例，反应封建社会的日趋没落。

斗栱由早期的结构部件至清代萎缩为繁琐细碎、丧失生气的装饰性部件。而“大屋顶则愈来愈陡峻凹曲，起翘、出翘愈来愈大。”

最后，刘先生大声呼吁：“建筑的民族形式问题，永远是非常重要的问题，是必须解决的……我们要大胆地前进，努力汲取古代民族文化的精华，创造出划时代的创作。建筑艺术绝不应该落后于时代，最好是走在时代的前面！”

刘先生这部书教给我们的不只是建筑类型和结构知识，更重要的是传给我们像先生这样的严谨的治学精神、敏锐的学术眼光和对于中华民族文化与建筑事业的热诚之心。对建筑精神内涵的理解，是需要实地考察和亲自体验的，这部书给我们铺了一条大路，带我们跟随刘先生到中国建筑这个大森林去探宝。愿我们的年轻学子们，用自己的眼界和身心，去重新发现探寻我们民族文化的本源，实现刘先生的夙愿。

附记：

记得当年蒙恩师王其明先生介绍，去看望刘先生时，正值他刚刚卧病。当先生听到我因家学渊源，非常喜欢古建筑时，竟激动不已，连连地说：“中国建筑太美了，太美了。要好好地继承发扬！”并马上要我读这本《中国建筑类型及结构》。在这之前，我也看了不少关于中国古建筑的书籍和资料，并有大量的时间游居于中国建筑之中，但由于才疏学浅，力不从心，始终没有摸到门经。记得当得到这本书后，我是一口气将它读完的，顿觉心明眼亮。古建筑的技术结构问题，对我再也不是一个沉重的、难以理清的包袱，而成为对美好的鉴赏和对智慧的探求的一个途径。

20世纪90年代初期，到美国赖特建筑艺术学院就读研究生，后留校任教至今。深感能够对赖特先生的“有机建筑”，有所体会和心得，绝少不了当年刘先生的教诲和这部《中国建筑类型及结构》的启发。这本书对我的分量实在是太重了，今天有机会重读此书，介绍心得，仿佛又回到了昔日的时光，也了却我常年深藏心底的感念之情。

由此又联想到，赖特先生曾说过：“大多数建筑都默不做声，有些建筑说了几句有意义的话，只有非常稀有的几个建筑在高歌。”我看到中国建筑在高歌，是刘先生将这歌韵记录下来，惠泽后学。吾师有知，亦当含笑矣。

赵朗月记于塔里埃森

美国赖特建筑艺术学院

2007年5月

张仲一、曹见宾、傅高杰、杜修均合著《徽州明代住宅》

中国民居研究标志性著作——《徽州明代住宅》

朱永春

中国民居研究，始于20世纪30年代末。抗战期间，中国营造学社迁往四川乡村后，开始将视野投向民居。刘敦桢曾回忆："大约从对日抗战起，在西南诸省看见许多住宅的平面布置很灵活自由，外观和内部装修也没有固定格局，感觉已往只注意宫殿陵寝庙宇而忘却广大人民的住宅建筑是件错误事情。"并"开始搜集住宅资料"[1]。刘致平也约略此时，开始对云南和四川民居进行研究。他发表在《中国营造学社会刊》七卷一期的"云南一颗印"，是中国民居研究的第一篇论文。但限于战时环境以及人力物力的局限，研究不可能在全国铺开，取得零星的研究成果，大多当时也无法出版，部分竟散佚。

对中国民居全面的调查研究，始于新中国建立后。今天研究者，一般将1950年至1964年建筑工程部"四清"运动之前，划为民居研究的一个阶段。此间出版的两部著作，成为标志性成果：一部为刘敦桢所著《中国住宅概说》(1956年)，另一部即《徽州明代住宅》(1957年)，由建筑科学研究院与南京工学院合办的中国建筑研究室张仲一、曹见宾、傅高杰、杜修均合著。

一、《徽州明代住宅》体例及其意义

《徽州明代住宅》，实际上是一份民居调查报告。

1950年，安徽歙县西溪南乡发现古民居3处。受华东文化部的委托，1952年刘敦桢前往调查，定为明中叶遗构，并于附近发现明代住宅、祠堂20余处。根据这一线索，由刘敦桢领导的中国建筑研究室张仲一、曹见宾、傅高杰、杜修均赴该处，作了40天的调查。《徽州明代住宅》即此次调查后的研究报告。全书主体是对调查的27座徽州住宅实证研究。在简述自然条件、社会背景后，该著翔实分析了这些住宅的总体布置、平面、外观、结构与建筑装饰。除正文的插图，全书还附有90幅图版，包括典型住宅的测绘图。

《徽州明代住宅》这样一本循规蹈矩、朴实无华的小书，出版后产生的巨大影响，是今天的读者难以理解的。这须将其放到建国后民居研究的大背景中，方能理解它的意义。20 世纪 50 年代起，在当时的建筑工程部统一领导下，着手“三史”（《中国古代建筑史》、《中国近代建筑史》、《中国现代建筑史》）的编写。其中较少受到意识形态干扰的中国古代建筑史，成果最丰。而其中的民居部分，不仅在凡事阶级分析的背景下相对保险，甚至还被认为对社会主义建设有借鉴作用。这就使得民居，注定会成为这一时期研究的热点。从《徽州明代住宅》选题中也可见出此点。当时徽州发现的，还有价值很高的祠堂，但却被排除在外。即便是住宅，作者也小心翼翼地申明：“更重要的是原来业主的阶级成分，可能有少数年老退休的官僚，但绝大多数应是明中叶以后出外经商致富的商人们。”[2]

《徽州明代住宅》的意义，在其提供了一种规范文本。虽然从方法论看，这种调查实证与文献综合的方法，出自中国营造学社。刘致平 1940 年代对四川民居调查研究后所写的《四川民居》，就已开创了民居研究的此种范本，但该著当时未能出版，1950 年代定稿付排后，竟被撤下[3]。始于 20 世纪 50 年代终于 1964 年前的民居研究，其主要成果是全国范围内的民居调查和资料收集。当时惟一可以见到的范本，就是这本《徽州明代住宅》。它直接推动了全国范围内铺开的民居调查。到 20 世纪 60 年代末，“收集与测绘了大量的珍贵资料，陕西、兰州、新疆、河南、成都、重庆、广州、粤中、广西、西藏、云南、天津、上海、苏州、黑龙江均完成了专题报告。”[4] 应该说，该著起了巨大的作用。

二、《徽州明代住宅》的学术价值

《徽州明代住宅》的学术价值，首推对徽州住宅地域特征的分析：徽州建筑诸如总体布局中依山傍水、大型宗祠位于村镇边沿；单体“回”、“口”、“H”、“日”四类典型平面；穿斗与抬梁组合的大木结构；外观上的封火山墙、门楼门罩；天井面阔与进深的比例；装饰中“雕镂精巧”的木雕、砖雕，“构图设色显然与北方宫殿庙宇……不同”的彩绘，都是该书首先揭示的。

其次，徽州明代建筑中，很大程度上保留着宋式做法或变体。该书已敏锐观察到这一现象，并不时地与《营造法式》作对比研究。如：斗栱的构造、月梁的形态、梁端曲线和断面的变化、梭柱的卷杀、柱础与木櫍、叉手与托脚等。

再次，《徽州明代住宅》中所调查的民居，本身有很高的学术品位。作为一份调查报告，其学术价值很大程度还取决于调查对象的价值。就建造年代来说，中国民居的实物，只能上溯到明代。像徽州如此大面积的明代住宅发现，是罕见的。尤其是其中若干明初住宅，弥足珍贵。该调查报告所涉及的27座住宅中，方文泰宅、苏雪痕宅、吴息之宅等，先后列入国家文物保护单位，其他大多也列入省级文物保护单位。这从一个侧面反映了这些住宅的价值。

三、徽州建筑研究的先声

20世纪50年代初，亦即在徽州发现的年代较早的住宅和祠堂遗存，引起建筑史学家兴趣的同时，中国史学界由对“资本主义萌芽”问题的讨论，把视线投向了徽州社会的佃仆制和徽州商人。这场讨论推动了对徽州社会深层结构的研究以及文献搜集整理。到了80年代，随着对明清徽州学术文化艺术成果的揭示，随着大量徽州族谱、文书、契约、方志等发现，“徽学”，被认为是中国地域文化继藏学、敦煌学之后第三门显学，也渐次浮出。

徽州，亦称新安、歙州，盖指明清徽州府及所辖的歙县、黟县、休宁、绩溪、祁门、婺源（今属江西省）6县。就文化圈说，还包括周边地区。明清两代，徽州在诸多文化领域领军全国，相继出现新安理学、徽派朴学、新安画派、徽州版画、徽派篆刻、新安医学、徽州工艺、徽州刻书……徽剧的四大徽班进京，演绎出后来的“京剧”。这一异彩纷呈的学术文化，被今人统称“徽州文化”。研究明清两代中国文化，不得不把目光投向徽州。徽州明代住宅的耀眼，并不是孤立的现象，它是徽州建筑的一部分，其背后，有“徽州文化”的支撑。从这层意义上看，《徽州明代住宅》是徽州建筑研究的先声。

《徽州明代住宅》作者，当时并不了解徽州建筑的文化背景相关著述[5]。但在对徽州的观察中，已经敏感地触摸到背后的徽州文化。例如，在徽州住宅、祠堂产生的原因时，已意识到外出从商的徽州商人，“一方面为了个人享受，另一方面为从前狭隘的家族思想与乡土观念所支配，在徽州原籍营建住宅祠堂，并在一定程度上资助亲友、养老恤贫以及从事修桥补路等等公益事项，久而久之，不但形成了当地的畸形繁荣，对建筑作风与乡村面貌也发生了不少影响……由此可见当地建筑的发展与徽人外出经商具有异常密切的关系。”[2]再如，关于新安画派与徽州建筑的关系，书中有这样的文字：

> 从南宋起当地文风逐渐繁荣，而明末新安画派与风行一时的版画雕刻都以歙县为中心发展起来。表面上看它们和建筑没有任何直接关系，但五杂俎谓：‘新安人近雅’，可见当时徽人以风雅自居，成为习俗，无形中提高了人们的审美观念与匠师们的创作水准是完全可以理解的。”[2]

今天的研究者，对新安画派规模以及对整体徽州文化品位的提升，已有更精确具体的探讨。据姚翁望《安徽画家汇编》统计，明清300余年中，徽州竟出画家832人。这只是有作品留存于世和见诸文献记载的画家，肯定还有大批不为我们所知者。这样庞大的绘画群体存在，昔时绘画风气之隆普及之广，可想而知。《徽州明代住宅》是猜想到新安画派对徽州匠师“审美观念”意义的，今天对徽州文化研究已揭示，徽州工艺与新安画派建有直接联系的。徽州匠师制作出盖世艺术杰作时所具的“美的眼光”和“美的尺度”，得益于新安画派。

注释：

[1] 刘敦桢. 中国住宅概说. 百花文艺出版社，2004

[2] 张仲一，曹见宾，傅高杰，杜修均. 徽州明代住宅. 建筑工程出版社，1957

[3] 据时任建筑图书编辑室副主任的资深建筑学编审杨永生先生回忆：“初识刘老是60年代初，恰是“阶级斗争，一抓就灵”的年代。刚刚组建的中国工业出版社建筑图书编辑室迎头碰上一件棘手的工作——审处50年代积压下来的稿件，其中包括刘致平的著作《四川民居》一稿。其实，这部书稿早已打出二校样，只是因为1957年在校对过程中发现书中照片上还残留着抗战时期的标语和国民党党徽，才被扣住未付印。据说，主管编辑还为此检讨不休，最后导致下放。记得，我在审处这部清样时，此稿经历了两次大的运动（反右派和反右倾）和两次干部下放，有关人员下放，不知去向。原稿已经遗失。经过反复讨论，还是没有胆量出版。于是，我同刘老谈此书不能出版，原稿已散失，只能退还清样，并反复讲，若出版，大家都会挨批，何苦呢？放一放再说吧！刘老没说什么，只是点首笑笑，也没追究原稿。好在后来在王其明教授帮助下，此稿编入刘致平著《中国居住建筑简史——城市、住宅、园林（附：四川住宅建筑）》一书，于1990年由中国建筑工业出版社出版，了却我一桩心事，挽救于万一，值得庆幸，也多少减轻了我的内疚。”

（引自杨永生《苍凉的回忆——记刘致平》一文，详见杨永生编《建筑百家回忆录》一书，2000年中国建筑工业出版社出版）

[4] 汪之力，张祖刚. 中国传统民居建筑. 山东科学技术出版社，1994

[5] 20世纪30年代，学者傅衣凌开始研究徽州商人，著《明清农村社会经济》。20世纪50年代初期有藤井宏的《新安商人的研究》。

姚承祖原著　张至刚增编《营造法原》

《营造法原》读后感

潘谷西

根据我的体会，探讨宋代建筑，不读《营造法式》不行；研究清代建筑，应从《清式营造则例》和《工部工程做法》入手；而想真正理解江南建筑，读《营造法原》是一条捷径。

《营造法原》是苏州香山著名匠师姚承祖的传世之作。原著是作者于20世纪20年代授课于苏州工业专科学校建筑科时作为讲稿而编写的，后经中国营造学社社长朱启钤及刘敦桢两位先生辗转相托，由时任教职于中央大学建筑系之张至刚（镛森）先生增编，遂成江南建筑营造技术与工艺之经典著作。由于战乱原因，书稿于1937年杀青后未能及时面世，直至1959年方由中国建筑工业出版社出版发行，并于1982年再版。

全书共16章，依次是：地面总论（房屋阶基）、平房楼房大木总例（除厅堂、殿庭之外的一般房屋大木构架做法）、提栈总论（屋顶举架之法）、牌科（斗栱）、厅堂总论、厅堂升楼木架配料之例、殿庭总论、装折（小木装修）、石作、墙垣、屋面瓦作及筑脊、砖瓦灰砂纸筋应用之例、做细清水砖作（简称"砖细"）、工限、园林建筑、杂俎。另有附录三项。图样由张镛森先生改用现代工程图示方法增补制作，并辅以适量照片，使读者更易理解。对大量艰涩难懂的当地工匠术语，除在图样中加注说明外，又专设《检字及辞解》一栏列于书后附录中，逐条予以解释。由于当时印刷条件所限，照片清晰度不够，希望再版时有所改善（附姚承祖《营造法原》原图二幅）。

作为一名长期读者，我对《营造法原》的内容感兴趣的有以下一些方面：

一、匠师经验之总汇，可操作性强

书中不仅有样式叙述，还有构造、材料、施工甚至是用料用工数量。例如第一章地面总论，对房基各部分的施工步骤与方法、用料要求与规格、构造部件与尺寸、筑基用工都一并列出，几乎可以按之操办一处房基设计与施工。又如第六章厅堂升楼木架配料之例，对每一部件之用料尺寸也一一列出。

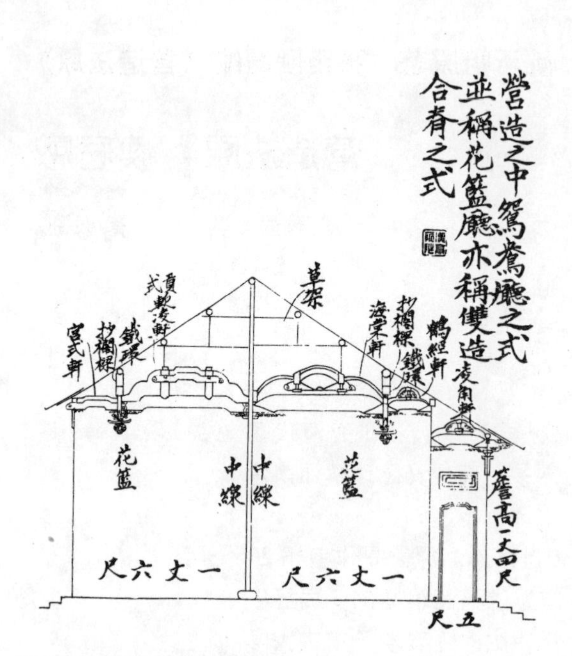

图1　姚承祖《营造法原》原图（例1）之鸳鸯厅剖面（取自同济大学《姚承祖营造法原图》陈从周整理，1979 年印刷）

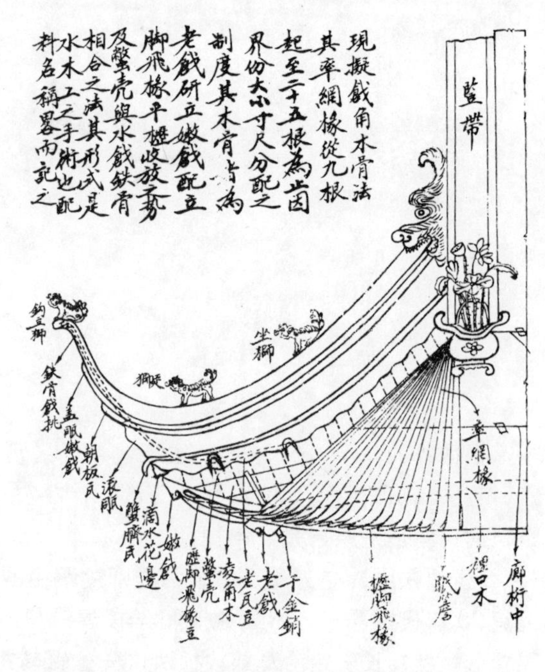

图2　姚承祖《营造法原》原图（例2）之发戗制度（取自1979年同济大学印刷厂印刷《姚承祖营造法原图》，陈从周整理）

一个有趣的现象是，本书作者还在第二章中引用了许多大木工匠的工程歌诀，生动体现了工师们薪火相传的古代技术传承特点。由于当时缺乏图纸和工匠文化水平的限制，看来采用口诀传授是一种有效方法，同时歌诀也为掌控施工备料提供方便。下面举一组最简单的歌诀来体验一下其中的意味：

（一开间深六界（架）之屋的歌诀）

一间二贴二脊柱。四步四廊四矮柱。

四条双步八条川（穿、串）。步枋二条廊同用。

脊金短机六个头。七根桁条四连机。

六椽一百零二根。眠檐勒望用四路。

这八句话的意思依次是：一间屋用木架二榀（缝）和中心柱二根；用步（金）柱四根廊柱四根和矮（瓜）柱四根；用双步梁四根川八条；步（金）柱和廊柱的桁下枋各用二条；脊桁和金桁下共用短机六条；七根桁条中除上述脊金用短机外其余四根用通长的连机（枋子）；六架椽共用椽子 102 根；前后眠檐（连檐）和勒望（钉于椽上的横向木条，以挡望砖）共四路。

这首歌诀把全屋所用大小构件一条不漏地包括在内。以此类推，各种开间的平房和楼房都可用歌诀背下来。

二、书中最出彩的章节是厅堂建筑（见第五章）

厅堂是住宅、园林、祠堂中规格最高、空间最大、装修最讲究的建筑，也是江南最有代表性的建筑。本书所述厅堂有以下几种：

1. 按功能分，有大厅、轿厅、花厅、书厅、女厅等。

大厅是指住宅、祠堂中的主厅，供婚丧庆典、宾客接待、家族集会等用的厅堂，一般位于轴线的中心位置，体量最大，最富丽轩昂。

轿厅或称茶厅，位于大厅之前，供停轿备茶迎客之用，也是大厅前的一进过厅。尺度稍小。

花厅位于住宅边落（中轴线两侧的院落）或园林内，一般前后院都有花木，形成景观，故有此名。为平时起居活动之所，与大厅相比，私密性较高，装修陈设之精美往往不亚于大厅。

书厅是书房的别称，本书中以之与花厅并列，可能比普通书房更宽敞、更精致。

女厅位于大厅之后，是住宅内院之厅，供女眷起居、应酬之用。

2. 按结构、装修特点分，有大厅、鸳鸯厅、花篮厅、对照厅、船厅、满轩厅、扁作厅、圆作厅、贡式厅、楼厅等。

大厅是指进深达八界、九界的厅。一般将内部区划为前、中、后三部分：前为二步架的前轩，中为“内四界”（四步架，用四架梁），后为后双步，如前面加廊，则成九架之厅。由于进深很大，屋顶也高，所以用轩分隔空间，并借此降低室内空间高度。轩上则用草架木构支承屋顶。

鸳鸯厅则把厅的进深方向区划成前后两个大小相等的空间，用柱列、屏门、飞罩作分隔物，供不同需求之用，例如南面向阳一半宜于冬日起居，北面背阴一半宜于夏天停留。苏州留园林泉耆硕之馆与拙政园三十六鸳鸯馆即属此类。为求得风格上的变化，前后两部分和梁架也分别采用扁作梁和圆作梁或贡式梁的不同做法。

花篮厅是把厅内两根（或四根）步（金）柱做成虚柱（垂莲柱），屋架重量悬于三间通长的大木料上，虚柱下端刻作花篮形状，故有此名。由于少了两根或四根步柱，室内空间扩大，但由于结构的限制，这种厅的规模一般都不大。

船厅源于宋人所创之画舫斋，本是仿江舟之意，在房屋山墙上开门，前后两面开窗。但本书所称船厅，是指临水的“回顶”建筑（即卷棚建筑）。在苏州有两面开窗而不临水者仍称“船厅的实例”，可见船厅是一种自由、多样的建筑类型。

对照厅是指前后两厅相对而式样相同的厅。

满轩是用连续的相同高度的三四个轩作为厅的天花者。拙政园三十六鸳鸯馆即是满轩厅。

扁作厅、圆作厅、贡式厅三者的区别在于梁的式样不同。扁作厅的梁成月梁式，断面高而狭，略成长方形，由多根木料相拼而成，表面有雕饰；圆作厅的梁断面基本为圆形，也有稍作加工以求变化者，形式较简单；贡式厅的梁断面成长方形，但用料比扁作梁小，式样也较简单。三者之中以扁作厅的规格最高，装饰最华丽，贡式厅次之，圆作厅最简朴。

楼厅是指两层楼的楼上为居室而楼下作厅者，可用月梁、屏门、飞罩等。女厅往往采用这种上房下厅的做法。

三、展示了江南建筑独特风格的一些关键要素

1. 发戗制度

“戗”是指斜角，“发”有起翘之意。发戗即屋角起翘。江南建筑的屋角起翘比北方高，兜转翘起，刺向天空，有一种飘逸洒脱之趣。其构造方法是把嫩戗（子角梁）立于老戗（老角梁）上成一仰角（见第七章）。此外，当地建筑还有一种“水戗发戗”的屋角处理方式，其起翘甚是平缓，几乎看不出来，仅在屋脊端部向外延伸时顺势翘起如象鼻状，这种屋角用在园林亭榭上，显得特别轻盈玲珑（见第十一章）。

2. 轩的广泛应用

所谓“轩”，就是在房屋室内用桁条、椽子和望砖再架一层类似屋顶基层的结构作为天花板，达到美化、隔热和防尘的多重目的。在苏州，无论是住宅、祠堂、园林，处处可以看到轩，这是其他地方少有的现象。在《园冶》中这种做法称为“卷”，可能日久而转讹为“轩”。本书所列之轩有：船篷轩、弓形轩、菱角轩、鹤胫轩、一枝香轩、茶壶档轩、海棠轩七种。实物调查中还可见到更多式样的轩，可见苏州匠人对轩的创作充满热情（见第五章）。

3. 砖细工程

全称为“做细清水砖作”，就是用质地细腻的青砖，经过铇子加工成光滑的平面和挺拔的线脚，或施雕刻，做成门窗框、墙面、门楼等等室内外装饰性构造。这种饰面方式配合白墙，青瓦和栗色木装修，使江南建筑呈现一种朴素、淡雅、宁静的特质和风韵。不过，砖细工程对砖的材质要求很高，必须质细、色淡、平整、孔小，不含砂粒，在渍水后仍历久而不变色，否则难以收到良好的效果（见第十三章）。

4. 其他

屋面提栈（举折、举架）之法和清官式建筑举折之法相似，自檐桁向脊桁逐架举高。但屋面坡度反较北方平缓，似与南方多雨气候相悖。不过实例中房屋进深较大者，提栈也较高，而庙宇的门殿则屋面更为陡峭（见第三章）。

牌科（斗栱）在住宅、园林中很少用，用也很简单，庙宇的殿堂用斗栱则和官式建筑相似。具有特色的是凤头昂（象鼻昂）、丁字科（只向外出跳，不向室内出跳）、枫栱（相当于三幅云的装饰）等做法（见第四章）。

装折（小木作装修）之具有地方特色者有：墙门的木门扇外面钉方砖、门槛特别高的“将军门”、半截子门——“矮挞”、廊下所用木栏杆等。其中矮挞可能是“矮闼”之误，书中称是“元之遗制，当时禁人掩户，便于检查，”不知人可据？但这种半截门在江南城市、农村均被广泛采用，颇合当地居民生活方式（见第八章）。

四、《营造法原》与《营造法式》的渊源关系（以下简称《法原》、《法式》）

两书前后相隔八百余年，但仍可找到传承的脉络：

其一，“间架”概念——《法式》对“间”的定义是房屋面阔方向两缝木架之间的范围，进深方向则用椽数未界定“架”数。《法原》的间架概念与此完全相同，只是把“架”写成“界”，因吴语架、界同音。清官式建筑的“间架”概念与之稍有不同，即“架”数的界定按桁（檩）数而不按椽数。而《清式营造则例》。“四柱中的面积都称为间”的间架概念和《法式》、《法原》、《工部工程做法》都不一样。

其二，月梁——《法原》所载扁作厅的梁均作月梁式，和《法式》一脉相承，而明清官式建筑中已看不到月梁。

其三，将军门——在苏州一带的住宅、祠庙中保存有大量明清时期的将军门，其特点是门槛特别高，很难跨越，必要时则将高门槛抽去以便通行。本人过去读《法式》，对绰楔门为何物百思不得其解，后见《法原》之将军门，顿然而悟，原来绰楔门就是将军门，二者都是显贵者所用之门。而北方已无此门式。

其四，鱼吻与龙吻——《法原》瓦作有鱼龙吻与龙吻二种正脊兽，《法式》则有鸱尾与龙尾相对应。但北方官式建筑仅存由龙尾演变而来的正脊兽吻，却不见鸱尾的延续。这可能是明清官式建筑极度尊崇龙饰的结果。

由于《法式》南宋时曾两度在苏州重刊，其影响之深可想而知。今天我们仍可在江南明清建筑中看到木櫍、梭柱、月梁、上昂、截间板壁等典型的《法式》手法，则《法原》中保存《法式》传承也就不足为奇了。

2007年4月写于南京兰园

陈志华《外国建筑史（19世纪末叶以前）》

我们为什么需要建筑史？

林　鹤

做学生的时候，外国建筑史是我很喜欢却学不好的一门功课。喜欢，学不好，都直接根源于它的内容浩如烟海，头绪纷繁，正如书蠹的说法：一部二十四史从何说起。查点建筑系的学分栏，建筑史虽是必修课，学分却很少，配给的学时当然也就苛得很。该是“少食多滋味”的缘故吧，每次去听这门课都如赶社戏般欣然跃然，是放下了逐日设计作业的好享受。学建筑史，可以无需刻意搜求当下务实的手法功用，只管专心品鉴古来匠师们铸就的种种美好片断，那旁观者立场的轻松和悦，大概就在课业压力中让出了尚能容我感动喜欢的余隙，然而，也同样造成了春风过驴耳似的不求甚解。

正当那懵懂时节，新学徒尽可以不去根究学校的课程设置到底有何深意。多年以后偶一回顾，我却平添了一层想要追问的纠缠：身为当代的建筑人，每天都在用钢筋水泥和玻璃做着抽象的几何造型，远在五千年前的埃及古王国真是和我们很不相干、大可以置之度外的。除了奢侈心思的猎奇搜异、赏心悦目而外，我们实际上有什么必要去研读那么古旧的建筑历史？只为化育审美素养么？纵使对自己本学科的来历语焉不详总会有点儿不好意思，可是，就职业建筑师的角度而言，古代建筑史好像的确是干卿底事哦。

检点旧教材，翻出陈志华先生写的《外国建筑史（19世纪末叶以前）》，不禁油然惊喟：原来，外国古建史给我留下那种花团锦簇的印象，居然只凭如此粗陋的图片和印刷！即或是2004年新印行的版本，竟也不比二十年前手中那册课本有多少改善。近年来看惯了进口铜版书的精致华美，早就忘了，当年国门未开的时候，我们就是靠着这么一点点可怜的黑白小图，平空构建了对无数壮丽建筑景象的幻想啊。这本教材由公元前三千年的古埃及讲起，时间跨度约略达五千年之久，述及的地域涵盖了亚洲、欧洲、美洲，尤以公元前一千年以后欧洲建筑发展的灿烂历程为核心内容，一直讲到现代建筑萌生的前夜。应该说，与我们的生活息息相关的日常建筑行为，恰巧和这本教材里的内容前后错开，看似两不相扰。

拿这教材的同类书籍来作个比较。手边现成有一本三联书店新出的《现代建筑与设计的源泉》，是史学名家N. 佩夫斯纳的名著，全书叙事跨度不过半个世纪，大致两百页篇幅里倒有一百二十多页都是图面，而以精美制版的黑白照片居多，随手翻翻，即可看见家具、饰品、书籍装帧等等无处不在的新颖设计细节，为19世纪后半叶建筑风格的变迁做着脚注。手边现成还有一本上海人民美术出版社新出的《世界建筑经典图鉴》，由一群英国建筑史学家合作编纂，其内容跨度恰与陈先生的著作一致，而以精美制版的版画插图为主，文字不过约略解说而已。各国、各时代、各种风格的建筑，按图索骥一查便有，职业建筑师足可以拿它当一本风格大词典来运用，想要照抄个成例的话可真是便当极了。如果再肯多去四处查对一番，不难发现，尚未翻译引进的外版书里，用线条制图精确描绘各个时代建筑语汇的这种词典类书籍更是所在多有，好用之至。

这倒是从某个角度安抚了我此前关于"建筑史之用"的疑虑。在当今建筑师所面临的现实市场环境里，延绵几千年的世界建筑史资源，是让我们用得顺手的一大笔形式财富。远自草莽初创之始，每当某一段生机勃勃的社会发展走过了新生期、伴随着一种独特的建筑文化操演到熟烂以后，形形色色的变体风格就会大量滋生，这般的混乱景象，早例有12世纪以前的罗曼时期（又称罗马式），晚例有19世纪至20世纪初的折衷主义时期，而今，更有后现代主义之后的商业建筑场面应被推为最甚。建筑师肆意将历史上搓揉已久的无数形式元素重装上阵，似乎拥有了全套的古典语词也就意味着多把持了一个见招拆招所恃的兵器库，怎能舍得掉头不顾！一门功课，终归不好只求"道"而规避"器"的一途，虽则那"道"或许才是学问的根本。于是，全面熟习古今建筑风格，于普通建筑师的专业训练来说，似乎也可算是一门基本功。

但如果单纯求其器之用途的话，陈先生所著这本既旧且敝的《外国建筑史》，拿来给建筑师做参照时至多堪充一份索引目录罢了，它在图形方面的意义已淡到近乎无。那么，在资讯极大丰富的全球村的今天，在新版、外版的史书唾手可得的今天，它，还有被人研读的意义吗？

细读陈先生的《外国建筑史》，一个突出的特点是，他在每一章节里都要先用去很多的篇幅，讲述相应历史时期的文化、宗教、政治、经济和技术背景，即便等到后来讲到了建筑的内容，也多是与社会分析结合在一起，夹叙夹议。无论是文艺复兴时期的伯鲁乃列斯基和伯拉孟特，还是巴洛克时期的伯尼尼和波洛米尼，在闲人眼里看来，无非同为名噪一时的建筑巨匠，帮意大利增添了许多美丽照片的好背景而已。作者则是着眼于他们周遭不同的时代精神和宗教气氛，分析大师们受到的不同制约条件、追求的不同建筑理想，而他对这两个时期建筑艺术成就的评价，一扬一抑的态度也就在这分析过程中顺势流露出来，规避了只从审美细事着眼的行业旧习。又如，待意大利的建筑逐渐走向巴洛克时期而式微的时候，法国建立起绝对君权，开始走出了宗教的笼罩，由宫廷文化孕育出来的古典主义建筑宏大登场，进而影响到了园林设计和城市的规划建设。以唯理主义哲学为基础，古典主义理论与专制主义结合在一起，主宰着建筑历史中的又一华丽篇章。凡尔赛宫是此时的经典，它的兴建穷竭了国库，导致“十分之六的法国居民过着乞丐生活，其余十分之四中又有十分之三生活十分恶劣，疫病流行……”而以此为代价建成的宫殿呢，虽则镜子和钻石闪耀得比白天还亮，却让皇室用起来仍有种种不便，很不舒服。在华贵的建筑形式底下，掩盖着社会内部固有的矛盾，这种形式追求超出技术水平、形式追求盖过哲学理想的矛盾，若只顾着详细刻画、痴迷赞美纯粹艺术风格自身的完满，又怎能清楚揭橥。作者不惜笔墨作了许多杀风景的讲解，虽然并不直接针砭时世，却微言大义地明示了自己的建筑批评立场。读者若比对如今颇有市场的一味以“镜厅”之类“欧陆风情”为范本的辉煌梦想，实属遇见了一针冷峻的清醒剂。于是，这本书就不单是教给学生们一套现成的专业知识，还熏陶着读者的思考习惯和思考方法，让有心人能够从中感悟到前辈的为学态度和立身态度。当年我坐在课堂上曾觉得疑惑：久闻陈先生历来都是以“右”的罪名遭受批判的，何以对一些时新的西人学说颇有微词很“左”的样子？如今回想起来，这般以普通民众为本、容不得借专业之名追求虚夸浮嚣的态度，其实与他论及古史时的立场正是连贯一致，透露出历尽劫波依然如故的社会责任感。

说起来，上面引述的几个时期，都是建筑历史上遗存极度丰富、形式变化极度微妙多姿的巅峰时期，其中每个话题都找得到无尽的素材，有着充分的探讨余地，尽可以独立衍生出一本乃至于数本专著。恰好是这般丰富的变化，最容易让史家淹没在细节的海洋里不忍自拔，以舍不得节制的激赏、感叹，引领着读者一同迷失在其中。所以，即便是建筑史的名师瓦萨里，写起自己身处其中的文艺复兴时期来，也只肯从建筑家的个人行迹着手，用零散具体的短小篇章来拼装成整幅的图景。《外国建筑史》这本书的叙事跨度长达50个世纪，显然不可能走这条肆意铺陈的路。非但如此，它的教材体例还先天导致了极苛的篇幅限制，绝不容许作者尽情讲述。为此，他就需要辣手删削书中的内容，不去机械地罗列各个时期社会历史乃至于建筑领域的大事记，而是甄选出最关键的发展要素，细致而简洁地分析它们在建筑艺术方面造成的影响。同样为此，本书的叙述框架不以时间顺序为惟一指针，而将欧洲、亚洲、美洲的古代建筑历史分别开列，以求突出各地不同的建筑体系各自在思想演变上的连续性，更容易供一张白纸似的青年学生去学习和理解。在各个章节里，对建筑形式的详尽描写只在少数经典范例登场时才会倏而一现，作者倒是花费了许多心血，“浪费”了大量口舌，讲述着时代的大历史，虽说这些内容既没有大纲的要求，也不合考试的条目，与学生们日后身为职业建筑师的操作手法更是毫不关联。这种内容安排提纲携领直指关窍，看似脱略，实质上导出了作者心目中的根本问题：建筑史，是不是历史的一种？历史，是不是普通建筑师的一门必修课？

我们一般都很容易同意建筑与社会的发展息息相关的说法，建筑，从来都不是仅仅依靠时代的经济技术能力，满足了创造者至高无上的个人审美取向就能有定论的简单问题。但是，等到自己遇上了实际关窍，事先这无碍痛痒的“同意”就时常会被抛在脑后，终是格于专业眼界只能局于一面，单从技术、经济水平的基点出发，去讲论不同形式风格的高下优劣。稍远者，在20世纪80年代有“夺回古都风貌”的焦虑乃至于规划管理部门的形式强制措施，稍近者，则有新国家大剧院的模样合不合适立在长安街上的论战。在这些论争时刻，建筑圈里圈外的专家们言人人殊，不少人追究着细枝末节把论战无限深入地引向各个支岔，但初始论题最终还是不了了之。这种僵局之所以反复出现，一大症结恐怕就在于职业建筑人缺乏自成体系的历史观，没有能力根据建筑历史发展的大致逻辑，有意识地创建自己在设计领域的世界观和方法论。在内在精神框架缺席的情况下，设计师找不到属于自己、属于当下社会环境的独特、稳定、一贯的建筑思路，找不到一种诚实的建筑表达方式，也就只能抓住了具体项目遇到的种种环境限定条件，作为方案过程中惟此为大的设计依据，陷在各类参数相互依违的纠缠拉扯当中，创造性随之只得被动地萎缩成了花样翻新、人云亦云地舞弄既有的时髦设计语素而已。陈先生曾在自己的文章里特地引述过一段西哲的话：“历史对于科学哲学家，也许还有认识论家的关系，超出了只给现成观点提供实例的传统作用。就是说，它对于提出问题、启发洞察力可能特别重要。”（《北窗杂记》，1999，P. 389。）用大白话来说，提不出新问题、缺乏洞察力，正是过度偏重职业手法的教育所造成的让建筑师只有“手”、没有“脑子”更没有“心”的恶果。而历史，建筑史，则是培养“脑子”和“心”所必不可少的一门关键学科。

建筑历史学家在建构自己的历史诠释体系的时候，能从大历史的角度着眼的，陈先生这本教材当然不是独一无二的孤例。但是，从字里行间透露出的作者对建筑的爱之深、对辉煌历史的探究之切，则很少能有堪与比肩的。尽管书中文字力求平实，连形容词都尽量少用，字里行间的热情却是掩之不去。比如在西方建筑史中已成基本典故的柱式，比起花式繁复多变的洛可可建筑来，能拿过来口灿莲花的形式细节当然是简单许多、少许多。然而，从古希腊时期的柱式演进到古罗马时期的发展与定型，作者很大方地花了两个章节的篇幅，专门讲述柱式的来龙去脉，尤其在前一节里专门讲解了古希腊人如何借助于柱式来体现人体的美与数的和谐。在这一段里，他既介绍了柱式的模数比例，也讲述了古希腊人的美学观念。在讲解中，对平民的人本主义理想的推崇也就跃然纸上。可惜的是，当年坐在教室里看漂亮建筑、听热闹故事的时候，我却没有能力真正悟到建筑之外的这一层意义。所以说，这本教材，只在本科学习期间翻阅一过实在是可惜了，它值得我们在思想稍微成熟之后再去重新读、重新思考。

必须指出的是，作为一本教材，这本书的图片数量过少、图幅过小、画面过于模糊，是它无可讳言的缺陷，毕竟体认建筑需要靠着直观的感受。我们的生长环境里绝无纯正的外国古典建筑元素，如果没有丰富的资料来源可作参照的话，对外国建筑史的整体了解和领悟必定是少不得含混和扭曲。然而，这一缺陷又是可以理解和原谅的。本书第一次出版是在1960年，第二次出版是在1979年，熟悉中国现代历史的人看到这两个日期都能明白，这本书诞生在学术环境极端恶劣的年代，别说没有资料来源，彼时甚至连治学本身也会成为一种罪过。外国建筑史这门课和这本书，确曾在文革期间让陈先生经受了无妄之灾，以“公元前”的罪衔饱受造反者的痛斥。如此奇特的经历，也正是我们所寄身的社会现实之一页。它提醒着我们，师辈们是怎样苦苦守护着学术的一脉活气传承至今，些微的成就是在怎样的境遇里存活至今。待我乱看了二十年的杂书之后再来重读陈先生的文字，能明显看得出他当年写作时之捉襟见肘，只能借助于极少极简“正确的”世界史纲一类正典，因此各个时代的讲述多止于大略，缺失了与建筑有直接牵连的生活细节——他那时从未亲历亲睹过任何一座外国古代建筑，遑论深入了解“资产阶级生活方式”！今天的学人拥有种种资讯便利，挨批判的奇遇大概也不易再有，尽管只求功利用途、只培养技术专长的另一种反智倾向仍然时不时地露出头来，总算是种温和得多的反作用力。与西南联大跑警报的日子相比，与江西鲤鱼洲罹患吸血虫病的日子相比，如今我们所面临的问题和诱惑都要轻了许多，静下心来坐坐冷板凳就不能算得难事，确也正有不少人仍在沉默地继续走着这条路。文明的建设，有时如同攒沙为塔般琐细繁难，更有时还比不上西西弗斯推石上山。倘若有幸遇到能把一粒沙子顺利打在塔基的日子，学人们就会有点文艺复兴般的欣喜了呢。

笃旧的至理——《江南园林志》

方　拥

论及苏州拙政园，童寯先生如是说："惟谈园林之苍古者，咸推拙政园。今虽狐鼠穿屋，藓苔蔽路，而山池天然，丹青淡剥，反觉逸趣横生……爱拙政园者，遂宁保其半老风姿，不期其重修翻造。"当代文人黄裳拍手叫好："这些话实在说得太尽情了，读了未免觉得有些笃旧，然实有至理。"

在《江南园林志》第一版序言中，刘敦桢先生概述了其撰写和出版经过："对日抗战前，童寯先生以工作余暇，遍访江南园林，目睹旧迹凋零，与乎富商巨贾恣意兴作，虑传统艺术行有澌灭之虞，发愤而为此书。1937 年夏，由余介绍交中国营造学社刊行。乃排印方始而卢沟桥战事突发，学社仓卒南迁，此书原稿与社中其他资料，寄存于天津麦加利银行仓库内。翌年夏，天津大水，寄存诸物悉没洪流中。社长朱启钤先生以老病之躯，躬自收拾丛残，并于 1940 年携原稿归还著者，而文字图片已模糊难辨矣。1953 年中国建筑研究室成立，苦文献残缺，各地修整旧园，亦感战事摧残，缺乏证物，因促著者于水渍虫残之余，重新迻录付印。"

《江南园林志》分文、图两大部分，1963 年中国工业出版社发行第一版，1984 年由中国建筑工业出版社再版时加入《随园考》一文。第一版内容分为"造园"、"假山"、"沿革"、"现状"、"杂识"五个部分。文字总共不超过五万，可是溯源钩沉，夹议夹叙，中西并举。较之当今行文惯常的冗长堆砌，堪称披沙拣金，字字珠玑。

第一部分"造园"，实为本书的总纲，主旨在于论述有关园林设计的基本原则。童师高度评价明末计成的《园冶》一书："现身说法，独辟一蹊，为吾国造园学中惟一文献，斯艺乃赖以发扬。"可是对其所谓"园筑之主，犹须什九，而用匠什一"的论断，并不完全认同。在中国传统建筑中，一般有"三分匠人、七分主人"之说。而按计成的观点，造园时主人所起的作用更大。童师则认为："自来造园之役，虽全局或由主人规划，而实际操作者，则为山匠梓人，不着一字，其技未传。"

在承认工匠作用的同时，童师由衷地赞赏古体小说中关于园林的隽永描述。他心仪于清代《浮生六记》的作者沈复，更以其有关园林的见地为精妙所在。“大中见小，小中见大；虚中有实，实中有虚；或藏或露，或浅或深，不仅在周迴曲折四字也。”童师与沈复之间，不无惺惺相惜。他年甫二十，与同为满族的女子师范毕业生关蔚然结婚，一生颠沛流离，时聚时散，但始终情深意笃。妻子去世后，他孑然度过晚年，戏言男子亦当“从一而终”。在童师严厉的外表之内，是一腔炽热的柔肠。沈复的外表如何，我们不得而知，可是他与妻子之间的深情，无疑是笔下隽永文字的源泉。

谈到历史上对造园学作出最大贡献的人物，童师认为既不是实际操作的工匠，亦非“嗜好使然，发为议论”的书斋文人，而是“能诗能画能文，而又能园”的多面手。例如唐代庐山“草堂”的作者白居易，唐代蓝田“辋川别业”的作者王维，元代“清闷阁”的作者倪瓒，以及明代计成。在这一部分的结尾，童师强调园林用材应当朴素。在物欲横流、环境恶化的今天，其意义尤其重大。“园林邀人鉴赏处，专在用平淡无奇之物，造成佳境；竹头木屑，在人善用而已。铺地砖石，加以分析，不过瓦砾。然形状颜色，变幻无穷，信手拈来，都成妙谛。有以碎瓷摆成鱼鳞莲瓣，则尤废物利用之佳例。李笠翁所谓‘牛溲马勃入药笼，用之得宜，其价值反在参苓之上’也。”

第二部分专门讨论“假山”，可见童师的兴致所在。实则在第一部分中，已经有所述及。“造园要素：一为花木池鱼；二为屋宇；三为垒石……垒山为吾国独有之艺术。”童师为人端庄正直，甚至略带古板，被师辈们谑呼为“老夫子”或“老和尚”。惟独评价建筑或鉴赏园林时，他意气风发，拘谨全无。美国建筑师 F. L. 赖特才华横溢而行为孟浪，仍能为童师所推崇。中国古代名士嗜好奇石，举止怪诞，亦能为他所同情。“牛僧儒置墅营第，与石为伍。白居易为作《太湖石记》志其事。记云：‘古之达人，皆有所嗜。玄晏先生嗜书，稽中散嗜琴，靖节嗜酒，今丞相奇章公嗜石。’……奇章之嗜石，不以其可游，而以其可伍，是以生命与石矣。降及北宋，米元章至呼石为兄，惊而下拜，是石又并人格而有之矣。”

古代垒山名家中，最受童师赞赏的是张南垣。“狮林各洞，壁虽玲珑，其顶则平。戈所作洞，顶壁一气，成为穹形。然二者目的，均趋写实。若南垣之墙外奇峰，断谷数石，则专重写意。可云狮林仅得其形，戈得其骨，而张得其神矣。”在这一部分的结尾，童师阐明了书画与工艺两种修养不可偏废的观念。“垒山之艺，非工山水画者不精。如计成，如石涛，如张南垣，莫不能绘，固非一般石工所能望其项背也。论石专书，宋有《杜绾石谱》，列一百十六种。此外尚有宋《宣和石谱》及明《林有麟素园石谱》。大抵描写峰峦，图说并列，供有牛、李、米、柯之癖者神游，非阐垒山之旨者，其去园林，盖已远矣。”由此可以看出，20 世纪初期欧洲的艺术思潮对童师不无影响，特别是工艺美术运动强调艺术家与工匠的密切合作。童师爱好中国传统文化，但总带有批判眼光，从不沉溺于其中。要做到这一点，单凭愿望是不够的。少年时家学的耳提面命，青年时美欧的西式教育，中年时神州的南北游历，共同铸就了童师完美的人格和学养。

第三部分“沿革”，概述中国古代园林的发展历程，寥寥数行，将源流梳理得井然有序。“帝王苑园，无代无之。秦、汉规模，既已大备，曹魏又有芳林园，吴孙皓起土山搂观，穷极伎巧。南朝宋有乐游苑，齐有新林苑。隋炀帝营江都有平乐园。唐有芙蓉园（曲江）、杏园。宋徽宗营艮岳。元世祖造园上都，又修万岁山于大都。明建西苑。清初康、乾两帝屡次南巡，仿效私园，经营热河。又于北京兴筑圆明、长春、万春三园。圆明至有‘万园之园’之称，驰誉西欧。流风所被，致使拉丁庭院之规则布置，由均衡对称，丕变为英伦之18世纪自由作风。影响所及，可谓远矣。”难能可贵的是，其间更将乾隆时期中国园林对欧洲的影响，交代得清清楚楚。童师胸中毫无狭隘民族主义，但对于本属中国的文化遗产，他会不由自主地起身捍卫。1973年11月，一份外国杂志上的文章臆说东方园林源于日本，进而影响中国和西方。童师当即撰写“中国园林对东西方的影响”，洋洋五千言，厘清史事，纠正谬误。较之今日海归中挟洋自重者，辄谓“园林源出于古希腊”，其间差别何异天壤。在这一部分，童师表达了对于唐代大诗人白居易的倾慕。“营白莲庄于洛阳，又结草堂于庐山……乐天随时随地为园，取其精神，而不拘于形式。其视园，有如药石自携，以医鄙俗；有如饮食勿废，以养性灵。非若后世士夫之亭台金碧，选色征歌，附庸风雅，玩物丧志也。”

第四部分“现状”，主要记述1930年代尚存于世的江南园林。其中苏州有拙政园、狮子林、留园、环秀山庄、怡园、东荫园、西园、网师园、沧浪亭、羡园等；扬州有何园、徐园、凫庄、平山堂等；常熟有燕园、壶隐园、虚霩居等；上海有内园、豫园、也是园、九果园等；无锡有寄畅园；南翔有猗园；太仓有半园、南园、亦园等；嘉定有秋霞圃、雪园等；南京有愚园、瞻园、颐园、煦园等；杭州有皋园、红栎山庄、汾阳别墅、金溪别业、水竹居、漪园；昆山有半茧园；南浔有宜园、东园、适园、刘园、觉园等；吴兴有潜园、鹥亹园等；嘉兴有烟雨楼、落帆亭、曝书亭等。共49座园林，“大多为杰构，而有保存之价值。”它们皆处于交通便利之地，童师才得以访游踏勘。记述或有遗漏，也在情理之中。时为华盖建筑师事务所设计图房的负责人，常年奔波于宁沪两地，本职业务繁重。园林方面的调查和研究，他只能业余兼顾之。

第五部分“杂识”，虽处于全书末端，但多藏点睛之笔。开篇引小说《金瓶梅》中有关内相花园的描写，推出园林布置的要点：“初入园，有朱栏回廊，渐见亭台，然后到池，而以楼及假山殿后；登其高处，顾盼全局，由小及大，由卑至高，斯经营位置之定律也。”又引《红楼梦》中宝玉的一段话，反对“造作牵强”的造园手法。“古人云天然图画四字，正畏非其地而强为其地，非其山而强为其山。即百般精巧，终不相宜。”进而从深层探讨园林与人性之间的关联：“盖人之造园，初以岩穴本性，未能全失，城市山林，壶中天地，人世之外，别辟幻境；妙在善用条件，模拟自然。”从清华学校到宾夕法尼亚大学，归国成为著名建筑师，童师堪称社会贤达，经济上绝非拮据。可是他信奉“物质平民化，精神贵族化”的处世哲学，更使之成为园林鉴赏中的基本原则。他最喜欢文人园林，如杜甫草堂，如司马光独乐园。“堂不过数椽，台不过寻丈，曰庵、曰圃者，不过结竹杪落蕃蔓草为之。李文叔谓其所以为人欲慕者，不在于园。庄周云：‘覆杯水于坳堂之上，则芥为之舟。’晋简文亦曰：‘会心处不必在远，翳然林木，使自有濠濮间想。’园林之传，既不在大小繁简，亦不在久远……盖闲云野鹤、适意娱情之物，固不必如庙堂历百世而不毁耳。”童师的社会责任感强，平民心重，因而看到了园林艺术或情趣以外的景象。“或有豪贵占地为园，富者游乐，贫者以失生计。《清波杂志》云：‘蔡京罢政，赐邻地以为西园，毁民屋数百间。一日京在园中，顾焦德曰：西园与东园，景致如何？德曰：东园佳木繁荫，望之如云；西园人民起离，泪下如雨，可谓东园如云，西园如雨也。’帝王有所兴建，闾阎不宁。艮岳花石纲之役，北宋随亡，为祸更烈矣。南齐废帝见民家有好树美竹，辄毁墙拆屋而取之。”

《江南园林志》图片部分共340余幅，以页码计，数量大大超过文字部分。数十年后，由于若干实物濒于废圮，其史料价值愈显珍贵。“自李文叔以来，记园林者，除赵之壁《平山堂图志》、李斗《扬州画舫录》等书外，多重文字而忽图画。近人间有摄影介绍，而独少研究园林之平面布置者。昔人绘图，经营位置，全重主观。谓之为园林，无宁称为山水画。”可是对于这一部分，童师并不详作解说。“本篇所举各例，皆处江浙交通便利之地，著者旅行所经，遇有佳构，辄制图摄影。惟所绘平面图，并非准确测量，不过约略尺寸。盖园林排当，不拘泥于法式，而富有生机与弹性，非必衡以绳墨也。”

刘敦桢先生对此深表赞赏，“著者以建筑师而娴六法，好吟咏，游屐所至，浏览名园旧绩，自造园境界进而推论诗文书画与当时园林之关系，而以自然雅洁为极致，其于品评优劣，亦以此为归依。又以园林设计，因地因时，贵无拘泥，一落筌蹄，便难自拔，故于书中图相，往往不予剖析，俾读者会心于牝牡骊黄以外。于以见所入深而所取约，夐乎自成一家之言，而又慽慽然惟恐有损自由研讨，此正有裨于今日学术上求同存异之争鸣。”

如同童师其他方面的论著一样，《江南园林志》的行文简练到骨架仅存，却更彰显其学术价值。郭湖生先生盛赞：“童寯先生是近代研究中国古典园林的第一人……当前，研究园林艺术在中国已经成为热门、显学，号称专家者比比，但是，依愚所见，具备有如童寯先生的渊博知识，足以胜任这样复杂课题的，目前似无第二人。”

当今江南地区，堪称中国经济的火车头，旅游业尤其发达，古代园林等文化遗产的重要价值，已成为社会各界的共识。这些是童师当年难以想像的，不能不谓之进步。可是在“文化搭台，经济唱戏”的闹剧中，建设性的破坏屡禁不止，我们难免怅然和悲哀。今日中国喜爱古典园林者，为数不寡，可是其中多少人能够真正体味童寯先生生前的感慨呢？“造园之艺，已随其他国粹渐归淘汰。自水泥推广，而铺地叠山，石多假造。自玻璃普遍，而菱花柳叶，不入装折。自公园风行，而宅隙空庭，但植草地。加以市政更张，地产增价，交通日繁，世变益亟。盖清咸、同以后，东南园林，久未恢复之元气，至是而有根本灭绝之虞。如南京刘园，地接雨花台，近因修筑铁路，已夷为平地，并前之断垣枯树涸地而不可寻。其他委于荒烟蔓草中者，亦触目皆是。天然人为之摧残，实无时不促园林之寿命矣。吾国旧式园林，有减无增。著者每入名园，低迴嘘唏，忘饥永日，不胜众芳芜秽，美人迟暮之感！吾人当其衰末之期，惟有爱护一草一椽，庶勿使为时代狂澜，一朝尽卷以去也。”

2006年7月2日于畅春园

应县木塔

傅熹年

研究山西应县辽代建造的佛宫寺释迦塔的专著，陈明达著，1966年由文物出版社出版。全书分上下篇。上篇为“调查记”，介绍塔的现状，并汇录实测结果。下篇为“寺塔之研究”，主要就修建历史、原状、建筑设计以及构图、结构几方面进行分析研究，进而探讨几个有关的建筑发展史问题。书后有实测图35幅，图版141面，并附有木塔历史年表和铭刻题记的录文。

本书最大特点是找到了该塔的一些设计规律。著者经过多次测量，反复验证，发现全塔的设计是以第三层每面柱头间总宽为标准数，第一至第五层塔身（包括平坐）和塔顶共六段都等于这个标准数。塔下砖基总高为标准数的1/2，塔刹为标准数的9/8，证明该塔是经过周密的建筑和构造设计的。在关于建筑发展史的几个问题部分，对平面空间构图、斗栱的发展和殿堂、厅堂构架的区别的论述，也有创见。

这本专著阐明，中国古代建筑从总平面布置到单体建筑的构造，都是按一定法式经过精密设计的，通过精密的测量（大尺寸精度控制在1厘米以内）和缜密的分析，是可以找到它的设计规律的。

原载《中国大百科全书》建筑园林城市规划卷（中国大百科全书出版社，1988）

《苏州古典园林》的意义

陈　薇

苏州古典园林以群体面貌成为世界文化遗产，再次为世界所瞩目。在拙政园、留园、网师园和环秀山庄于1997年被列入《世界遗产名录》之后，沧浪亭、狮子林、耦园、艺圃和退思园于2000年又入遗产之列[1]，从而苏州古典园林和关于苏州这个园林城市的价值，又名声再鹊。不过在建筑学界，苏州古典园林得到充分重视并加以研究及形成重要成果，则是在几十年前，其中之一乃1979年获全国科学大会奖的刘敦桢先生的经典著作《苏州古典园林》[2]。

我们尚无从确切知道刘敦桢先生何时开始酝酿这项重要工作的，也许是20世纪20~30年代他在苏州工业专科学校执教余和姚补云先生开始《营造法原》的整理工作时[3]，也许是于随后的30~40年代持续的苏州古建筑调查中[4]，但他早在半个多世纪以前，便开始对苏州古典园林实施广泛普查却是有案可稽。“一九五三年，他组织南京工学院与华东工业建筑设计院合并的中国建筑研究室的人员，对苏州古典园林作了普查”[5]，之后经过较长时间的研究、补充、整理等，大作完成[6]，最终于1979年出版。20世纪50~70年代这段时间，是中国现代史上文化发展的低潮期，政治风波此起彼伏，又从开展工作的时间看，刘先生“是研究园林艺术的少数人之一”[7]，这就使得《苏州古典园林》的成就显得弥足珍贵。

首先，是它资料的真实性和完整性，图版工作突出。著作使得解放后不久的苏州园林的古典品性、做法、布局和具体场景等得以记录、保留和展现。图版部分占全书八成之强，对应著作研究内容“总论”和“实例”，有大量高水平的测绘图、轴测图、透视图、分析图和精美的、几乎包括苏州园林各重要内容和角度的照片，成为后来人研究苏州园林、中国古典园林引用率最高的底本[8]。当年的主要测绘人和制图人之一沈国尧先生，后来是东南大学建筑设计研究院的总工程师，其精致的绘图功底发挥绵长，是一见证；而特别擅长暗房技术的朱家宝先生，使著作中印放的照片特别有层次性，他后来和我有合作，在我们再拍苏州园林时，每见游客如织、红灯高照，他总感叹今不如昔，并沉浸在昔日刘先生指导他如何选角度和当年一起坐等夕阳、晨接朝晖的回忆中；还有，著作中有园林建筑的梁架、屋顶、屋角、瓦件、门窗、栏杆等，诸多构造及木构榫卯悉数解析绘图。可以想见，这样在刘先生主持下完成的图版部分是如何的价值连城。也因此，无论是后来的园林修缮、园林研究，还是近期成为世界文化遗产的珍贵记录之一，《苏州古典园林》无疑是一最重要的参照和蓝本。

其次，是实例的经典性和系统性。苏州的古典园林很多，“除属于名胜的沧浪亭和少数会馆、祠堂、佛寺等附设的园林以外，私家园林的数量占全数的百分之九十以上”[9]，而“私家园林一般建造在城市中，与住宅紧密相连，占地自一二亩至十余亩居多，最大的也不过数十亩”[10]，如此，在著作中怎样选例呢？刘先生特别强调的是经典性。实例详细所列十五，排在第一位和第二位的为拙政园和留园，是当时苏州园林中仅有的国务院公布的国家文物保护单位，紧随其后的是狮子林、沧浪亭、网师园、怡园、耦园、艺圃和环秀山庄，与目前所知世界遗产中的苏州园林名录相比，除吴县退思园外，后者不出其右，可见刘先生的见地至深和眼光独到。对于十五个实例，著作中既有文字的历史考证和图版，更有测绘图、照片等，以及对诸园林的特色分析与研究，并且从时段上言，宋代至清代始建的园林均有，从而阅读后对苏州古典园林的经典内容可以心领神会。此外对应总论研究内容，“布局”还载有马医科巷楼园、铁瓶巷 12 号和 22 号宅院、刘家浜某宅庭院等 7 例文图；“理水”之慕园和温家巷等宅园 3 处；“叠山”所涉实例洽隐园、西百花巷某宅园等 5 处；“建筑”有关所录西圃、大石头巷宅园等 3 处，如此，著作对总计涉及约 30 余处现存实例进行论述，进而使苏州古典园林的丰富性和系统性得以比较全面的展现。这种经典性和系统性的结合是著作的卓越之处。

再则，是研究的融汇性和贯通性。杨廷宝和童寯先生对该著作的评价是：“对我国园林艺术精极剖析，所论虽仅及苏州诸园，然实中国历代造园之总结”[11]。此研究深度和广度的融汇贯通是著作恒久弥新的关键所在。立足苏州又超越苏州，强调实物又沟通实物，突出古典又跨越古典。如“绪论”，既阐述了影响苏州古典园林发展的若干因素，又广及历史上中国园林使用大量建筑物与山水结合的传统和思想实质，便是“超越苏州”的表现；如关于对园林诸要素的研究——“理水”、“叠山”、“建筑”、“花木”，主要是以现存苏州古典园林实例为探讨基础，但又追溯历代著名造园实例的经验和传承关系，是“沟通实物”总结规律的典范；又如对园林艺术传统的认识，刘先生在“绪论”始终注意古典园林尤其是私家园林的局限性，认为“批判地吸取古典园林中有益的东西为社会主义园林建设服务，不仅是可能的，而且是必要的”，乃“超越古典”的境界体现。

如果说，以上概括的是《苏州古典园林》的主要特点和成就的话，那么下面要谈的是刘先生通过这项工作对学界的贡献。当我们用时间这把尺子来度量的话，这其中有形和无形的价值显得愈加清晰。

通过《刘敦桢文集》(四)[12]和《苏州古典园林》，我们了解到刘先生关于园林研究的主要成果比较集中在1953～1963这十年间。其时，由于政治缘故，我国和前苏联等社会主义国家交往较多，但对非社会主义阵营的国家和地区基本处于封闭的状态。就建筑界而言，也表现出与西方包括如日本等国的建筑理论的膈膜（与前苏联除外），之后的文化大革命更将历史与理论的研究粉碎为沙漠。因此当我们于1979年岁末阅读到《苏州古典园林》时，惊讶而欣喜地发现刘先生关于园林空间和层次的见解竟是那样地深邃和准确，而追溯其发表的年代，竟早在1956年10月，始出于南京工学院第一次科学讨论会上宣读的论文[13]。恰也是在1979年，中国建筑工业出版社以杨永生先生为编委主任编辑的《建筑师》出台了，自1980年1月起的《建筑师》第2期至次年岁末的第9期，发表有意义重大的译文《建筑空间论》(Architecture as Space)（〔意〕布鲁诺·塞维（Bruno Zevi）著，张似赞译)，其中作者强调的“空间是建筑的主角”的论述，对后来中国建筑理论尤其对建筑实践产生重要影响。塞维的《建筑空间论》初版于1957年，在第二章他首先说到：“直到目前，还没有一本令人满意的建筑史著作问世，原因是我们还不习惯于从‘空间’的角度来思考问题，又因为建筑史学者还不善于从空间的观点出发来形成一套合乎逻辑的建筑研究方法”[14]。假想他如果能够了解到刘先生的工作思路或有幸读过刘先生的关于园林研究的论文，或许言辞不会如此决绝。《苏州古典园林》总论中的“布局”论述有如下几个方面：(一）景区和空间，(二）观赏点和观赏路线，(三）对比和衬托，(四）对景与借景，(五）深度和层次[15]；总论中的“建筑”则重视设计要素的有机关系[16]。对比《建筑空间论》第二章 空间—建筑的“主角”[17]和第四章的“我们时代的有机建筑”[18]等，可以说刘先生关于中国古典园林的空间认识和布鲁诺的一些理论不谋而合，特别是刘先生关于时间和三度空间关系的论述（步移景异）及空间之间的关系（层次）的理解，尤为精辟，开启和延续了现代主义在中国传统建筑土壤上的理论嫁接。塞维倡导“为争取有现代意义的建筑历史研究而努力”[19]，认为“如果说现代建筑有必要帮助建筑史拥有它的创造精神，那么，经过革新的建筑历史，就更有必要对形成一个更高度的文明作出贡献”[20]。这句话，我以为作为对《苏州古典园林》在现代意义的评价，毫不为过。事实上，在中国，前辈如莫伯治和佘峻南先生在北园宾馆、白云宾馆和白天鹅宾馆等的创作实践，便是现代主义和中国古典园林结合的优秀范例；而在西方，诸如现代主义大师密斯(Mies van der Rohe）也曾受到东方智慧尤其是中国古典园林的影响[21]。因此，我们可以说，《苏州古典园林》对于中国现代建筑及其理论的发展，有着恒久的魅力和价值。

放在当下来看《苏州古典园林》所蕴含的精神，仍是奇葩一簇。

第一，表现在刘敦桢先生对园林的分析，有着很强的建筑学眼光，往往令人启发又理论联系实际。他特别关注尺度和空间的关系：如他以和住宅联系密切的庭院为园林研究的基本出发点，曰“小型园林基本上是上述庭院的扩大”[22]，然后再及中型和大型园林的变化，就使得对千变万化的园林认识能通过尺度纲举目张；又如他谈假山的气势，通过观赏的水平距离和假山的确切高度研究来得出结论[23]，令人诚服。他还重视施工和技术：除前述园林建筑有具体构造图外，“叠石”部分有详部手法[24]，包括对不同材料和形态的山石做法和施工内容。他身体力行，早在20世纪60年代便负责修建南京瞻园，其叠成的园南假山纹理质朴、野趣盎然、尺度适中而气势壮阔，他又规划南墙临街入口的院落，意境入画。他的如此研究角度和工作，也影响了他随后的几代人，如东南大学潘谷西教授持续研究江南园林并亲自实践，著有《江南理景艺术》[25]、修有江苏常熟燕园等；当年作助手的叶菊华女士（南京市建设委员会总工程师）后来将刘先生的南京瞻园规划完整地建设起来。

第二，刘先生高瞻远瞩地认识园林和绿化与城市的发展关系，对当今建设宜人的城市和进行合理的城市规划有特殊意义。早在20世纪50年代，刘先生就指出：“为了使这份珍贵的文化遗产（园林）发挥更大的光辉和作用，我们应先从普查工作下手……而整理时最好不以保持现状为满足，宜区分优劣，进行存其糟粕，补其谫陋，才能积极地发挥这一传统文化的优点为人民服务。如是则数年后，苏州将成为全国具有传统风格的园林城市……”[26]出于同一角度，他还发表有“对扬州城市绿化和园林建设的几点意见”[27]，并且指出：“一个城市的绿化规划，它的规模大小和发展速度，都要适应城市的规模、人口和生产的发展，亦即适应物质基础的发展而发展，但又应当有重点和分阶段”[28]。在《苏州古典园林》“花木”论述中，他特别强调自然条件和水土与当地传统观赏植物种类之间的关系，首先谈种类选择，然后曰配置形式等，这就使得我们比较理解园林中的树木与城市中绿化的关联，对今天我们着手城市的地方性建设不无助益；其次他既注意树木本身的季节性在园林中的作用，同时也指出要甄别树木寓意在古今的差距，这又从时间维度上给我们建立了一个认识坐标。此时空观于当下建设和规划仍启发无穷。

第三，《苏州古典园林》也充分体现了刘敦桢先生等老一辈形成的一种精诚团结的合作精神，于今天特别需要弘扬光大。这在该书由南京工学院建筑系《苏州古典园林》整理小组的说明中表达得很清楚。另外值得一提的是这本书的序是由当时南京工学院的另两位学术泰斗杨廷宝和童寯先生完成的，时值1978年初夏，其时刘先生已故去整十年，是学术研究将他们始终联系在一起；而童寯先生遍访江南园林始于对日抗战前[29]，其完成的手稿《江南园林志》在1937年就由刘先生介绍交“中国营造学社”刊行，虽然因天灾人祸著作当时未问世，但1962年刘先生再为之作序，之前于1959年还作“《江南园林志》史料之补充参考”[30]，其间的同道友谊和学术挚友间的佳话，我们也可以从这些关系中一一品味到。

一本书我们称之为经典，是在于我们乐于反复阅读，它的价值并不随时光的流逝而减色；一建筑我们称之为经典，是它吸引我们不断回视，从中汲取恒久的营养和创造力。《苏州古典园林》是这样一本书，苏州古典园林是这样一种建筑。

2007年春定稿于金陵兰园

注释：

[1] 苏州古典园林（The Classical Gardens of Suzhou），世界文化遗产编号：200 –019

[2] 南京工学院建筑系　刘敦桢著．苏州古典园林．中国建筑工业出版社，1979

[3] 见：姚承祖原著，张至刚增编，刘敦桢校阅．营造法原．中国建筑工业出版社，1986：序和图录，可知苏州园林系调查对象

[4] 见：苏州古建筑调查记，《刘敦桢文集》（二），中国建筑工业出版社，1984：第257 ~317页，内有留园等图版。该文原发表于1936年9月《中国营造学社汇刊》第六卷第三期

[5] 引自：南京工学院建筑系　刘敦桢著，《苏州古典园林》说明，中国建筑工业出版社，1979；又注：文中南京工学院即现东南大学

[6] “一九五六年，刘敦桢教授写成《苏州的园林》，在南京工学院第一次科学报告会上发表。随后，又由南京工学院建筑系原建筑历史教研组与建筑工程部建筑科学研究院建筑理论与历史研究室南京分室对苏州重点园林进一步作了调查研究和测绘，一九六零年写了《苏州古典园林》稿，一九六三年进行了修改和补充。一九六八年刘敦桢教授逝世后，从一九七三年起，我们依照原稿的体例，对文字和照片、图纸进行了整理”。引自：南京工学院建筑系　刘敦桢著，《苏州古典园林》说明，中国建筑工业出版社，1979

[7] 引自：南京工学院建筑系　刘敦桢著，《苏州古典园林》序（杨廷宝、童寯），中国建筑工业出版社，1979

[8] 可参见：杨鸿勋著，《江南园林论》，上海人民出版社，1984年8月；陈薇主编，《中国美术分类全集·中国建筑艺术全集·私家园林》，中国建筑工业出版社，1999年5月；潘谷西编著，《江南理景艺术》，东南大学出版社，2001年4月；刘晓惠著，《文心画境》，中国建筑工业出版社，2002年5月。等等

[9] 南京工学院建筑系　刘敦桢著．苏州古典园林．中国建筑工业出版社，1979：第6页

[10] 南京工学院建筑系 刘敦桢著．苏州古典园林．中国建筑工业出版社，1979：第3页
[11] 引自：南京工学院建筑系 刘敦桢著．《苏州古典园林》序（杨廷宝、童寯），中国建筑工业出版社，1979
[12] 刘敦桢文集（四）．中国建筑工业出版社，1992
[13] 刘敦桢文集（四）．中国建筑工业出版社，1992：79
[14] 引自：［意］布鲁诺·塞维著．建筑空间论．张似赞译．建筑师．1980，2：193
[15] 南京工学院建筑系 刘敦桢著．苏州古典园林．中国建筑工业出版社，1979：9~14
[16] 南京工学院建筑系 刘敦桢著．苏州古典园林．中国建筑工业出版社，1979：28
[17]［意］布鲁诺·塞维著，张似赞译．建筑空间论．建筑师．1980，2：193~198
[18]［意］布鲁诺·塞维著，张似赞译．建筑空间论．建筑师．1980，5：256~260
[19]［意］布鲁诺·塞维著，张似赞译．建筑空间论．建筑师．1981，9：203
[20]［意］布鲁诺·塞维著，张似赞译．建筑空间论．建筑师．1981，9：205
[21] 参见：Werner Blaser，West Meets East—Mies van der Rohe，CH -4010 Basel，Switzerland，1996 Birkhäuser Verlag
[22] 南京工学院建筑系 刘敦桢著．苏州古典园林．中国建筑工业出版社，1979：8~9
[23] “通常假山高度都不超过7米，若视距过大，山石就显得低小，所以大都采用12~35米的距离。湖石峰宜近看，多放在小空间内，以石峰为主景的地方，观赏距离大都在20米以内”。南京工学院建筑系 刘敦桢著，《苏州古典园林》，中国建筑工业出版社，1979年10月（第一版）：第11页
[24] 苏州古典园林．中国建筑工业出版社，1979：24~26
[25] 潘谷西编著．江南理景艺术．东南大学出版社，2001
[26] 引自：苏州的园林．《刘敦桢文集》（二）．中国建筑工业出版社，1984：129
原文于1956年10月在南京工学院第一次科学讨论会上宣读，是《苏州古典园林》的重要底本，但后者出版时未将原话全部录入
[27] 见：对扬州城市绿化和园林建设的几点意见（为1962年在扬州一次座谈会上的讲稿），《刘敦桢文集》（四），中国建筑工业出版社，1992：196~200
[28] 引自：对扬州城市绿化和园林建设的几点意见．《刘敦桢文集》（四）．中国建筑工业出版社，1992：196
[29] 引自：童寯．《江南园林志》：第1页，序（刘敦桢），中国建筑工业出版社，1984
[30]《刘敦桢文集》（四）．中国建筑工业出版社，1992：178~179

附：

《苏州古典园林》起死回生记[1]

我国著名建筑学家刘敦桢先生《苏州古典园林》这部经典著作的文字稿、图稿和照片，在东南大学建筑系诸多教授的精心保护下，在“文革”中未致散失，终于在1978年由中国建筑工业出版社精印出版，给世界留下了一份珍贵的财富。

该书曾获首届全国优秀科技图书头等奖。就其版本来说，由于有许多黑白照片，需要印出层次，采取了当时在北京新华印刷厂保存下来的凹印工艺。

全书用纸精良，豪华精装，更令读者高兴的是这部480页的八开本大型画册，当时只售30元。时至今日，已无法再版，毫无疑义，当为珍本。说起此书的出版，还有一段过程曲折的小故事。

苏州古典园林的调查测绘工作开始于1953年。在刘先生组织指导下，先后参与的专家、教授和学生不下几十人，历时20年，直至1973年才由潘谷西、刘先觉、乐卫忠、郭湖生、叶菊华、刘叙杰等教授整理成此书稿。这20年间，刘先生本人撰写、修改、补充达三次之多。

1975年，齐康教授来京出差，同我谈及此书出版一事。当时，“四人帮”虽然在垂死挣扎，我们出版社还是遵照周恩来总理在1971年召开的全国出版工作座谈会上的多次指示，决定接受出版，并筹划当年12月在苏州召开一次审稿会，请有关专家出席[2]，商讨还需要做些什么工作。

恰在开会的头一天，人民日报发表了“四人帮”炮制的教育革命的社论，给会议当头一棒，以致有的与会者竟被打昏了，不愿再参与此事，免得刚刚被解放；又要遭批斗。会议期间，还有人奉命天天向上海市有关领导汇报会议情况。有的同志出于好心，劝我们休会，观察一下形势再说。会上出现了两种截然相反的意见，多数赞成继续审稿，争取出书，少数则表示同意休会，是否出版待议。

怎么办？那次审稿会是由出版社召开的，本应由出版社党的核心小组副组长杨俊同志主持。考虑到当时的处境，我作为主管编辑工作的核心小组成员，自告奋勇，由始至终由我一人主持会议。这样做，无非是想保护杨俊，万一发生问题，由我一人承担，即使打倒我，也有人替我说话，暗中设法保护，以免出版社领导成员全军覆没。当时，我曾对吴小亚、王伯扬说，千秋功罪，在此一举。

---

❶ 这篇文章在报纸上发表后，于2000年又收入杨永生著《建筑百家轶事》一书。——编者注

❷ 出席该审稿会的专家有：杨廷宝、刘先觉、潘谷西、陈明达、陈从周、郭湖生、刘祥祯、喻维国、刘斜杰、乐卫忠、黄晓鸾，苏州园林处的有关领导和专家。——编者注

最后，经大家讨论，特别是得到杨廷宝先生的支持，决定书还是要出，不过，要请潘谷西先生牵头写一篇对此书加以批判的前言再正式出版，或内部发行，或公开发行，再议。这就是人们常说的，明修栈道，暗渡陈仓。

到了1976年10月，“四人帮”彻底跨台，批判性的前言，当然也就没必要再写了。

1978年该书出版后，受到国内外重视。中国国际图书发行公司虽有订货，数量不多，以致不久即不得不改为只能用“外汇券”购书。80年代初，台湾一家出版商还发行了盗版本，幸好留下了刘敦桢的署名，其他人，对不起，统统去掉姓名。日本和美国的出版商也都看中此书，经过译者努力，80年代先后出版了日文版和英文版，在世界范围内流传。

刘敦桢主编《中国古代建筑史》 梁思成著《中国建筑史》

阅读两部中国建筑通史 体味一个世纪史学命脉

陈 薇

刘敦桢先生主编的《中国古代建筑史》和梁思成先生所著的《中国建筑史》，是两部关于中国建筑的通史，也是两位先生关于中国古代建筑研究的成果浓缩。他们作为一代俊杰，更作为中国古代建筑史研究的开拓者和先辈，在治学态度、治学方法、治学思想上，无不为后人树立了一个标杆。他们的学术境界，也如高山流水，润泽和影响着一代又一代学人。我自己在学习、教学和研究的过程中，从中汲取过无数的养分，在21世纪的今天，阅读两部中国建筑通史，体味一个世纪史学命脉，有着特殊的意义。本文既为后辈对先辈著作学习的理解和体会，也关系中国建筑史学的当下思考和认识。

"南刘北梁"的背后：通史内容和方法与中国营造学社和汇刊

"南刘北梁"，肇始于中国营造学社创始人朱启钤先生致中华教育文化基金董事会的美誉[1]，对于没有直接接触过刘敦桢先生和梁思成先生的晚辈来说，"南刘北梁"就是一个传说和神话，但两部通史——《中国古代建筑史》和《中国建筑史》却实实在在地是真实的"南刘北梁"的写照。至今为止，两部通史中所蕴藏的知识含量、思想内容、史料性和真实性、精准性和可靠性，尚无个人的中国建筑通史专著能够超越。

建筑史首先是关于建筑历史真实的记录史。这个建筑历史真实档案的逐步形成和完善，根基于朱启钤先生1930年创立的"中国营造学社"。1931年6月，梁思成先生离开沈阳东北大学迁居北平，9月任中国营造学社法式部主任；次年秋，刘敦桢先生自南京国立中央大学赴北平任中国营造学社文献部主任。在此之前，梁、刘先生只有在教学之余测绘、调查中国古建筑，而进入中国营造学社后，则将研究中国古代建筑作为一项专门学术进行从事，朱启钤先生自1930年发行的《中国营造学社汇刊》，遂成为梁、刘等先生在解放前发表关于中国古代建筑研究成果的最直接平台，也为后来两先生撰写通史奠定了最坚实的基础。

首先，是关于对中国古代建筑营造法的认识和理解。梁思成先生正式对宋《营造法式》、清《工程做法则例》等官刊辑本的研究，始于在中国营造学社的工作[2]。而对于朱启钤先生搜求、整理、刊行的诸匠家抄本《营造算例》，梁先生进行了重新校阅和编排[3]，并以单行本于1932年出版[4]。1933年重要的《牌楼算例》由刘敦桢先生整理发表[5]。这些工作是最贴近中国古代建筑单体建造真实的，即由“算”到“样”。这些对中国古代建筑的认识理解后来深刻地体现在两部通史中，梁书在第一章“绪论”第一节“中国建筑之特征”中，首先谈的是结构[6]，刘书也是在“绪论”第三节“中国古代建筑的特点”中首论结构[7]，透露出他们认识中国营造法在中国古代建筑中重要地位的一致性。

其次，关于“样”，即建筑的样式，可以发现梁、刘先生侧重不同。梁先生认为：“有一些‘宫殿式’的尝试，在艺术上的失败可拿文章作比喻……但这种努力是中国精神的抬头，实有无穷意义”。[8]这种对强烈的民族精神的追求，几乎伴随梁先生一生，也使得他看待建筑的样式别具一格。我们先在梁先生《中国建筑史》绪论开页就看到“中国建筑主要部分名称”是用佛光寺东大殿的立面作解释的，然后，我们又发现“绪论”之“中国建筑之特征”中，“外部轮廓之特异”梁先生用墨甚多，将院落之组织、平面布局、甚至用石方法之失败的分析[7]均纳入其中，认为这是“迥异于他系建筑，乃造成其自身风格之特素。中国建筑之外轮廓予人以优美之印象，且富于吸引力。”[10]刘先生和梁先生注重建筑外轮廓迥异，在“样式”的认识上，始终强调结构在先，在分析中突出“建筑的功能、结构和艺术的统一，是中国古代建筑的特点之一”[11]，而且不以抽象的单体样式为例，却以大量的实例证明中国古代建筑的丰富艺术形象和手法。这种比较，我们也似乎可以透视出“南刘北梁”不同的学术背景及其在治学上的影响，即梁先生学成于美国宾大而师承的巴黎高等美术学院的传统，对样式（order）有先天的敏锐感和概括能力，并予样式以精神之象征；而刘先生就读于日本东京高等工业学校（今东京工业大学），对技术有侧重，同时注重实物的真实感和资料的把握度。

这种细微的差别，也许只是梁先生和刘先生的学术背景在潜意识地起作用，也许也和他们的家庭背景和志向有关，我们无从妄论。而实际上，他们作为矢志古建筑研究的先辈，均在营造学社工作这段时间，为中国建筑史研究的方法形成、为建筑历史与理论学科的建立，作出了重大贡献。这在两部通史中表达得十分清晰。

第一，乃采用科学的实证方法。《中国营造学社汇刊》从第三卷起至第七卷结束，发表有以梁思成先生为主署名的古建筑调查研究论文12篇、刘先生为主署名的论文14篇、梁先生和刘先生合作发表的关于实证的论文6篇，调查测绘建筑广及山西、河北、河南、山东及江苏苏州等地。这些从实物测绘、调查、研究建立起来的中国古代建筑谱系，是后来梁、刘先生完成通史的重要基石。《中国建筑史》注释中引用《汇刊》建筑研究发表的论文计53处、未发表的测稿、图、表、摄影计27处，尤其是关于明清以前的唐、宋、辽、金、元阶段的建筑，正是通过大量的实证工作及和文献的比对，理清了建筑脉络。《中国古代建筑史》注释中引用《汇刊》研究成果30处，也说明中国营造学社及其成果的恒久而重要的作用。

第二，即延续中国传统嘉乾考据学派的治学作风而进行开拓。在文献研究方面，刘敦桢先生在《中国营造学社汇刊》上的论文十分重要，如“《营造法式》版本源流考”[12]、“同治重修圆明园史料”[13]、“东西堂史料”[14]、“清皇城宫殿衙署图年代考”[15]、“明鲁班营造正式抄本校读记”[16]等。在《中国古代建筑史》中，关于《营造法式》的正确理解和客观论述，便是对版本源流和出版的前因后果明晰的反映，刘先生认为：《营造法式》“从这些社会背景和书中具体内容可以看到编写这部书的主要目的是：在人力、财力、物力都很困难而统治阶级的要求日趋铺张豪华的相互矛盾的情况下，力图防治贪污浪费，同时保证设计、材料和施工的质量，以满足统治阶级的需要”。[17]这就使得我们对《营造法式》的性质有了正确的理解。刘先生的《中国古代建筑史》运用古典文献158处，梁先生的《中国建筑史》运用古典文献216处，均说明他们对考据的重视及文献研究的功力深厚。

另外，重要的是他们均将文献考据研究拓展到和考古、测绘、碑文铭记等结合，从而开创了一个中国古代建筑研究方法的新天地。刘先生和梁先生共同发表的“大同古建筑调查报告”[18]，鲍鼎先生和刘、梁先生合作发表的“汉代建筑式样与装饰”[19]可谓代表。前者形成了比较成熟的鉴定古建筑方法：结构优先，次辅以文献纪录，再细部如装修、雕刻、彩画、瓦饰等项相互参证[20]；后者则考古先行，文献比对，再反诸建筑。

两部通史都吸取了中国营造学社这些研究方法和成果，从而才由这些史料建立起中国建筑通史的骨架和主要内容。也因此，中国营造学社的成就和意义以及“南刘北梁”的功绩，成为中国建筑史学的里程碑。

时差中的解读：通史特色和价值与撰写过程和出版

《中国古代建筑史》署名是“建筑科学研究院建筑史编委会组织编写，刘敦桢主编”，在扉页“说明”中，“国家建委建筑科学院研究院”对该书的编写过程、组织工作和参加人员、特点及不足等均有阐释。值得注意的是编写时间和出书时间，由于社会原因带来的间隔竟长达14年，是编写时间的2倍，即编写时间为7年（1959到1966年）、出版时间是1980年。编写、搁置、出版这三者形成的两段时间梯度，实际上也是中国现代史上比较有代表性的历史划分，如此的中国建筑史研究社会背景乃构成我们认识理解《中国古代建筑史》特色和重要价值的重要切入点。

1959年，举国十年大庆，民族主义和爱国精神得到极大地弘扬，建筑工程部刘秀峰部长所作“创造我国社会主义建筑新风格”的发言对于当时建筑理论研究有指导意义，之前的1958年的全国建筑理论及历史讨论会已着手编写“三史”[21]，并由刘部长负责[22]，为国庆十周年献礼。建筑科学研究院建筑理论及历史研究室组织中国建筑史编辑委员会开始编写《中国古代建筑史》乃于此时。所以在“绪论”中，首先提到中国古代建筑“这些作品虽然具有一定的历史局限性，但都是古代劳动人民的智慧结晶，反映着当时中国建筑在技术和艺术上的成就，是中国古代文化也是人类建筑宝库中的一份珍贵的遗产。”[23]一种对中国传统文化的珍爱之情溢于言表。

同时，从时间上讲，接续《中国营造学社汇刊》尤其1949年解放后的诸学科研究成果，在《中国古代建筑史》中得到融合和体现，表现突出。如考古方面的研究成果，运用在该著作中的有107处；建筑专题的研究成果，运用有21处等。各引用成果完成的时间跨度为1951~1966年[24]。在“说明”中也写道：“在这本书的编写过程中，组织了我国有关院校、文化、历史、考古等单位对建筑史有研究的人员”，这都使得《中国古代建筑史》呈现出是一部新中国后权威的建筑史专著的特点。相比较对《中国营造学社汇刊》相关成果的30项[25]引用，显然有很大突破。

而且，一些新的研究成果直接体现在该通史专著中，而使著作具有时代特色。如刘敦桢先生在1957年出版《中国住宅概说》和“一九五三年，他组织南京工学院与华东工业建筑设计院合并的中国建筑研究室的人员，对苏州古典园林作了普查”[26]及研究的成果，在《中国古代建筑史》中有贴切的反映。在第七章第七节中，一般城镇的园林是作为住宅的一部分来展开研究的[27]，皇家园林则是和都城联系并作为宫苑来进行探讨的[28]。这都表达出刘先生对园林的独特理解，即从生活的角度而不是孤立建筑类型来展开研究。并且由于研究成果在先，在通史中住宅的比重也就较大，从第三章“战国、秦、两汉、三国时期的建筑”起到第七章“元、明、清时期的建筑”，每章均有专节论述。再追溯对住宅的重视，除了建筑类型上和史学上的意义外，与刘先生这一辈学者的使命感及价值追求有关，在《中国住宅概说》“前言”中写道：“感觉以往只注意宫殿陵寝庙宇而忘却广大人民的住宅建筑是一件错误事情”[29]，可以见得其思想感情。在“结语”中，将住宅类型按阶级区分来概括也很有时代特点，即“贫雇农和城市小手工业者多半采用纵长方形、曲尺形、和面阔一二间的横长方形小住宅……可是富农、地主、商人及官僚贵族等则使用面阔三间以上的横长方形住宅与三合院、四合院及三合院和四合院的混合体住宅”。[30]这种思路在《中国古代建筑史》中一以贯之，一是将面大量广的普通住宅的优秀实例在第七章中图文并茂地展现出来，二是在分析中以统治阶级的和普通百姓的属性加以区分，从而理解诸种做法和风格。住宅如此和宫殿、坛庙、陵墓等皇家建筑平起平坐、秋色匀分，可以说是刘先生《中国古代建筑史》的特别之处。

1965年最后一稿审定，非常重要和及时。因为不久“文化革命”开始了，所有学术活动停止，刘敦桢先生于1968年在政治风暴的摧残下抱病辞世，梁思成先生作为第六次稿本的主编之一和最后一稿审定的主持者，也于“开门办学”这种非正常时期的1972年逝世。庆幸的是，“文革”之前这部建筑史书已大功告成，所以在改革开放的第一年（1978年），这部著作便提交中国建筑工业出版社付梓，又两年后问世。

1978年是科学的春天，长期封闭自关后的中国其时多么渴望科学技术！在科学界，1976年中国科学院自然科学史研究所召集了《中国古代建筑技术史》编写会议，便迫切反映出文革后期对科学的极度需求，即使当时“是在经受林彪、‘四人帮’严重摧残科学文化事业的状况下开始编写的”[31]。故而，1980年《中国古代建筑史》的出版，无疑是建筑界的盛事。因为这本著作不仅“系统地叙述了我国古代建筑的发展和成就”，“对建筑历史研究工作和建筑教学工作都具有参考价值”[32]，而且兼具对技术和艺术的探讨，为丰富建筑设计方法和手法、理解中国古典建筑的精髓，无不启示良多。《中国古代建筑史》自第三章至第七章，最后一节均为“建筑的材料、技术和艺术”，在大量图例和实证资料的基础上，论述了一个时期的建筑辉煌和技术发展水平，同时，各章如果抽出最后一节而联系地阅读，我们也可以得到关于中国古代建筑技术进步和艺术风格变化的较完整认识和理解。

有意思的是，该通史出版近30年间我们不断阅读仍感价值无穷和意味深长，但在1978年“说明”中却有众多的遗憾，“比如，编写时虽力求运用辩证唯物主义和历史唯物主义的观点来总结各个历史时期建筑发展的过程和规律，但仍感有不足之处；全书偏重于记叙，对源流变迁的论述还不够；对建筑的艺术方面比较侧重，对建筑的技术方面则注意不够；限于史料，对某些历史时期的建筑活动的论述仍属空白等等”[33]。这种“苛刻”回过头来看，实际上是当时整个建筑界理论研究几乎处于沙漠状态，而社会的需求似乎希望从少数出版的著作中得到所有解答所致。不过，“说明”中的内省，丝毫无损于《中国古代建筑史》的光辉，恰恰说明1970后期它出版的重要科学和社会价值，另一方面，该著作在史料不足的前提下不随意囊括所有建筑活动，恰恰体现出刘敦桢先生坚持的“孤例不足证”[34]的史学价值。

如果说《中国古代建筑史》的搁置是政治和社会原因，那么，梁先生的《中国建筑史》有所不同，这部于20世纪90年代末出版的著作，竟完成于1944年抗日战争期间四川南溪县李庄。它先“由于抗日战争时期财力物力上的极端困难”[35]，后因为解放后不久，中国科学院编译局曾建议付印，而梁先生则严格要求，“我因它缺点严重，没有同意”[36]，一搁则半个多世纪。

有意味的是，当我们打开书的第一页阅读梁先生的“为什么研究中国建筑”[37]时，竟有这样的错觉：“梁先生写在今天”。譬如，第一行写道：“近年来中国生活在剧烈的变化中趋向西化，社会对于中国固有的建筑及其附艺多加以普遍的摧残”；又“主要城市今日已拆改逾半，芜杂可哂，充满非艺术之建筑。纯中国式之秀美或壮伟的旧市容，或破坏无遗，或仅余大略，市民毫不觉可惜”[38]。这几乎就是对1990后期乃至今天的现实描述。历史的循环是这样的相像，以至于梁先生谈到为什么研究中国建筑时，犹如于今振聋发聩地耳提面命：“以客观的学术调查与研究唤醒社会，助长保存趋势，即使破坏不能完全制止，亦可逐渐减杀。这工作即使为逆时代的力量，它却与在大火之中抢救宝器名画同样有急不容缓的性质。这是珍护我国可贵文物的一种神圣义务”。[39]梁先生的热情，穿越时空的史观——将历史建筑研究和现实意义进行结合，以及通过历史洞察未来的深邃力，至今难有逾越。

这也使得我们比较理解《中国建筑史》的特点，第一，在时段上不囿于古代，这就是第八章的“结尾·清末及民国以后之建筑”，文字不足两千，但对西风日渐的思考、对象征我民族复兴新建筑的颂扬和对中国现代化建筑之实用建筑的认同、对古迹维修的状况等，都原则分明地进行了表达，从全书的落款我们知道梁先生对此写于1944年四川李庄，但他对中国整个建筑发展了然于胸，即使在抗战时期也始终对建筑报有复兴民族文化的雄心，令人景仰不已，这也是我们认识梁先生学术生涯的重要基础。

其次，《中国建筑史》由于完成时间较早，全面开展诸如住宅等民间建筑尚未普及进行，更因为梁先生始终认为研究中国建筑的最大意义，是“知己知彼，温故知新，已有科学技术的建筑师增加了本国的学识及趣味，他们的创造力量自然会在不自觉中雄厚起来”。[40]这样的理想主义使得我们能够了解《中国建筑史》的另外一特色形成的缘由。即特别关注传统营造技术的法则研究，在“绪论”的第三节便是“《营造法式》与清工部《工程做法则例》”，梁先生认为明了法则，“这好比是在欣赏一国的文学之前，先学会那一国的文字及其文法结构一样需要”。尤其是绪论第三节“一 《营造法式》”，可以当成中国古典建筑常见术语的学习、“二 清工部《工程做法则例》”其实是宋式和清式具体建筑做法的比较。前者是语汇，后者是语法，放在绪论中可以想见梁先生的立意。这和刘先生的《中国古代建筑史》将《营造法式》纳入宋代建筑史的一部分进行全面史实介绍[41]，以及将清工部《工程做法则例》仅作为“明、清时期社会的变动和建筑概况”的内容之一[42]一笔带过有迥异之别。

第三，《中国建筑史》致力于探讨中国古代建筑发展的规律。虽然史料尤其是实物的发现抗战期间远逊于解放后，但这种探讨的努力很执着。除了上述在绪论营造法中，谈“清式”梁先生其实是谈宋式到清式的变化之外，我们还可以看到在论述古代建筑最后一节“细节分析”时，每一部分都是沟通前后而论道，实质是概括总结，还有“历代阑额、普拍枋演变图”、“历代耍头演变图”[43]，甚至将“历代殿堂平面及列柱位置比较图”、“历代木构殿堂外观演变图”、“历代佛塔型类演变图”放在第八章“结尾”的最后[44]。归根结底，“研究实物的主要目的则是分析及比较冷静地探讨其工程艺术的价值，与历代手法的演变”[45]，为着厚积薄发地形成创造力，“或均能于民族精神之表现有重大之影响也”[46]。很有意味的是，这两句话一在“为什么研究中国建筑”（代序）的最后，另一在全书正文的最后，这首尾如此呼应，我们可以洞见梁思成先生自20世纪40年代成熟思考到50年代不竭呼吁的思想底蕴，也可以说是他一生为之实践和坚持的理想目标。

两部通史，在撰写的时间背后、在束之高阁的间隙中、也在1970年代末和1990年代末出版的背景里，我们似乎可以触及到中国建筑史学的发展脉络、中国建筑史与现实社会的密切关联，以及先辈们呕心沥血坚持和执着治学的精神风貌和伟大志向。

轮回中的思考：史学百年与两部建筑通史的意义

时间的飞轮迅速地进入21世纪，从20世纪90年代末至今，也许作为建筑史研究的领域来说，又进入了新的史学探讨阶段。因为日新月异的社会发展背景刺激着建筑历史研究的需求和深度；从研究手段上讲，中国数字技术的迅猛发展在日益改变着我们的研究视野、观念和手段；考古领域也成果层出不穷，遗产保护的热浪促进着跨学科的合作开展……不过，概括来讲，主要值得深思的一是史观、二是史论、三是方法、四是内容。从这个概念上讲，百年似乎又一轮回。

从史学史的角度言，史学百年中直接和间接地与中国建筑史，尤其是两部通史中的史观、史论、方法、内容的建立相关联的应该再往前回溯，有四个人物不得不提，这就是梁启超、李大钊、王国维、朱启钤。

梁启超先生于1902年发表《新史学》，是百年前史观改变的重要起始点。他批评旧史学有“四弊”和“二病”。其“四弊”是：“一曰知有朝廷而不知有国家”、“二曰知有个人而不知有群体”、“三曰知有陈迹而不知有今务”、“四曰知有事实而不知有理想”；“二病”是：“能铺叙而不能别裁”和“能因袭而不能创作”，故大声疾呼“史界革命”[47]。前“四弊”尤关乎史观，他倡导重视国家、社会、现实和历史研究的关系。这在梁思成和刘敦桢先生生活的时代及其在他们从事撰写通史的初衷时，无不见其深刻影响。刘先生这样提及：“我搞中国建筑史的念头，虽在四十年前学生时期，因读弗莱彻的建筑史，把中国建筑列入非系统范围内，感觉是一种侮辱，心想有朝一日，要写一本中国建筑史。”[48]而梁先生对“中国建筑史”的期待，几乎和刘先生同时，[49]“十年了，整整十年，我每日所寻觅的中国学者所著的中国建筑史，竟无音信。”[50]其迫切之心，当初始于他在费城研究中国建筑感到“真正中国建筑实物的研究，可以说精彩部分还未出来”[51]。他后来致力，更是因为：“除非我们不知尊重这古国灿烂文化，如果有复兴国家民族的决心，对我国历代文物，加以认真整理及保护时，我们便不能忽略中国建筑的研究”。[52]

通史的体例和史学中涉及的史论密切关联。在这方面，梁启超和李大钊在不同方面对新史学的建树，我们在两部中国建筑通史中可见映证。梁启超批判“二病”时说的所谓“铺叙”和“别裁”，是说古人强调沿着时间线索，有历时性，而缺少结构性的分类及其共时性的探讨。而李大钊则吸收稍晚传入中国的马克思主义历史观，率先阐明了马克思主义的观点，一方面他主张进化论，以唯物史观主张历史学“以经济为中心纵着考察社会变革”[53]，可以由此而发现因果律，另一方面他批评旧史“只是些上帝、皇天、圣人、王者，决找不到我们自己”[54]。这样，梁启超所“破”的历时性便由李大钊的进化发展观接续起来，而“别裁”的内容也在李处得到补充。《中国建筑史》和《中国古代建筑史》的体例正是如此：既按照中国社会发展的过程和背景来认识建筑盛衰消长规律，又将此贯穿在不同级别的建筑类型中。特别是住宅这一类型，在古书中几乎没有记载，但在两部通史中，对汉代及其之后有考的住宅实物均给予了很大关注和叙述，尤其是刘先生的《中国古代建筑史》。而梁启超所批第二病“因袭”和“创作”问题，其子梁思成先生的《中国建筑史》，在体例上自觉将历史时段从古代延续到民国、在论述上努力“将中国历朝建筑之表现，试作简略之叙述，对其蜕变沿革及时代特征稍加检讨”[55]等，都可视为对其父“史界革命”理想追求的实践。

从研究方法而言，中国史学自19世纪后期起已蓄积的史学更新趋势，至民国初年由于新史料的发现和中西学术交融的推进，出现了史学近代化的局面，王国维自觉继承了嘉乾学者的考证方法，同时融合了西方新学理，其著名的“二重证据法”，被郭沫若誉为“新史学的开山”。他在《流沙坠简》[56]中，结合《史记》、《汉书》和《水经》等文献史籍资料，对汉代边塞和烽燧的考实，玉门关址、楼兰及海头城位置的确定，西域丝绸之路的探索以及汉代边郡都尉官僚系统的职官制度的排列等汉晋木简所涉及的一系列相关问题的研究和考释，博大精深，是他采用“纸上之材料”与“地下之新材料”相互印证的著名“二重证据法”的重要成果，其方法意义重大，被研究古史的学者奉为圭臬。20世纪40年代梁先生编写《中国建筑史》“绪论”道：“本篇之作，乃本中国营造学社十余年来对于文献术书及实物遗迹互相参证之研究……中国建筑历史之研究尚有待于建筑考古方面发掘调查种种之努力。”[57]可见与王国维之史学方法的一致性和继承性。刘书中体现出的文献考据、调查测绘，以及大量引用建国后的文物考古资料的综合方法，都可视为是对中国新史学方法的拓展。尤其是对中国古代早期的建筑遗存，梁、刘先生注重考古资料和文献的映证；而对中期以后的建筑，建立了结构优先、文献核实、细部比对[58]的方法，更是将中国建筑的通史研究通过方法落到了实处。

如前所述，两部通史真实资料的积累和断代方法的形成，离不开朱启钤先生创立的中国营造学社。而朱启钤先生作为一名实业家和中国建筑史学研究的拓荒和奠基者，在中国古代建筑术书的收集和研究方面、在古建筑保护的实践方面，成绩斐然。正是他对江南图书馆宋《营造法式》抄本的发现[59]、组织校勘和出版[60]，对民间算例的收集和组织撰写《哲匠录》[61]，及其“从事京师市政的建设，以图旧都适应新的时代”的系列文物建筑工作的开展[62]，打通了自古以来“道器分涂”的界限和膈膜。也使得后来两部通史中对建筑技术和结构、对建筑艺术和思想给予了同样的关注和理解。梁先生概括“建筑显著特征之所以形成，有两因素：有属于实物结构技术之取法及发展者，有缘于环境思想之趋向者”[63]，并加以展开，便是反映。刘先生的通史中自战国后对每一时期有关于建筑的材料、技术和艺术的总结，是贯通技术和艺术的最好表达。

从根本上说，新史学的先驱们所影响和梁、刘在中国建筑史领域的开辟和奠基，可以具体说体现在两个方面：一是建立了在社会发展下的建筑研究主线；二是“眼光向下”。前者主要体现在史观和史论上，后者主要表达在方法和内容上。

20 世纪 90 年代中国建筑史研究领域，经历了 1980 年代以来对西方方法论的学习和借鉴以及以论带史“重写”的热门话题之后，又形成如下特点：“从中心移向边缘、从中观转向林木互见、从旁观走进心态和人，实质上是要发掘更多更实在的人类建筑活动内容。”[64]从客观上看，是更注重历史建筑的发展，而非建筑历史的论述。从中，我们也可看到“眼光向下”的延续和发展，及在不同地区、不同时段上的建筑史实积累。

21 世纪的《中国古代建筑史》（多卷集）[65]，于体例上基本延续百年来的传统，即在时序上按社会发展的阶段划分，但在类型上、内容上、方法上有拓展。各卷主编均为中国建筑史研究领域的领衔人物，他们将多年研究的成果、同时又是最新的学术成就贡献出来，使得深厚的中国建筑史有了一次新的展示。尤在方法上，“多卷集”既继承深入调查、测绘古建筑、文献考据的传统，又加强了多学科合作、严格推理、精密计算等方法。

依梁思成先生的观点，能称为“中国建筑史”，“那么我们至少要读到他用若干中国各处现存的实物材料，和文籍中记载，专述中国建筑事项循年代次序赓续的活动，标明或分析各地方时代的特征，相当的给我们每时代其他历史，如政治，宗教，经济，科学等等所以影响这时代建筑造成其特征的。然后或比较各时代的总成绩，或以现代眼光察其部分结构上演变，论其强弱优劣。然后庶几可名称其实。"[66]顺着这样的思路，我理解中国建筑史研究在今天的空间还很大，而且“地点感”和“时序性”是两个关键词。尤其是对地方的、民间的建筑和文化遗产，可能和历史重要的人物、事件、典章制度等没有等同地外化，必须在明晰的“地点感”的基础上，按照围绕地点发生的内外事件的先后序列重建历史过程，这样，历史本身的脉络将逐渐完善，历史也将逐步走向真实和充实，在边缘与中心之间、微观和宏观之间，也能形成互动的关联和认识。从而不是简单地归纳总结建筑或文化发展规律，而是自觉地由“眼光向下”走向“自下而上”，对建筑史作出真正的学术贡献。

另一方面，刘敦桢先生将中国建筑体系作为东亚的一部分[67]开展研究的同时，更注重在世界建筑史上如何理解中国建筑应有的地位[68]。随着当代中国政治、经济、文化、科技在国际上的地位提高，以更开阔的视野、科学的方法和广博的领域研究中国建筑史，不仅是必然，也是我们继承先辈的理想和方向要做的实际的事情。

成稿于2007年10月18日“纪念刘敦桢诞辰110周年暨中国建筑史学史研讨会”前夕．南京

附一：《中国建筑史》和《中国古代建筑史》注释引用文献比照示意图

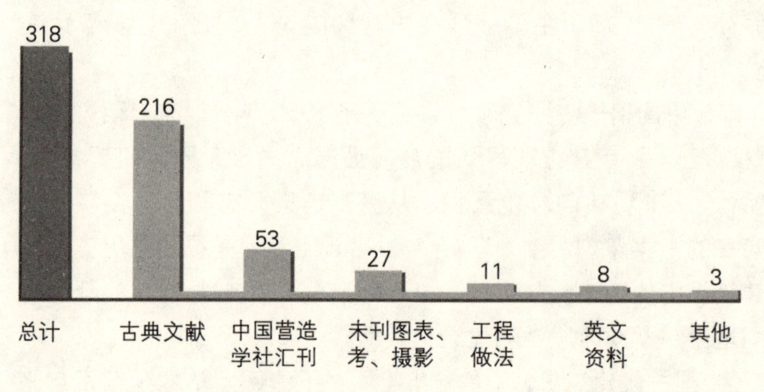

梁思成《中国建筑史》引用文献统计

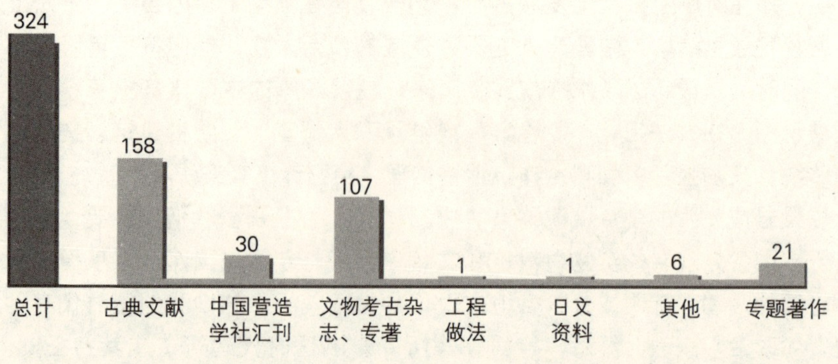

刘敦桢《中国古代建筑史》引用文献统计

附二：两部通史和穿越世纪的史学关系示意图

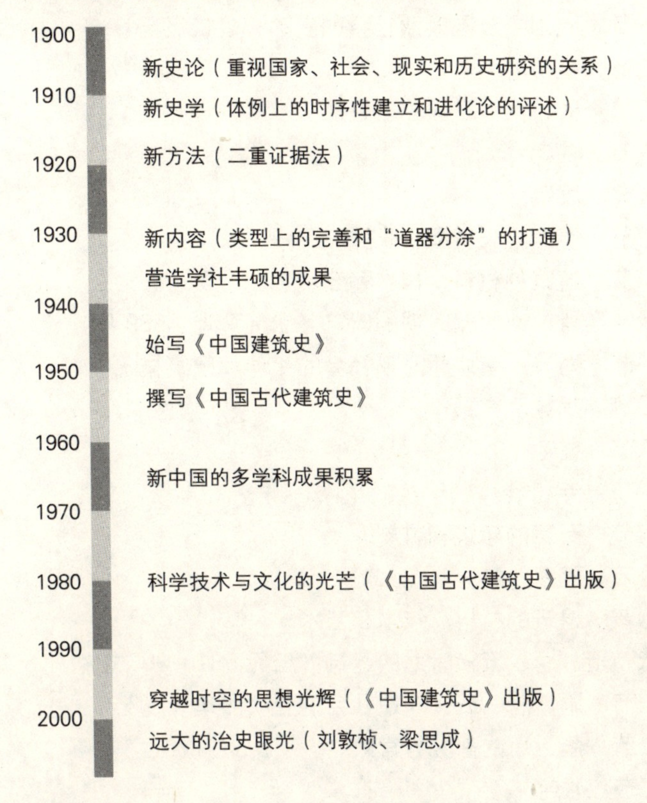

附三：《中国古代建筑史》和《中国建筑史》目录

《中国古代建筑史》

第三章　战国、秦、两汉、三国时期的建筑（公元前475年~公元280年）

第一节　战国到三国时期社会的变动和建筑概况

第二节　城市的发展

第三节　秦、汉、三国的宫殿

第四节　住宅

第五节　陵墓

第六节　秦万里长城和汉长城

第七节　建筑的材料、技术和艺术

第四章　两晋、南北朝时期的建筑（公元265~589年）

第一节　两晋、南北朝时期社会的变动和建筑概况

第二节　都城及宫殿

第三节　住宅

第四节　寺和塔

第五节　石窟的建筑和雕刻

第六节　陵墓

第七节　建筑的材料、技术和艺术

第五章　隋、唐、五代时期的建筑（公元581~960年）

第一节　隋、唐、五代时期社会的变动和建筑概况

第二节　隋、唐的都城与宫殿

第三节　住宅

第四节　寺、塔、石窟

第五节　陵墓

第六节　安济桥

第七节　建筑的材料、技术和艺术

第六章　宋、辽、金时期的建筑（公元960~1279年）

第一节　宋、辽、金时期社会的变动和建筑概况

第二节　城市与宫殿

第三节　住宅

第四节　祠庙及寺、塔、经幢

第五节　陵墓

第六节　《营造法式》

第七节　建筑的材料、技术和艺术

第七章　元、明、清时期的建筑（公元1271~1840年）

第一节　元朝社会的变动和建筑概况

第二节　元大都和大都宫殿

第三节　元朝的宗教建筑

《中国建筑史》

目录

第五节　元、明、清建筑之分析

一　建筑型类

二　建筑细节

第八章　结尾－清末及民国以后之建筑

附文一　油印本《中国建筑史·前言》

二　读乐嘉藻《中国建筑史》辟谬

后记

注释：

[1]“社内分作两组，法式一部聘定前东北大学建筑系主任教授梁思成君为主任，文献一部则拟聘中央大学建筑系教授刘敦桢兼领。梁君到社八月，成绩昭然，所编各书，正在印行，刘君亦常，通函报告其所得并撰文刊布。两君皆青年建筑师，历主讲席，嗜古知新，各有根底，就鄙人闻见所及，精心研究中国营造，足任吾社衣钵之传者，南北得此二人，此可欣然报告于诸君者也。”（本社纪事一朱启钤致中华教育文化基金董事会继续补助本社经费函），中国营造学社汇刊，第三卷第二期，1932 年 6 月

[2] 梁思成. 营造法式注释序. 梁思成全集（第七卷）. 中国建筑工业出版社，2001：10

[3] 见：中国营造学社汇刊，第二卷第一期：“大木小式做法大木杂式做法”（梁思成整理）、“营造算例 土木做法 瓦作做法 大式瓦作做法 石作做法 石作分法”（梁思成整理）、“营造算例 桥座分法 琉璃瓦料做法”（梁思成整理）

[4] 中国营造学社，编订营造算例，本社纪事，中国营造学社汇刊，1932 年 3 月，第三卷第一期

[5] 中国营造学社汇刊，1933 年 3 月，第四卷第一期

[6] 梁思成著. 中国建筑史. 百花文艺出版社，1998：13 ~14：“（一）以木材为主要构材（二）历用构架制之结构原则（三）以斗栱为结构

[7] 刘敦桢主编. 中国古代建筑史. 中国建筑工业出版社，1980：3 ~8

[8] 梁思成.“为什么研究中国建筑”. 中国营造学社汇刊，第七卷第一期，1944 年 10 月

[9] 梁思成著. 中国建筑史. 百花文艺出版社，1998：15 ~18

[10] 梁思成著. 中国建筑史. 百花文艺出版社，1998：15

[11] 刘敦桢主编. 中国古代建筑史. 中国建筑工业出版社，1980：14

[12] 见：中国营造学社汇刊，1933 年 3 月，第四卷第一期

[13] 见：中国营造学社汇刊，1933 年 6 月，第四卷第二期；1933 年 12 月，第四卷三、四期合刊

[14] 见：中国营造学社汇刊，1934 年 6 月，第五卷第二期

[15] 见：中国营造学社汇刊，1935 年 12 月，第六卷第二期

[16] 见：中国营造学社汇刊，1936年9月，第六卷第四期
[17] 刘敦桢主编．中国古代建筑史．中国建筑工业出版社，1980：234
[18] 中国营造学社汇刊，1933年12月，第四卷第三、四期合刊
[19] 中国营造学社汇刊，1934年6月，第五卷第二期
[20] “我国建筑之结构原则，就今日已知者，自史后迄于最近，皆以大木架构为主体。大木手法之变迁，即为构成各时代特征中之主要成分。故建筑物之时代判断，应以大木为标准，次辅以文献记录，及装修，雕刻，彩画，瓦饰等项，互相参证，然后结论庶不易失其正鹄。本文以阐明各建筑之结构为目的，于梁架斗栱之叙述，不厌其繁复详尽，职是故也。”（刘敦桢、梁思成），中国营造学社汇刊，1933年6月，1933年12月，第四卷三、四期合刊
[21] “三史”即简明中国建筑通史、中国近代建筑史、建国十年来的建筑成就
[22] 参见：杨永生．刘秀峰抓建筑“三史”．建筑百家轶事．中国建筑工业出版社，2001：19
[23] 刘敦桢主编．中国古代建筑史．中国建筑工业出版社，1980：第1页“说明”
[24] 参见：刘敦桢主编．中国古代建筑史．中国建筑工业出版社，1980：“附录—注释”，第407~415页
[25] 参见统计来自同上注
[26] 引自：南京工学院建筑系．刘敦桢著．《苏州古典园林》说明，中国建筑工业出版社，1979；又注：文中南京工学院即现东南大学
[27] 刘敦桢主编．中国古代建筑史．中国建筑工业出版社，1980：第336页：“这些私家园林常是住宅的一部分”
[28] 参见：刘敦桢主编．中国古代建筑史．中国建筑工业出版社，1980：第七章第五节　明、清的都城及宫苑
[29] 刘敦桢著．中国住宅概说．建筑工程出版社出版，1957：第3页“前言”
[30] 刘敦桢著．中国住宅概说．建筑工程出版社出版，1957：第52页“结语”
[31] 中国科学院自然科学史研究所主编．中国古代建筑技术史．科学出版社，1985：“前言”
[32] 刘敦桢主编．中国古代建筑史．中国建筑工业出版社，1980：第1页“说明”
[33] 同上
[34] “孤例不足证”是潘谷西先生在我读书阶段反复传授的刘先生的教诲
[35] 梁思成著．中国建筑史．百花文艺出版社，1998：第371页“后记”（林洙）
[36] 梁思成著．中国建筑史．百花文艺出版社，1998：第359页“附文—油印本《中国建筑史·前言》”
[37] “为什么研究中国建筑”，初发表于中国营造学社汇刊，1944年10月，第七卷第一期，在百花文艺出版社1998年2月出版的《中国建筑史》中为“代序”
[38] 梁思成著．中国建筑史．百花文艺出版社，1998：1
[39] 梁思成著．中国建筑史．百花文艺出版社，1998：2
[40] 梁思成著．中国建筑史．百花文艺出版社，1998：7
[41] 刘敦桢主编．中国古代建筑史．中国建筑工业出版社，1980：228~234

[42] 刘敦桢主编. 中国古代建筑史. 中国建筑工业出版社，1980：278
[43] 见：梁思成著. 中国建筑史. 百花文艺出版社，1998：344 页 193 图、346 页 194 图
[44] 见：梁思成著. 中国建筑史. 百花文艺出版社，1998：355 ~358
[45] 梁思成著. 中国建筑史. 百花文艺出版社，1998：7
[46] 梁思成著. 中国建筑史. 百花文艺出版社，1998：355
[47] 梁启超，新史学，饮冰室合集，(文集之九)，中华书局，1989 年，3 ~6
[48]《1958 年全国建筑历史学术讨论会刘敦桢大会发言记录（手稿）》，中国建筑设计研究院建筑历史与理论研究所所藏。引自：温玉清，中国史学史初探（博士论文）第二章，第 71 页，指导教师：王其亨教授，2006 年 6 月
[49] 刘敦桢先生立志之时当于 1920 年代左右、于日本留学期间。梁思成所言“十年”（下文）出自“读乐嘉藻《中国建筑史》辟谬”，(民国）二十三年二月二十五日北平（见下注)，再比对梁先生 1924 年赴美读书并得到其父梁启超寄去的陶本《营造法式》，梁先生的志向所立当于 1924 年。梁启超“在扉页上题道‘……千年前有此作可为吾族文化之光宠也……’”（参见：郭黛姮、高亦兰、夏路编著，一代宗师梁思成，中国建筑工业出版社，2006 年 8 月：第 18 页）
[50] 读乐嘉《中国建筑史》辟缪. （原载 1934 年 3 月 3 日《大公报》第十二版，《文艺副刊》第六十四期)，梁思成. 中国建筑史. 百花文艺出版社，1998：361
[51] 同上
[52] 梁思成著. 为什么研究中国建筑. 中国建筑史. 百花文艺出版社，1998：2
[53] 李大钊. 史学要论. 李大钊史学论集. 河北人民出版社，1984：201
[54] 李大钊. 史学要论. 李大钊史学论集. 河北人民出版社，1984：200
[55] 绪论. 梁思成著. 中国建筑史. 百花文艺出版社，1998：21
[56] 初版：罗振玉，王国维. 流沙坠简. 日本京都东山学社，1914
现版：罗振玉，王国维编著. 流沙坠简. 中华书局，1993
[57] 绪论，梁思成著. 中国建筑史. 百花文艺出版社，1998：21
[58] 见注 20
[59] 参见：朱启钤. 中国营造学社开会演词. 中国营造学社汇刊，1930 年 7 月，第一卷第一期
[60] 参见：阚铎. 仿宋重刊营造法式校记. 中国营造学社汇刊，1930 年 7 月，第一卷第一期
[61] 参见：中国营造学社汇刊，第二卷至第六卷数篇论文
[62] 参见：瞿兑之. 社长朱桂辛先生周甲寿序. 中国营造学社汇刊，1932 年 9 月，第一卷第三期
[63] 绪论. 梁思成著. 中国建筑史. 百花文艺出版社，1998：13
[64] 陈薇. 天籁疑难辨　历史谁可分——九十年代中国建筑史研究谈. 建筑师. 1996，69：79 ~82

[65] 刘叙杰主编．中国古代建筑史（第一卷）——原始社会、夏、商、周、秦、汉建筑．中国建筑工业出版社，2003；
傅熹年主编．中国古代建筑史（第二卷）——两晋、南北朝、隋唐、五代建筑建筑．中国建筑工业出版社，2001；
郭黛姮主编．中国古代建筑史（第三卷）——宋、辽、金、西夏建筑．中国建筑工业出版社，2003；
潘谷西主编．中国古代建筑史（第四卷）——元明建筑．中国建筑工业出版社，2001；
孙大章主编．中国古代建筑史（第五卷）——清代建筑．中国建筑工业出版社，2002
[66] 附文二．梁思成著．中国建筑史．百花文艺出版社，1998：362
[67] 刘敦桢主编．中国古代建筑史．中国建筑工业出版社，1980：1
[68] 见注46

研究中国建筑的历史图标——20年后看《意匠》

丁垚

在《华夏意匠》（以下简称《意匠》）于1985年第一次由中国建筑工业出版社出版20年后[1]，这本探讨中国古代建筑设计理论的著作，于2005年5月首次以简化字印行。此时，上距它的面世已有23载[2]，它的作者李允鉌也已经辞世16个春秋了。

回首20年前，《意匠》初一刊行，即在整个中国建筑界产生极大的影响。它不仅在"内地中青年学者和建筑师中曾轰动一时"[3]，而且老一辈建筑学者，包括为之作序的龙庆忠，曾是中国营造学社成员的莫宗江、陈明达等也都给予此书以很高的评价[4]。在台湾，该书也大受欢迎，据1988年的《民生报》报道，"台湾建筑界人士、建筑爱好者几乎人手一本《意匠》"[5]。事实上，《意匠》自1982年付梓以后，已被内地与港台地区的多家出版社前后8次翻印或再版[6]，但仍不能满足建筑界特别是建筑院系莘莘学子的需求，很多人都有过一书难求而只能复印、翻印甚至抄录的经历。20年间，对《意匠》的评介文字屡有发表，其间出版的许多学术著作，都受到了此书学术观点的影响。它波及地域和人员之广、程度之深以及持续时间之久，在建筑图书里都是罕见的。

何以一本书的出版能够引起这么大的反响？孟子说得好："颂其诗，读其书，不知其人可乎？是以论其世也。"要回答这个问题，有必要重返《意匠》初现于世的那个时代，以了解，在中国建筑学的发展史上那是一个什么样的时代，并听取那个时代的人们对此书有什么样的看法。

陈明达在1981年发表了一篇在中国建筑研究历史上极为重要的文章，对于中国营造学社创立以来的中国建筑史研究，尤其是大陆学界的研究，进行了回顾和总结[7]。指出解放后进行的大量对古代建筑的调查，大多重现象少实质，缺乏建筑设计、结构原则等建筑学角度的研究与分析，不能完全满足建筑史研究的需要。陈明达还比较了已有的3部中国建筑史，认为，作为当时中国建筑史研究代表作的八稿付梓的《中国古代建筑史》[8]，由于在编写过程中，没有对此前完成的通史类著作作学术上的讨论，因而和前面的著作一样缺乏建筑学理论的总结，甚至在某些前人已经有所涉及的建筑设计理论等领域，反而简言未谈。

这篇文章发表在《意匠》初版的前夕，可以说是对那个时期关于中国建筑研究状况的真实描述，比照李允鉌自己在《卷首语》里面表达的困惑，可以发现这两位分别身处内地和香港特区的建筑学者，对建筑学科发展的观察结果是多么得相似："即使到了今日，建筑业已成为比任何时候更重要的经济活动，可是我们仍然未见有较多的研究建筑的书籍，尤其在设计理论上显得更为薄弱。"[9]

中国建筑学理论的匮乏，正是这样的境况让李允鉌有了提笔写一部关于建筑理论的著作的念头。同时，如作者本人所说，这样一本著作的出现，也正填补了处于这样境况的时代的"学术空白"[10]。

李允鉌所新创的，是以现代的建筑学（或建筑设计）的角度，来从整体上研究中国古代建筑，进而分析归纳出"中国古典建筑设计原理"。具体地说，他很大程度上参照了现代建筑设计方法论——即西方18世纪中叶以后随着生活和文化发生根本变化而在建筑学领域应用的一套理性设计原则。按照这套原则，设计不再从外部形象和比例关系出发，平面成为设计的逻辑进程出发点，由平面生成立面，建筑的结构框架、所用的材料、与设计有机结合的装饰与色彩等构成设计中的理论核心，而景观和城市设计方面的话题也随之运作[11]。《意匠》比照现代建筑设计进程中的这些分项，在书中划出5章，分别讨论中国古代建筑的平面、立面、结构、构件、装饰；后面又有3章分别论述园林建筑、非房屋建筑及城市规划。

《意匠》的这种研究方法和叙述逻辑，宏观地看，显然不同于和它的成书时代和规模都相近的刘敦桢主编的《中国古代建筑史》[12]。后者主要用历史学同时兼有考古学、文献学的方法，对中国古代建筑的实物、图像和文献等材料进行了系统的记录、分类、描述和梳理，并作出了深入程度不同的分析和解释。作为当时大陆学界中国建筑史研究的代表作，其学术成果可谓丰硕。然而，正如建筑学者陈明达所批评的，与其之前的同类著作相比，《中国古代建筑史》从建筑设计角度进行的讨论有减无增[13]。这种研究取向，有着当时多方面的复杂背景，不必在此作深入探讨。只是想指出的是，同样以中国古代建筑为研究对象，处理的又是大致相同的材料，作为个人作品的《意匠》，其研究方法与集体著述的《中国古代建筑史》迥异其趣，而更具建筑学的意味，这大概也是吴良镛认为它的"清新"之所在[14]。

这种新方法给建筑学界带来的冲击是巨大的。陈薇在李允鉌辞世同年发表的文章认为："《意匠》的问世，以一种转折的态势，打破了中国建筑史研究领域中研究中国建筑的历史图标—— 20年后看《意匠》长期保持的沉静，带动了中国建筑史研究由单一的形制史学向多元的或统名之为'建筑文化学'的系统转折。"[15]

如果换一个角度来解读《意匠》的研究方法，或许可以这样认为：它是利用近代以来异域文化所形成的理论模式，按照其中已有的明确的规则，把中国文化的相关研究对象的零散材料组织在一起[16]。这个理论模式就是所谓建筑学或者建筑设计理论，而组织在一起的成果，就是中国的建筑学或者建筑设计理论——用作者自己的说法，就是书名中的"中国古典建筑设计原理"。这种方法，表面上呈现为"建筑学"的方法，而本质上是一种跨文化研究的方法，《意匠》为学界所公认成功和不足之处都是这种方法带来的结果[17]。一方面，由于跨文化的比较，主要是中西比较，不同文化之间存在的大量行为方式的差异才得以凸现，中国建筑文化的种种鲜明特点才得以成立。另一方面，也正是由于跨文化的比较，导致了《意匠》的理论框架与生俱来的自我矛盾，这种矛盾就表现为建筑学理论模式和中国材料的相当程度的不兼容。对于这两方面的讨论，学界都早已有之，这里就不再涉及，不过想从中国建筑史学科发展的角度对这种研究方法略作评述。

《意匠》这种利用已有理论模式来研究中国建筑的做法由来已久，其中既包括早期国外学者的著述，也有国内学者特别是建筑学者的开创性尝试，梁思成在"为什么研究中国建筑"中对研究中国建筑的背景和目标所作的情理兼备的述说，可谓此类国内研究的最好注脚。因此，与其说《意匠》新创了一种方法，不如说它实现了一次方法的回归。而这次回归的结果，则是研究水平整体地超越了前人。实现这种超越的条件是多方面的，但其中最重要的恐怕是下面这两点。

首先，传统建筑史学的发展。这主要表现在对中国建筑的基本研究材料的系统处理，在量的方面大大地增多。这方面主要是中国学者数十年耕耘积累获得的成就，前文提及的《中国古代建筑史》就是这种学术进步的突出代表。这使得《意匠》所依靠的研究材料基础，比起前人来要坚实广阔得多。

其次，理论模式自身的发展。具体表现在所用理论模式本身的建筑学化，即从早期研究历史学、艺术史、考古学、古物学等兼用所导致的基本理论架构的不明朗，逐渐发展到建筑学理论所占比重加大，并且从具体研究方法的层次上升为基本理论架构层次。《意匠》本身，正是这一方面学术变化的集中反映。这种变化的结果，使得相关研究作为一个整体，其结构更加清晰，更有逻辑性。

还可以明确的一个重要的因素是，作者在书中强调指出的李约瑟的《中国科学技术史》。其写作体裁、学术观点尤其是其成熟的理论模式都为李允鉌所借鉴并利用，这是《意匠》一书成功的直接原因。而后者的研究方法从本质上说就是一种跨文化比较的方法。进一步对照之下可以看到，《意匠》中的许多观点都是承袭自李约瑟的研究或是受之启发[18]；至于在研究方法上，《意匠》与《中国科学技术史》的渊源，以及和其他的前人研究之间的联系，也越来越为学界所认知。事实上，除了汲取李约瑟的学术思想，《意匠》还广泛参阅了日本学者伊东忠太、英国建筑学者博伊德（Andrew-Boyd）、瑞典人喜龙仁（O. Siren）等对中国建筑文化的著述，这些西方学者的研究成果代表了截至1970年代国外学术界在中国建筑研究方面的前沿认识[19]。

正由于作者运用这种新方法对中国建筑的解读，《意匠》在“较为系统和全面地解决对中国古典建筑的认识和评价问题”[20]等方面，作出了可贵的探索。书中的很多论述和推断，成为后来众多开拓性研究的启示之源。和《中国科学技术史》体现的对中国文化的情怀类似，李允鉌也是怀着一种“温情与敬意”[21]，在运用已有理论模式去研究中国建筑的同时，既饱含了对中国固有文化理论的尊重和向往，同时又恪守着科学的态度，既不妄自菲薄，也不盲目拔高。这在一方面减小了前文提及的材料和理论的不兼容程度，同时，也在分析处理材料过程中极大充实了所利用的理论模式本身，这也正是李允鉌所追求的中国文化对现代建筑学发展的贡献。这正是《意匠》一书最为光彩夺目之处。莫宗江认为，它将中国古代建筑“意匠”作为中华民族整体文化的一部分来研究，在确认东西方建筑设计理念存在差异的前提下，用事实证明：中国古已存在的具有中国民族与地理环境特色的建筑与规划理论中，许多设计思想与技法在世界上都居于领先地位，进而充分肯定了中国古典建筑设计理念是中国悠久历史文化的结晶，是世界建筑文化艺术宝库中难得的瑰宝[22]。

《意匠》对“欧洲中心论”的驳斥，在字里行间流露出的对优秀民族文化的自豪感，正是这样的研究理念的真切体现。它在很大程度上修正了很多人长期以来存在的种种“民族虚无主义”的谬见，打破了在这之前许多人为设置的学术研究禁区和桎梏。例如，《意匠》中言及“风水理论与建筑的联系”、“主持清代皇家建筑设计施工的建筑世家样式雷”、“清代大型皇家园林出自康熙和乾隆的大手笔计划”等，都是此前的中国建筑史研究中，长期限于意识形态或思维定势而鲜有涉足的领域。目前这些研究领域都有了长足的进展，以天津大学近20年来的研究为例——“王其亨教授通过对清陵风水的研究，发现风水理论可以解答过去研究中许多仅属于推测、判断的设计构思、理论和方法等问题，提出‘为风水正名’”[23]；得到国家自然科学基金资助，对于样式雷图档的研究已取得根本性突破，中国建筑史学不少疑难或讹误得以澄清；获国家自然科学基金两度资助的“清代皇家园林综合研究”，以康熙、乾隆造园思想和成就为主要研究对象，已取得丰硕的阶段性研究成果——这些学术成绩都可以追溯到《意匠》当年带给学术界的“转折态势”和思维启示[24]。

回顾《意匠》的问世时代背景，毋庸讳言的是，这本著作在基本观点、思路和写作方法上都参照了李约瑟的《中国科学技术史》，而所用的研究材料几乎全部来自内地学界，它引起的轰动程度在某种意义上反映出当时内地建筑学研究环境封闭、与西方建筑界缺乏学术交流的境况。《意匠》就像它的初版地点香港一样，在这一大的环境背景之下起到“中国大陆与西方之间的建筑学术中介作用”[25]。《意匠》借用来自西方的杯盏，将内地的涓涓细流在香港汇成一股清泉，而后又回馈给大陆、台湾，成为带动研究中国建筑转折的开始。

如果放眼世界建筑学科的历史，像《意匠》这样的现象并非孤例。例如，耶稣会修士马克-安东·劳吉埃（Marc-Antoine Laugier）于1753年在巴黎出版了著作《论建筑》（Essai sur l'architecture），该书提倡在理性构成的建筑中使用纯净的柱式样式，这个论断对以后的建筑向理性结构转换有重大意义。虽然这并不是劳吉埃的原创观点（它是从另一位修士考德穆瓦（Jean-Louis Cordemoy）1706年鲜为人知的著作中承袭来的），但《论建筑》“毕竟正好在最佳的时间、最佳的地点，以最佳的表达方式吸引了已成为全欧洲建筑活动最重要的中心所在地的广泛关注”[26]。再譬如奥托·瓦格纳（Otto Wagner）的德文著作《现代建筑》（Moderne Architektur）1896年于维也纳初版，虽然书里陈述的原则早已在法语和英语世界广为传播，但在德语区依然大受欢迎，此后于1896年、1902年、1904年多次再版[27]。

因而，《意匠》的历史意义在于它在合适的时间、合适的地点，以合适的表达方式吸引了中国建筑学界的广泛关注，进而推动中国建筑研究向深层次推进。随着世界上文化、学术“全球化”发展的强劲趋势和交流方式的日益便捷，今后在中国可能再难有建筑理论著作能达到《意匠》曾在国内学术界引起的轰动程度。

吴良镛在1999年发表的“关于中国古建筑理论研究的几个问题”一文中，回顾了中国建筑研究的历程，并将其划分为3个历史阶段。认为对中国建筑的研究在经过前两个阶段达到一定的广度之后，逐步地进入了第三阶段，也就是理论研究的阶段；这一阶段的研究亟需而且已经做的工作，就是在已有的基础上展开对建筑理论的探索，把研究上升到较为系统的理论高度[28]。作者列举了1980~1990年代间，在这些方面作出可贵尝试的一些建筑学者的研究成果，李允鉌的《意匠》就赫然在目，并且是其中最早公开出版的著作。从这个意义上来说，《意匠》的问世，标志着中国建筑界一个学术时代的开始。

桎梏一旦冲破，学术的繁荣必将大兴于世，《意匠》正是以其先导的姿态而成为一个学科的历史图标。它在研究方法上对学科的贡献远远大于其本身的内容或哪个结论，而它在研究方法上的突破较其研究方法本身又更具历史意义。带着这样的体会，重读《意匠》，苏子所说的“逝者如斯，而未尝往也”，这样的感触不禁油然而生。

注释：

[1] 李允鉌．华夏意匠．北京：中国建筑工业出版社，1985

[2]《华夏意匠》首先在香港由广角镜出版社于1982年3月出版

[3] 常青．中国古代建筑史导言．中华文化通志第7典科学技术典·建筑志．上海：上海人民出版社，1998

[4] 龙庆忠先生对《华夏意匠》的评述详见于他为此书初版所作的序言；莫宗江、陈明达先生的评述则分别来自曾昭奋、王其亨先生的转述。前者详见注释22；后者详见注释24。

[5] 黄美惠．李允鉌为中国古建筑下注解，《意匠》描尽传统庭园妙境．民生报，1988-03-13。转引自钟鸿英：君去留意匠，轶卷存人间——李允鉌与《华夏意匠》．南方建筑，1994（2）：37~38

[6] 除香港广角镜出版社1982年3月首次出版的版本外，《华夏意匠》翻印和再版的版本计有：

香港：广角镜出版社，华风书局发行，1984；

北京：中国建筑工业出版社，1985再印；

台北：龙田出版社，1982影印；

台北：六合出版社，1982；

台北：明文书局，1990，1993，2000再版；

天津：天津大学出版社，2005。

[7] 陈明达．古代建筑史研究的基础和发展，文物，1981（5）：69~74

[8] 刘敦桢主编．中国古代建筑史．北京：中国建筑工业出版社，1980

[9] 李允鉌．华夏意匠．天津：天津大学出版社，2005：5

[10] 同9

[11] 参见菲尔·赫恩．塑成建筑的思想．麻省理工出版社（Fil Hearn，Ideas that shaped buildings. TheMIT Press，Cambridge，MA，2003）

[12]《中国古代建筑史》书稿的主要编写工作从1959年5月~1966年，共历时7年。此后书稿被长久搁置，直至1978年有关人员又对书稿进行了整理，并于1980年由中国建筑工业出版社出版。详见国家建委建筑科学研究院：《中国古代建筑史》的编写过程，中国古代建筑史，北京：中国建筑工业出版社，1984：422

[13] 陈明达．古代建筑史研究的基础和发展．文物，1981（5）：69~74

[14] 吴良镛．关于中国古建筑理论研究的几个问题．建筑学报，1999（4）：38~40

[15] 陈薇．中国建筑史领域中的前导性突破——近年来中国建筑史研究评述．华中建筑，1989（4）：32~37

[16] 参看张光直对于中介理论模式的讨论，张光直．商文明，沈阳：辽宁教育出版

社，2002：54 ~56

[17] 关于对《华夏意匠》的批评，除了上面提到的文章之外，还可参看赵辰：“民族主义”与“古典主义”——梁思成建筑理论体系的矛盾性与悲剧性之分析．张复合主编．中国近代建筑研究与保护（二）北京：清华大学出版社，2001，77 ~86。以及王鲁民．“着魅”与“祛魅”——弗莱彻的“建筑之树”与中国传统建筑历史的叙述．建筑师，2005（116）：58 ~64

[18] 关于《中国科学技术史》对《华夏意匠》的影响，参见赵辰的相关研究。

[19] 赵辰．域内外中国建筑研究思考．时代建筑，1998（4），45 ~50。文中指出：伊东忠太等日本学者和瑞典人喜龙仁可以作为20世纪初至二次大战前后这段时期国外对中国建筑高水平研究的代表；以李约瑟的《中国科学技术史》1971年出版为标志，他对中国文化的长时间高水平的全方位研究将西方人对中国文化的认识提高到了前所未有的高度，建筑也不例外；博伊德曾负责李约瑟著作的建筑部分评阅，他对中国建筑文化的认识相当深刻，其论著在西方学者中影响较大，他的学术成果可归类于李约瑟之说。

[20] 李允鉌．华夏意匠．天津：天津大学出版社，2005，6

[21] 钱穆语．参见钱穆：国史大纲．北京：商务印书馆，1996

[22] 曾昭奋．莫宗江教授谈《意匠》．新建筑，1983（1）：75 ~78

[23] 陈薇．中国建筑史领域中的前导性突破——近年来中国建筑史研究评述．华中建筑，1989（4），32 ~37

[24] 就天津大学王其亨教授作为主要研究者的研究个例而言，据王其亨回忆，当他1980年代就读硕士研究生时，他的老师陈明达先生曾热忱推荐他读《意匠》，他后来的研究颇受该书观点启发。

[25] 赵辰．从“建筑之树”到“文化之河”．建筑师，(93)，2000：92 ~95

[26] 菲尔·赫恩．塑成建筑的思想．麻省理工出版社，9（Fil Hearn，Ideas that shaped buildings. TheMIT Press，Cambridge，MA，2003）

[27] 同上，p16

[28] 吴良镛．关于中国古建筑理论研究的几个问题．建筑学报，1999（4）：38 ~40

原载《世界建筑》2006年第6期

彭一刚《建筑空间组合论》

入门的启示——评《建筑空间组合论》

齐 康

彭一刚同志所著《建筑空间组合论》一书的出版，是建筑设计工作者的一件喜事。特别是对初学建筑设计的同志，这本书将成为他们的良师益友。

编写一本建筑构图的书，确是件十分困难的事，它不仅要有建筑设计的实践经验，而且更要有相当的教学实践经验。因为建筑构图艺术水平的提高是和建筑设计者的建筑历史、建筑美学、建筑科学工程技术、经济、艺术文化等等的广泛知识水平分不开的。建筑构图是一种关于建筑设计方法规律的研究（方法之一），也是一种关于建筑美学规律的研究，它必须综合科学技术、经济和功能，并在分析组成建筑的诸要素中，明确其主次，衡量其轻重，如若没有辩证的分析，那是不行的。可以说，《建筑空间组合论》这本书基本上做到了这一点。

在不同的历史时期，人们对建筑构图艺术的认识是不相同的。作为反映建筑实体、空间和环境组合的文献，这本书在内容的研究上可以说是达到了一个新的高度。它不是抽象地叙述一些定义、概念，描绘一些现象，而是从形式美的规律出发来探讨构图手法，不仅用通俗易懂的文字，而是用建筑的语言——图、特别是分析图来阐明建筑的空间组合，以便于初学者学习，使读者具有建筑空间形象的概念，这是十分难能可贵的。

编写这一类书，一是要有科学的逻辑思维，二是要有良好的形象思维。本书以辩证唯物主义的观点分析了形式和内容、功能结构与空间、形式美的法则，并以大量的实例来分析内外建筑空间的组合，这对初学者来说是十分有益的。

评价一本书的优与劣，需要有鉴别，最好要有自己的实践。记得50年代初期，我从事建筑设计教学，那时有的老师对我说："看设计的好坏只可意会，不可言传"，又说："尽信书不如无书"，我常为此百思而不解。60年代初，我有机会比较系统地看了些国内外有关建筑构图书，诸如，匹克林、罗伯逊、克尔蒂斯、哈木林，还有哈伯逊等人所著的构图原理。往后又较广泛地阅读了相关的书籍，其中包括清华大学建筑系编著的《建筑构图原理》，这本书在当时应当说是一本有价值的教学用书。我深感编著一本适合建筑系学生和自学建筑者阅读的构图原理该多么有意义，今天却实现了，我钦佩一刚同志的刻苦、坚毅的工作和学习精神。

评价一本书内容的多少、研究的深度，还要有历史的观点，因为它与作者所处的时代十分有关。杨廷宝老师当年所学的构图原理是《The Priciple of Architectural Composition》，作者是他的老师霍华德·罗伯逊（Howard Robertson），那是20年代初的构图书。当时建筑思潮正处于复古主义、折中主义时期、因此，书中的原理更多地是从古典建筑艺术手法中脱胎而出。所论述的构图的统一性、形和体的对比、设计中特征的表现、建筑细部的比例陪衬和尺度、平立面的关系、功能的表现，大多只分析建筑实体的外形构图和古典学院派平面的组合。哈木林的构图原理是50年代的著作。他是从建筑美学、统一、均衡、比例、尺度、韵律、序列设计、规则与不规则的序列设计、性格、风格和群体规划设计等方面来论述的，应当说他对建筑构图的分析是跨前了一步，他探求了建筑空间的特征，人的活动对建筑的影响，空间和实体在建筑表现上给人的感受，以及从时间的观念作出对建筑序列设计的分析。但这本书的内容和方法上相当部分仍沿袭了传统的古典建筑样式中形式美的分析方法和观念。而《建筑空间组合论》一书比之以前的书是进了一步，作者大体上以内外空间为主体运用了一般建筑艺术规律来分析，提出了自己的见解，有着它自己独到的设想。我想当然也会有不同的意见，但是这可以相互磋商，从而有利于学术探讨。

20世纪20年代出现了现代建筑，它的实践和理论影响波及整个世界。环境科学、现代科学技术、新的建筑技术和建筑材料、视听系统、计算机、太阳能等等得到了运用，它们已更多地参与到室内空间设计中来，并不断地用来适应人们的生活、生理和生态上的要求。人们对审美、建筑构图的要求在理论上实践上都起了很大的变化。这些总地反映了上层建筑和经济基础的变化和变革。

我国社会主义新建筑的发展还只是开始或者说还处于比较低级的阶段，许多新建筑理论及其适用还将有个实践和探索的阶段。新建筑的实践和理论必将产生新的建筑空间组合。我们在发展自己的建筑文化的过程中必将出现一个吸取、结合、创新的过程，它如何反映到构图著作中将是个研究课题，对于这一点我们不宜苛求。

我盼望这个领域的研究会有所扩大和延伸，热切希望一刚同志会有更多的新著。

原载《建筑师》21期

王世襄《明式家具研究》

“大雅大俗”的巨著——《明式家具研究》

杨乃济

期待已久的王世襄先生的《明式家具研究》终将由香港三联书店出版了。面对着先睹为快这一大叠校稿清样，我为他高兴，因为我深知这部书写作过程中的艰辛，和从完稿到出版之间所遭遇的种种周折。我更为中国高兴，明式家具是中国人创造的物质文化瑰宝，而研究它、介绍它，过去几为洋人所垄断。今天终于由一位中国学者写出如此权威性的研究专著，这于国家、于祖先、于每一个中国人，都是一件极其光彩体面的事。

在前已出版的《明式家具珍赏》中，世襄先生曾给我署了“校图”之名，并在所附的收藏者一览表中，把我列为图版三十的那件黄花梨小交机的收藏者。而在这一部书中，又把我的名字列为因支援而受到感谢的首位。这越发使我感到一种“其实难副”的内疚，有必要把某些事实经过在这里表一表，以求坦然了。

我与世襄先生早有通家之好。我的外祖父珏生公（袁励准）与先生的母亲——画家陶陶女史（金章），当年同是北京画会湖社社友，论世交、论学业，他都是我的前辈。但我们之间的相识却全与这些家缘无关，而是由于彼此都感兴趣的明式家具，世交则是在相识后才叙起来的。不过要说清这段将近三十年的往事，还得从先生的芳嘉园寓所说起。

芳嘉园是北京东城朝阳门内的一条胡同，它在中国近代史上颇有点名气，原因是慈禧的弟弟、光绪的老丈人桂祥公爵住在这里，光绪大婚时，隆裕皇后就是从芳嘉园桂公府上轿抬进清宫的。现在这个府依然存在，但成了大杂院，与当年面目全非了。在这个桂公府的西侧便是世襄先生的寓所。几经变革，20世纪60年代初，先生只剩下中间的一个院子。西房住的是美术界老前辈张光宇教授，东房住的是美术界另两位名家黄苗子、郁风夫妇，世襄先生住在北屋。因此芳嘉园这个小院落是一个真正的艺术之家，一所艺术大学，一个艺术博物馆。我则颇满足于曾经是这一个院落中的常客，这所大学的一个学生，这个博物馆的一员基本观众。

大约在1962年末，当时我正着手中国古代家具研究的一项专题，为此去美术家协会拜访了郁风先生，经她介绍才认识了闻名已久、相见恨晚的世襄先生。记得初次登门，首先为陈设着的家具的精美而惊喜，继而被主人对家具癖爱的执着，为搜集它不辞艰辛，即使到了黄河还不死心的那种精神所感动。由于当时我已有了一段出入鲁班馆的经历，所以双方很快就以鲁班馆的语言交谈了起来，渐至满口“搭脑”、“托泥”、“矮老”地谈得入了港。从那以后，我成了芳嘉园的常客，并曾测绘、拍摄过一些藏品（后来大部用于刘敦桢先生主编的《中国古代建筑史》一书的插图），但更多地是向先生请教。请教之余也向先生通报自己的见闻，如收入本书图版的几件天津艺术博物馆的藏品，就是我去津查访后报告给先生的。

大约是 1946 ~1965 年间，曾有几个月的时间为先生绘制了一些线图，但这些图毁于十年浩劫中，未能用于本书。不过通过这件事我们的关系又进了一步。因此当“文革”前夕我被放逐广西时，先生和袁荃猷夫人，苗子、郁风先生夫妇共治酒肴为我饯行。就在那个晚上，先生把他随地可坐又便于携带的黄花梨小交杌赠我留念。我原不愿把先生的藏品拆散，但当行将放逐，在一种“寂寞残魂倍黯然”的心情下，我也颇难拒舍这个睹物如见人的念物了。有幸的是这念物和先生的其他藏品终于闯过了劫难，我也几经奋斗返回了北京，因此当先生编著《明式家具珍赏》一书为小交杌拍照时，我坚持完璧归赵，使它回到先生那里。因为大家既都已回京，便失去了睹物见人的原有意义，把完整的藏品拆散，更是我所不愿的。但先生还是把这件藏品署在我的名下，结果书出之后却招致一些人来探讯我的收藏。这“其实难副”的苦衷一直有如骨鲠在喉，到今天方得一吐为快。

对《明式家具研究》一书我完全同意朱家先生的序言所做的评价——“是一部煌煌巨著”，“是一部划时代的专著”。这首先在于它较一切前人的著述在深度和广度上都有大幅度的超越。它为确立这一门专门学问建立了体系。我以为研究明式家具仅仅规定一个界说和草拟一个分类法是远远不够的，那只能写出一部陈述性的著作，停留在知其然而不知其所以然的低层面；而如果不能鉴定其年代，辨认其改制，那就连知其然也难于做到了。

在《明式家具研究》全书的一至六章中，我以为第二章谈家具的种类和形式和第六章谈年代鉴别和改制是回答知其然的；其余四章谈时代背景、制造地区，谈结构、用材、装饰，以及作为“附录一”的“明式家具的‘品’与‘病’”是回答所以然的。而所附的“名词术语简释”和“鲁班经匠家镜家具条款初释”更使这本书几乎上升到一部明式家具百科全书的高度。如果以这个高度来要求本书，那么有所欠缺的便是没有为明式家具如何用于明清人的社会生活、家庭生活专辟一章。当时各阶层的人如何起居？家具如何组合陈置？当时人的坐、卧、读、写的姿势如何？琴棋书画等消闲雅兴对家具的需求如何？这些问题不回答清楚是很难把明式家具的造型特征讲解透彻的。当然要解决这个既见物又见人的问题，需要引证繁浩的文献、笔记和大量的绘画、版画资料。但这一切恰恰又都是作者有所专长，不言轻车熟路，至少是力所能及的。因此本书缺此一章，多少使读者感到有几分惋惜和怅惘。

以往的研究者曾有人热衷于把现代家具设计的一些科学原则，以至人体工程学的种种原理都黄袍加身到明式家具上。但先生对此则有所不取，故本书只字未谈。我以为先生之有所不取，正在于他对明清人的生活、对中国文化与中国社会都有极深刻的了解。试就一把椅子而言，当时人正襟危坐，与今人的坐态是完全不同的，因而扶手偏高，座面无须倾角。而当时人的服装和礼俗也要求偏大的座宽与座深，因而明式椅子的这些尺度是根本无需和现代家具相比较，以证明其科学性的。我以为先生之不言明式家具的功能科学，符合人体工程学等等，正是先生见解高明之处。

以往的研究者谈论明式家具造型时，总是归纳成几句空泛的赞誉，如轮廓的优美，造型的凝练，线条的利落，比例的适度，权衡的匀称，雕饰的朴质等等。这种高度的概括和抽象的形容，实则包容着高度的不精确和极度的难以捉摸。先生治学严肃认真，自然不肯随声应和，而是以他那深入求实的学风和深厚的传统文化功底，将古人评诠诗画的"品"与"病"这两把尺子移用于明式家具，写出了"明式家具的'品'与'病'"一文，不仅对其造型，而且对其神态作了精辟的阐述，得到极富开拓性的突破。我是深爱这篇文章的，因而对将该文收入本书拍手称好。

在朱家先生为本书所写的序言中言及"作者具备一些非常难得的条件"，我以为除已列举的几个条件外，还有一个"大雅大俗"的问题和一个"做学问"与"玩学问"的问题。作者能集大雅大俗于一身，研究家具超出了"做学问"而实际上是在"玩学问"，更是作者所具备的两个十分难得的条件。

本来一切成功的艺术作品都是将大雅大俗融于一炉的。"雅"与"俗"一般是两极对立的，但这对立的两极又如太极图那样相互拥抱着的。你俗到了家，野调无腔，反得登入大雅之堂；你雅到了家，斯文绝顶，反而得以走出象牙之塔，成了人人都能心领神会的通俗作品。古今中外此类实例极多，如诗三百篇是大雅大俗，《红楼梦》是大雅大俗，莎士比亚的戏曲是大雅大俗，杨柳青年画、贵州的蜡染、日本的浮土绘无一不是大雅大俗融于一炉的。以此言明式家具，首先家具制作出自工匠之手是一俗，椅凳坐在臀下，床榻用于坐卧，箱柜用于存贮以至藏污纳垢，真是俗得不能再俗了。然而那线条柔和的"搭脑"，随势翼然而起的"翘头"，圆转而又富有弹性的门式"券口牙子"，犀利笔挺的"剑脊稜"，又无不充满着雅的神韵。再言总体造型，那雅韵更是无所不在，一气贯通地流动着……我们不得不承认明式家具是融大雅大俗于一炉的极好范例。

正因如此，研究明式家具首先要具备一个大雅大俗的胸怀，甚至于研究者自己也得是个集大雅大俗于一身的人。不用我多说，世襄先生正是这样一位大雅大俗、亦古亦今、又南又北、也土也洋的全然通达彻悟之士。他世代书香，文学艺术，家学深邃，诗词歌赋，无所不能。从小学到高中，他在美国学校读书，英语娴熟到和外国孩子相同的程度，此后又是燕京大学的学士和硕士。他曾衣冠楚楚出席纽约大都会博物馆的开幕式，登上剑桥的讲坛作学术报告，而又可以穿着破背心、短裤衩在路灯下“和抽着烟袋锅的老汉热烈谈论”（《明式家具珍赏》黄苗子代序中语）。他可以扎上腰带，棉袄里揣着蝈蝈葫芦进茶馆；在旷野荒郊，两耳生风，鼻端出火地跟着黄鹰撵兔子；深更半夜，牵狗持钩在坟圈子里蹲獾；亲入厨下，系上围裙，端起炒勺做出整桌的精美筵席。一句话，他是一个雅到了家而又俗透了顶的真正“妙人”。他能骑辆破车近逛晓市，远访郊区城镇去搜寻家具；他能经常出入鲁班馆，向匠师们执弟子礼，相处得亲密无间；他能通览古今中外一切有关家具的著作；他能如数家珍地讲述美国几家大博物馆的家具收藏。因此在家具研究上能不落窠臼地建立他自己的理论体系，既不泥古，又不师洋，走出一条自己的路，写出这部大雅大俗的煌煌巨著来。

下面谈谈“做学问”和“玩学问”的问题。“做”与“玩”的区别似乎人人都懂，又似乎未必懂。做学问往往先有一个预定的目标，或为完成领导分配的任务，或应出版社的约稿，或为研究而研究，为写作而写作；而玩学问则总是受爱好和乐趣的驱使，一切都起源于这个“玩”字上。它原无预期的目的、划好的框框，既不受任何限制与约束，也无成败得失的臧否喜忧。成固欣然，失败亦不会受到斥责。为了玩得痛快，一切思想自然是解放得海阔天空，无边无际。再看其结果，做学问者多数会取得一般性的成就，而玩学问者虽大多数玩得极其潇洒，最后只玩出一个穷而后光的“白茫茫大地真干净”。然而一旦玩出名堂来，却是特号的卫星上天！

这部煌煌巨著之所以诞生，世襄先生自己说“对明式家具有特殊爱好是重要原因之一”，而且“不论是搜求、拍照、制图”，以及和夫人袁荃猷的“商榷研讨，都是苦中有乐”（见先生本书《后记》），所以这部书实际上还是玩出来的。历史上许多出类拔萃的作品，如李白的诗、张旭的草书、石涛的画、曹雪芹的《红楼梦》、袁子才的《随园食单》，无一不是玩出来的。世襄先生近年的一大批著作如《竹刻艺术》、《髹饰录解说》、《中国古代漆器》、《北京鸽哨》，以及目前正写得津津有味的《葫芦器》，又有哪一部不是玩出来的呢？世襄先生说得好：“我年轻时玩物丧志，虚度年华，玩得个天昏地黑；现虽年迈，但‘夕阳无限好’，我要努力耕耘，写他个没日没夜！”但愿他把过去玩过的而现在已很少有人知道的东西都写出来，在我国传统的文化、艺术、生活、民俗等方面给后人多留下几部大雅大俗的巨著！

原载《读书》1989年第9期

《中国居住建筑简史——城市、住宅、园林》书介

李乾朗

前言

刘致平先生是中国第一代科班出身的建筑专业者，有关中国建筑的论述自成一家，他的著述对建筑教育之传承，影响颇为深远。我与刘致平教授本人的接触，缘于1993年8月经陈增弼教授引介我到他的寓所拜访他，虽然当时他已不便行动，但见到远从台湾来的建筑史工作者向他请益，老先生非常高兴，坚持从床上坐起来，亲笔在送我的《中国建筑类型与结构》上签名，令我非常感动。后来我只要有机会到北京，必定去探望他，他又陆续赠我《中国伊斯兰教建筑》等书。我仔细拜读他的大作，深深为其热爱中国文化的心志而感动。以下仅就我对《中国居住建筑简史》一书之心得作一简述。

具备撰写简史的学养

这本《中国居住建筑简史》，如同其书名，作者谦虚地称它为简史，事实上，简史因言简意赅，有时更不容易书写。刘致平先生由于长年进行田野调查研究，掌握了许多一手材料，累积了多年的观察经验，无疑地，具备了将建筑奥妙深入浅出予以解说的学养条件。刘先生1909年生于辽宁省铁岭，东北大学建筑系毕业，1934年参加中国营造学社，早年受业于梁思成、林徽因、童寯、陈植等诸先生。长期在中国各地进行古建筑的调查测绘，见多识广，手上工夫非常老练，他作的研究所附的测绘图或建筑图，也出自其巧手，令人看了爱不忍释。他不但治学严谨，对现代建筑的设计也很内行。因此吴良镛先生在本书1989年版的序言中指出，他具有很高的设计能力。刘致平在分析中国古建筑时，行文之间也不时流露出来对建筑材料、结构、机能、空间与造型的评论，相信，如果他不走学术研究这条路，他也应当是很杰出的建筑师。

建筑类型学研究的先锋者

刘致平的著作中，早期在中国营造学社曾与梁思成合作《中国建筑参考

图集》，从这套书的内容，我们可看到他特别重视基本构造的研究，这是从工程学或营造的观点作出发点，因为建筑学无论怎么发展，其实追根究底仍不能脱离基本构造，刘致平很早即站在这个基础点上。除了基础构造之外，吴良镛教授认为他也是建筑类型学研究的先锋者。再如 1985 年在新疆出版的《中国伊斯兰教建筑》，是中国第一本有系统且深入地调查研究少数民族伊斯兰建筑之著作。

对于每一历史阶段，这本书采用先介绍社会发展与居住概况，再分述各阶层之住宅、园林及都市规划，行文颇为口语化，令人觉得好像刘先生就在旁边讲课一样。刘先生的资料有许多都是他长期的考察成果，例如四川的住宅与云南一颗印，对民居的现场调查，仔细分析木作、石作、瓦作、砖作及油漆彩绘。论及园林时，又提出叠山石等假山之法，有环、挑、飘、跨、悬、斗及抱角等诸法。四川住宅及云南一颗印为 1940 年代中国营造学社迁至四川李庄时所作的调查，刘致平参观了数百座官僚、地主、富商、中农与贫农的住宅，并实地测绘一部分例子。云南一颗印住宅原为 1939 年在昆明附近乡村所作的调查，后来也在营造学社汇刊七卷二期发表，这些文章都是中国住宅研究史上最早发表的论述，具有开创性之价值与贡献。

匠师技艺研究之先河

中国幅员广大，各地自然地理条件差异极大，交通阻隔，使各地产生不同匠派，匠师与匠师之间的交流或师徒相传的关系，也可能促进古老技艺的相通性。这些异同如果透过建筑术语之研究，或可看出端倪。梁思成在写《清式营造则例》之前，即曾多方请教昔日任职清宫的老匠师。可以说，中国古建筑之研究，除了建筑实物与法式文献之外，口述史料是很重要的线索。在川滇时期，刘致平深入乡下进行民居调查，访谈木匠师、泥水匠师，从匠师那里记录了许多宝贵的资料，诸如各种细部的做法、施工的工具以及设计的方法。这本书有很多材料系刘致平访查民间匠师所得，开启匠师技艺研究之先河。

刘致平在分析一座古老的民居时，特别注意各地的特殊做法，并解释这种做法的优缺点，他认为民居的优良传统是采用美妙的手法、自由的布局，而相形之下，宫殿式建筑趋向固定的程式化。为了让人们了解各地特色，刘致平整理四川及云南的民居调查记录，并将李庄、汉蓉、昆明所调查的建筑名词与宋李明仲《营造法式》、清工部《工程做法则例》，苏州姚承祖《营造法源》等书所载名词作一比较表，这也是一种首创的建筑术语的比对工作。从刘致平对川滇建筑用语之搜集与比较，我们看出来透过长江航运交通之助，中国西南川、滇一带的民居建筑匠师生态可能互相影响。甚至，有时川、滇的用语与闽、粤及台湾也相同，这是值得深入探讨的。例如四川的“勒脚”或昆明的“地脚”，在闽、粤也采相近的称呼。有些民间的用语如“走马转角楼”，刘致平也考证出来早在《西京杂记》里已有走马楼之名称。宋法式所称的“绰幕”，清代北京将它称为“雀替”，但昆明仍称为“绰”，闽、台称之为“托”，真可谓去古未远，而礼失求诸野。

开启民居研究之风

近二十年来中国各地民居研究之风大盛，华南理工大学、东南大学及清华大学均有不少师生投入这个领域之调查研究。民居分布辽阔，与各地人民的生活密不可分，而中国建筑在地理上的分布，与一千多年来各族的迁徙或移民又有什么关联？华南理工大学的陆元鼎教授与东南大学的朱光亚教授，近年所指导的论文大体已朝向这几个课题加以研究，希望能厘清中国南方各省，甚至小区域的民居建筑流派，这项工作将随着实例调查的普及与深化而得到效果。王世仁先生在1999年《华中建筑》为文说：刘致平在1940年代编写的《广汉县志·建筑篇》是中国第一次运用科学的方法对一个地区的建筑进行全面记录。回顾起来，刘致平在1940年代对四川及云南民居的踏查，实则为我们开启了区域建筑调查与民居研究的首页。

力主建筑华化

阅读这本书，我们还可以发现，刘致平身为第一代中国培养出来的建筑师，身处中国急需建设的年代，他在分析古建筑时，从不忘古今对照，互相比较。认为建筑应该科学化、园囿化、礼制化、具经济性，并且要华化，即民族化。这些观点于今看来仍然适用，但当时有他的时代背景与需求。例如他提到在四川有人以编竹夹泥建屋，使用双重编竹，可以获得隔声及保温隔热之效果。在论及云南民居，仔细分析日照角度，如何防晒及遮雨，这些都深深合乎建筑物理之要求。其中，建筑华化之问题，一直延续至今天，所谓华化并非一种狭窄的地域风格，而是一种严肃的文化问题。时至今日，我们深知建筑的创造有其时代性、技术性，也有其文化性。归结起来，即是地方性与全球化之间如何寻得平衡的问题。

建筑简史一书出版因缘

《中国居住建筑简史》与刘致平另一本重要的著作《中国建筑类型与结构》，两者相辅相成，所论为不同的领域，但皆是刘先生一生研究的心血，字里行间流露出来他对中国文化之热爱。《中国居住建筑简史》正式的版本首先由中国建筑工业出版社在1986年出版，但据刘致平自序所言，书稿其实早在1950年代中期就已完成。事实上，书的许多内容应该更早于1930～1940年代已具雏型。居住建筑简史在1989年的建工社版本中，因原来的图及照片已遗失，所以由王其明教授担任增补工作，王教授在1950年代曾受业于刘致平，由她来增补最恰当不过。这个版本有一篇吴良镛教授的序文，详细介绍了刘先生的背景，吴教授与刘致平先生曾共事于清华大学，对刘之学术成就赞誉有加。

至于台湾的版本，2001年经由刘先生的女公子刘康龄之努力联系，由我协调艺术家杂志的何政广先生，遂于同年9月由艺术家出版社以正体字重排出版。台湾版本将原来简史内容，包括上古至先秦、中期封建社会前段（秦、汉、三国、晋、南北朝）、中期封建社会后段（隋、唐）、封建制度高度发展及少数民族入主中原时期（宋、辽、金、元）、封建制度末期（明、清）、居住建筑分论及总结编为六章，而又补上第七章四川住宅建筑及第八章云南一颗印，内容较丰富，如此几乎将刘致平所有关于居住建筑的文章都收录在一起了。而除了增加两章之外，原来的线图与黑白照片大致不动，在彩色页部分则增加几张笔者所拍摄的照片。事实上，这本书所用的许多线图与早期所拍的黑白照片，呈现了1940年代的原貌，具有很高的价值，因为物换星移，许多建筑物已不存在，环境也已大幅改变了。台湾的版本大小为15cm×21cm，所以页数较多，共384页，印刷编排均很精致。我乐于推荐给中国建筑的爱好者。

中国建筑工业出版社由杨永生先生及王莉慧女士主编的《建筑百家谈古论今——图书编》新书，选取古今对中国建筑之研究具有深远而重要影响的学术著作推介给年轻一代的学子，并且请专人撰述书介导读，方便有心的人士阅读这些经典著作，承蒙杨主编、王其明教授厚爱，推荐我为刘致平早年的名著《中国居住建筑简史》撰写评介，为此，我从头到尾再读一遍这本书，又获不少心得。从资历上而言，后生小辈实无资格评论前辈学者的著作，因此本文只能算是我的心得报告。

2006年11月10日于台北

《中国古典园林史》评述

贾　珺

中国古典园林是华夏文明史上的奇葩，数千年来，每一朝代均有名园佳景呈现，前后相继，蔚为大观，形成了皇家园林、私家园林、寺庙园林、公共风景园林、衙署园林等不同的园林类型以及江南、中原、华北、蜀中、岭南等不同的地域风格，其中集建筑、掇山、理水、花木、匾联、陈设等多重艺术于一体，达到了极高的艺术成就。

明清以降，关于园林记述的书籍很多，还出现了《园冶》这样高水准的理论总结之作，但始终未出现一部融会古今的园林史专著。民国以来，陆续有中国学者开始编纂《中国建筑史》，其中虽包含园林内容，但尚未出现独立而完整的园林史叙述，而一些外国学者如瑞典的喜仁龙（Osvald Siren）、日本的冈大路却有相应的专著问世。

就学术研究而言，探讨一个微观的个案相对容易把握，而撰写一部具有学术意义的通史则是十分艰难的宏大工程，非常人所敢想敢为。尤其是古典园林这样涉及面极广的领域，其难度更大，这也是国内迟迟无相应专史出现的原因之一。建国之后，中国古典园林研究积累了丰硕的成果，涌现出以刘敦桢先生的《苏州古典园林》、陈从周先生的《扬州园林》、清华大学建筑系主编的《颐和园》等为代表的大量著作和论文，为进一步专修通史奠定了基础。改革开放以后，中国学术界终于先后有数部中国园林史专著出现，令人欣慰，其中最为出色的一部，无疑是周维权先生所著的《中国古典园林史》。

周维权先生1927年出生于云南大理，1951年毕业于清华大学建筑系，留校后长期从事建筑设计教学和工程实践，并致力于古典园林研究，数十年磨一剑，于1988年完成《中国古典园林史》的初稿，1990年正式出版了第一版，后又于1999年修改出版了第二版，受到海内外园林史界的极大重视。

由于笔者近十余年来一直在清华大学建筑学院学习和工作，周先生一直是笔者的老师。作为后学，笔者对周先生的人品学识十分钦佩，屡承周先生当面教诲，而且对这本《中国古典园林史》反复捧读多次，不但获益良多，也有较多的机会和心境细细体验其中的高明之处，故而在此不避浅陋而妄加评论，以期向更多的读者推荐这本好书，同时也以此作为对周先生的一点微薄的纪念。

作为一部高质量的学术专著，《中国古典园林史》在很多地方都取得了超越同侪的卓越成就，难以尽述。以笔者浅见，其最重要的特色在于史料翔实、体例独特、评述精当、文笔高超、学风严谨五个方面，尤其值得读者予以关注。

中国历史上出现过的古典园林佳作多若繁星，但除了部分明清时期的实例留存至今而外，大多早已踪迹全无。但同时自先秦以来，又有大量的关于园林的文献记载流传，成为今人研究园林史的宝贵材料。对于当代的学者而言，不但对于明清以前的园林探析几乎完全依赖文献的描述，而且一些晚期园林的建置沿革也必须通过文献资料进行考证。周先生凭借深厚的国学修养和古文献功底，在《中国古典园林史》中引述了极其丰富的文献史料，其中包含自最早的甲骨文卦辞以降的历代史书、方志、诗词、文赋、笔记、碑刻、档案以及大量的园林古画，搜罗广泛，从而借助文字和图像信息对已经消失的很多历史园林实例作了最大程度的复原。

对于同一实例，书中往往将多种相关文献对比参证，取舍得当，更见功力。例如第二章第五节记述西汉上林苑，通过《史记》、《汉书》等正史，《三辅黄图》等地理著作，《西京杂记》等野史以及《上林赋》、《西都赋》、《西京赋》等文学作品，为今人重新描绘出宏大的上林苑全貌以及其中大量的山水、宫观、植物、动物景观；又如第五章第三节讨论北宋皇家园林艮岳，即引用了《宣和遗事》、《艮岳记》、《华阳宫记》、《艮岳百咏记》、《枫窗小牍》、《癸辛杂识》等不同记载，能够从历史沿革、格局、筑山、置石、理水、植物、建筑各个角度全面展现艮岳的营建过程和景观风貌。清代皇家园林和私家园林流传文献数量更多，作者不但尽力详加取资，而且剪裁编排更为精审，避免了"掉书袋"的弊病。

书中充分借鉴了大量近现代以来国内外园林史研究的成果，同时还参考了若干历史、地理、考古等其他学科的成果，如殷墟遗址、汉甘泉苑遗址等，进一步保证了基础资料的全面性和完整性。除了文献资料而外，本书同样十分注重实物资料，书中重点分析的31 处晚期现存实例除了台湾的林本源园林以外作者均亲自作过调研，有若干图纸和照片是作者（或其助手）第一手测绘和拍摄的结果，体现了研究的原创性。

园林史的叙述可以有不同的体例安排。《中国古典园林史》的体例很有特色，其历史分期方式尤其独特，不同于其他同类著作简单以朝代划分再加以叙述的模式。作者从宏观的角度出发，把整个古代园林的发展历程分为生成期（殷周秦汉，公元前11 世纪到公元220 年）、转折期（魏晋南北朝，公元220～589 年）、全盛期（隋唐，公元589～960 年）、成熟期（宋元明、清初，公元960～1736年）、成熟后期（清中叶、清末，公元1736～1911年）五个大的段落，将三千多年的园林发展史铺陈于统一的框架之中，然后再一一分述，其中甚至打破朝代的束缚，以清初归属于中国园林成熟期的第二阶段，却将清中叶－清末单列为成熟后期。

对此分期划分，作者提出的依据是“**中国古典园林的漫长的演进过程，正好相当于以汉民族为主体的封建大帝国从开始形成而转化为全盛、成熟直到消亡的过程。**”因此以此五期囊括三千年的历程，其中生成期是中国园林产生和成长的幼年期，社会形态由奴隶制向中央集权的封建帝国转化，故以宏大的皇家苑囿为代表；作为转折期的魏晋南北朝长时间处于分裂动荡之中，士人阶层的崛起初步确立园林美学思想和发展基础；全盛期正值隋唐鼎盛之时，中国园林的体系和特征已经基本形成；两宋至清初，封建社会发育定型，园林在自我完善中走向全面成熟；清代乾隆时期是中国封建社会的最后一个盛世，自此以后属于成熟后期，其造园活动一方面继承传统而更趋于精致，另一方面则带有衰颓的倾向，逐渐失去前期的创新精神。这样的体例是否恰当，学界和读者自然会仁智互见，但从通史编撰的角度来说，确实能够做到涵盖全面、脉络清晰却又重点突出。

全书首尾有绪论和结语二章为综述，绪论介绍中国古典园林的世界背景、类型、分期和主要特点，结语部分更从宏观角度对全书作出总结。主体部分每一章均设总说和小结，并根据各时期的具体情况按照更具体的时代分划和园林类型再分节一一叙述。第七章为清中叶以后的园林，遗存实例最多，因此各节增加了实例解析部分。如此谋篇布局，兼顾早晚不同时期，各部分详略比重较为均衡，而且又具有一定的灵活性。

作为一部园林通史，本书涵盖的内容当然不仅仅是主要朝代的代表性园林。作者在突出重点的同时，并不偏废，对于东晋十六国和五代十国时期的一些割据政权的苑囿均有记述，对明代造园家、造园著作理论以及学界相对较为忽视的寺观园林、公共园林、衙署园林、村落园林和书院园林也专门辟有独立的单元，对于不同地区的园林以及少数民族的园林同样予以相应的关注，例如北方和岭南的私家园林、台湾园林及西藏的罗布林卡等园林在书中均有详细分析，反映了作者全面的考察视野。

园林史不但要叙述史实，还需要有明确的观点和精辟的分析。《中国古典园林史》在此也体现出鲜明的特色。

对于很多重要的园林实例，作者并未满足于文献的罗列，而是综合各种记载绘制了复原平面示意图，体现了研究的深度。对于每一名园、每一时期、每一类型乃至每一地域风格，书中均有或短或长的评述，往往一语中的，入木三分，很多论断几成定论。如书中评论宋代文人园林的总体特征，用“简远、疏朗、雅致、天然”八字概括，言简意赅，至为妥切。

对于不同时代的园林，书中均首先分析当时的经济、政治、文化基础，在随后的讨论中也始终紧扣历史背景，绝非单纯的手法解析，并常有独特见解。例如述清代皇家园林大盛的原因，作者总结道："清朝统治者来自关外，很不习惯于北京城内炎夏溽热的气候，顺治年间皇室已有另建避暑宫城的拟议。再者，他们入关以后尚保持着祖先的驰骋山野的骑射传统，对大自然山川林木另有一番感情，不乐于像明代皇帝那样常年深居宫禁，总希望能在郊野的自然风景地带营建居住之地。"在分析具体实例的时候，更进一步通过皇帝的御制诗文和其他历史记录，探讨皇帝园居生活的情态和观景感受，在浓郁的历史氛围中勾勒园林图景。对于其他时期的其他园林，也花费很多笔墨描绘历史上的游园和生活场景，从而在一定程度上还原历史园林的原始生态，避免"见物不见人"的弊病。

对于每一地域的园林，书中更关注不同地理、气候条件与造园活动的关系，对于一些重要的园林城市强调园林在城市中的地位以及对城市建设的促进，例如唐长安大明宫、曲江池，清代北京的什刹海和西北郊，均对城市具有举足轻重的影响，书中加以重点论述。此外，书中为历代首都一一绘制了园林分示意图，对于读者了解一时一地的园林全貌有更直观的帮助。

对于一些著名的实例，大多已经有很多专著作过各种详尽的分析，而本书却依然能够独出机抒，作出别有洞见的评述。作者在撰写本书之前曾经对颐和园作过深入研究，因此书中对颐和园（清漪园）的分析最为出色，以将近30页的篇幅详细论证了清漪园与杭州西湖的关系、建筑的类型与功能、水系、山景以及各景区的特点，对其中央建筑群的平面和立面更有进一步的几何分析，其深度非其他专著可及，令读者印象十分深刻。

作为研究古典园林的专著，此书还有一个重要特点，就是对于历史园林并非一味拔高，把传统捧到至尊无上的地步。书中对于很多实例分析常常是有褒有贬，态度公允。作者对于传统与现实的关系有着更为清醒的认识，特别强调："人类社会过去的发展历史表明，在新旧文化碰撞的急剧变革时候，如果不打破旧文化的统治地位，'传统'会成为包袱，适足以强化自身的封闭性和排他性。一旦旧文化的束缚被打破、新文化体系确立之时，则传统才能在这个体系中获得全新的意义，成为可资借鉴甚至部分继承的财富。就中国当前园林建设的情况而言，接收现代园林的洗礼乃是必由之路，在某种意义上意味着除旧布新，而这'新'不仅是技术和材料的新、形式的新，重要的还在于园林观、造园思想的全面更新。"显然，作者并未将传统看作是固定不变的准则，而是应该随着现代社会的发展而不断更新。中国古典园林辉煌的历史也需要注入"新"的活力因子并继续延续下去。这是园林史给予作者的启示，也是给予整个园林界的启示。

古人作史，素重"史识、史料、史笔"三重要素。《中国古典园林史》

体现了作者卓越的见识能力和扎实的材料把握能力，同样也展现出高明的文字叙述能力。

这本书文字的好处，主要在于简洁、干净、准确而又不失生动。如第七章第五节述北京清漪园所在的地区明代称西湖，其景为“湖中遍植荷、蒲、菱、茭之类的水生植物，尤以荷花最盛。沿湖堤岸上垂柳回抱，柔枝低拂，衬托着远处的层峦叠翠。沙禽水鸟出没于天光云影之中，环湖十寺掩映在绿荫潋滟间，更增益绮丽风光之点缀。”短短数行，描摹画镜，极有韵致，令人神往。类似的文笔在书中几乎俯拾即是。

目前有些园林著作好以晦涩难人或以满篇术语理论唬人，《中国古典林史》却毫无故作高深之言，所述所论，均为明白晓畅的文字，逻辑清晰，深入浅出，堪为学界的榜样。读这本书，不但可以了解丰富的专业知识，也时时可以领略作者佳妙的文笔，这也正是笔者喜欢一再重读此书的原因之一。

编撰这样一本鸿篇巨制，没有严谨的学术态度是不可能成功的。前面所说的史料、体例、评述和文笔四个方面，其实也都体现了作者扎实的学风，是作者呕心沥血、反复推敲的成果。以上大者，自不待言，同时需要注意的是本书在很多细节方面同样体现了严谨的作风。

作者在编辑段传极先生的帮助下，对书中的大量引文作了反复校对和勘正，虽非全然无误，但在同类著作中差错是最少的。每节文末均详细标明出处，书中所引插图也一一注明资料来源，严格遵守学术规范。书末附有索引，为读者查找相关园林提供了很大的方便。

本书的第一版出版之后，一再重印，受到读者的极大欢迎。但周先生依然不满足，仍在反复修订增补，后于 1999 年出版第二版。周先生不幸于 2007 年 4 月辞世，去世之前的数月中仍在校订第三版。如此永无止境的学术追求，更足以为后生的楷模。

周先生在《中国古典园林史》第二版的最后一段留下这样的文字：“展望前景，可以这样说：园林的现代化启蒙完成之时，也就是新的、非古典的中国园林体系确立之日。博大精深的中国园林亦必然会发挥其财富的作用，真正做到从中取其精华、弃其糟粕，而融汇于新的园林体系之中，发扬光大，并对今后多极化世界的园林文化的发展作出新的贡献。”这样冷静而乐观的态度，值得我们深思。周先生身后，中国园林史的研究仍在继续，相信今后也会有新的中国园林通史出现，但笔者以为，《中国古典园林史》作为园林史上一部里程碑式的巨著，其学术意义和承先启后的巨大价值，是永远不会磨灭的。

王璧文主编《工程做法注释》

为研究清工部《工程做法》开启的一扇大门

蔡 军

故宫博物院古建部王璧文主编的《工程做法注释》（中国建筑工业出版社，1995年），是目前为止研究清工部《工程做法》[1]的首推重要研究成果。它为进一步深入研究清工部《工程做法》开启了一扇大门，也可以说铺垫了一条少荆棘多平坦的路。

本书是为故宫的修葺而编撰的，重在对原史料的“注释补图”，这也符合我国历来对古典建筑文献的研究手法，即从文献考证、注释补图做起，为进一步的深入研究做好铺垫。但尽管本书当初编撰原意如此，但实际上其研究味道占有很大比重，它是我国近年来发表的关于古典建筑文献研究，特别是关于清工部《工程做法》研究的比较有代表性的研究成果[2]。

欲对《工程做法注释》进行深入了解，首先应对作者、本书内容及写作特点有个概括介绍，本文即以这三点来阐述。

一、关于作者

本书主编王璧文（1909～1988年），字璞子，后以字名。王璧文于1933年（24岁）进入中国营造学社，主要进行古建筑的测绘工作，1935～1937年被提升为中国营造学社的研究生，在文献组协助刘敦桢进行研究工作[3]。1945年抗战胜利后，供职于北平市政府公务局文整处。之后曾就职于宣化市政府建设科、第二机械工业部第一设计院、故宫博物院工程队及古建管理部等单位，任工程师直至高级工程师。

王璧文一生从事中国建筑史的研究工作，为元都的早期研究者，并长期坚持清工部《工程做法》的研究工作。其他主要论著有：《中国建筑》、《清官式石桥做法》、《清官式石闸及石涵洞做法》、《明代建筑大事年表》（与单士元合作）、并参加了《中国古代建筑技术史》的编写工作。这里特别值得一提的是王璧文的《中国建筑》，它应是我国早期出版为数不多、且对后来产生很大影响的中国建筑史专著之一，但是至今也未引起我国广大建筑史研究者的普遍关注[4]。

早在20世纪50年代末，以王璧文为主编、多位资深专家学者参加的研究队伍，就已经将对清工部《工程做法》的整理编辑工作提到议事日程上来，并于1962年该科研项目被列为故宫博物院古建管理部科研项目，1963年被列为国家科委的科研计划，由此可以看出我国当时对于这一研究项目的充分重视。但后来由于各种原因，一直拖到20世纪末，这一研究成果在王璧文去世后第七年才得以面世。

二、内容简介

全书由作为“序说”的研究编及作为“本文及注释”、“图版”的资料编所组成。

1. 序说

“序说”包括前言与附录，前言又分成两大部分来阐述，其一为《工程做法》编辑缘起与内容大意，其二为工程技术。在“《工程做法》编辑缘起与内容大意”中，作者首先对《工程做法》的大致内容、编辑时间与目的、内容重点进行了说明。接下来根据以下数点：①房屋的大式、小式之分，②建筑间数与间架限制，③“钱粮问题”[5]，推断出对于《工程做法》理解的重要结论：“《工程做法》作为一代官工营造规范，内容虽以工程技术为主，实质精神总未离开等级关系这个基本原则”。其二的“工程技术”中，作者阐述了“建筑各类与其特征”及“专业工程设计规程与营造技术”，而“专业工程设计规程与营造技术”又为本书研究篇的重中之重。

“工程技术”的写作基本上按照清工部《工程做法》的记载顺序，分为大木作、装修——小木作（门窗隔扇与天花）、石作、瓦作、土作、搭材作、油饰彩画作及裱糊作。大木作中又分别论述了清工部《工程做法》中所记载的斗口材分°制度、地盘布局、间架结构定分通则、斗科名制与安装。“斗口材分°制度”中，通过与《营造法式》材分°制度的比较，阐明了清工部《工程做法》斗口制的积极意义。“地盘布局”中讲述了三个共同特点：①地盘设计以迎面当中的明间为准；②建筑开间标准依据与木材利用具有密切关系；③地盘平面广深比例，单间深大于广，通间通广大于深。“间架结构定分通则”则探讨了清工部《工程做法》大木设计体系的几个根本问题：檐柱定高、步架深与举架高、出檐长、屋盖局部结构的艺术处理、梁架、大木构件断面规格分数、大木加榫、木材加荒规则。“斗科名制与安装”中将清工部《工程做法》所记载的斗栱归为五大类：翘昂斗科、一斗二升交麻叶与一斗三升斗科、三滴水品字科与内里棋盘板上安装品字科、隔架科、挑金溜金斗科，阐述了其主要特征及安装位置，并列表表示了各类斗栱构成部件个数及尺寸。

这部分写作的最主要特点为与《营造法式》[6]、《营造算例》[7]进行了较深入的比较。目前以清工部《工程做法》为蓝本进行专题研究，或结合《工程做法》探究清式建筑设计手法的研究成果已有一些，这其中也不乏将清工部《工程做法》与宋《营造法式》进行研究的，但与《营造算例》进行研究却极不多见[8]。因此《工程做法注释》在这方面的研究可谓是一种突破，这一方面表现了作者具有深厚的古典建筑文献研究功底；另一方面也充分地证明了通过文献的比较研究，会更有利于开拓研究者的思路，避免对单一文献研究的局限性。

"装修——小木作（门窗隔扇与天花）"中，介绍了清工部《工程做法》中涉及的隔扇槛窗、单扇棋盘门、实榻大门、木顶隔的位置、构件组成及尺寸获得途径。"石作"、"瓦作"、"土作"、"搭材作"、"油饰彩画作"及"裱糊作"中，对清工部《工程做法》中出现的各类名词进行了详解，并阐述了它们的规范做法及尺寸求得规律。对原文献进行了补充和归纳，可以加深我们对清工部《工程做法》记载内容的理解，同时，有助于我们将其更好地应用于实践之中。

2. 本文及注释

清工部《工程做法》编撰至今已有二百七十多年，并且文字浩瀚、术语颇多，其间的许多章节晦涩难懂，即使是专攻中国建筑史的人读起来也非易事，因此对其进行梳理与注释就显得尤为重要，这也是《工程做法注释》的重大意义所在。

在"本文及注释"中，从卷一至卷七十四全部按照原文翻印，以求得其原真性。在原著适当的位置上加注，使原本晦涩难懂的古代文言文便于理解，对专业味极强的术语进行了详细的讲解。另外注释中补充了原文的丢字，并改正了错字，使本文通俗易懂、顺畅完整。这里的缺憾在于对本文前的"奏疏"没有加注，奏疏虽然仅有一千余字，但在此却说明了清工部《工程做法》编撰的指导思想、目的、适用范围及编撰原则等重要事项，而此处却遗留着多处晦涩难懂的文字，令读者对文献全篇理解产生障碍。

此部分中，对于复杂难解的部分，通过制作表格使原文清晰易懂。如各项斗栱的安装、斗科名件尺寸、门决、各项斗科木料、各项砖瓦用料等，这种研究方法亦为本书的一大特色。

3. 图版

在"图版"中，附有清工部《工程做法》1～27卷的剖面图、实际建筑的照片及编著者根据原文献而做的补图。

实际建筑的照片包括建筑、脊饰、屋顶、山墙、槛墙、地面、大木、斗栱、内外檐门窗装修、台基、柱础、栏板、望柱、彩画、裱糊及维修工程。其中不乏20世纪初的一些老照片，尤其显得珍贵。照片涵盖范围极广，几乎涉及清工部《工程做法》谈及的方方面面，特别是还附加了维修工程期间的一些照片，这些对于读者更好地理解原文献具有极大好处。

图版部分，最重要的应为编著者根据清工部《工程做法》所做的补图。补图包括宋清材栔比较示意图，各类建筑地盘定分图，斗栱图，装修部件图，瓦、石、土作做法图，庑殿、歇山梁架图，故宫北上门基础实测图及彩画图。编著者采用现代建筑图表现手法，来绘制古典建筑文献中通过文字所体现的建筑涵义，确非易事。图面清晰、漂亮，表现了编著者对清代建筑理解之深，同时也体现出绘图者建筑表现深厚的功底。补图部分美中不足之处，在于图中存在一些错误[9]。

三、写作特点

本著作的写作特点可以总结为以下三点，其一为重视古典建筑文献研究。建筑史研究，可以概括为两大领域：一为建筑遗构的调查；二为建筑文献的研究。建筑文献可以代表当时的建筑理论或设计技法，而建筑遗构则反映当时的建筑现象。因此两大研究领域相辅相成。早在营造学社成立初期，梁思成、刘敦桢等诸前辈就从清《工程做法则例》及宋《营造法式》入手[10]，结合对建筑遗构的调查，系统地研究了我国古代建筑的发展规律，奠定了我国自己研究中国建筑历史的基础。王璧文也选择了以清工部《工程做法》为研究依据，进行了这样一条既充满艰辛、又枯燥单调的古典建筑文献的注释补图工作，因为这些先辈深知对古典建筑文献的探讨，于中国建筑史的研究具有如何重大的意义。

其二为本编著具有很浓的研究味道。它不同于一般的对古建筑文献注释补图，而更重视其成果的研究性、科学性。这不仅表现在对原文一丝不苟的注释中，有的仅仅一个名词，会加进近一页小一号字体的注释，旁征博引地进行论证。更有见解深刻、引人深思的“序说”，这些都不能不让人佩服编著者的学识与见地。

其三为本编著中表现出非常朴素的研究方法，这些方法也是值得我们今天借鉴与发扬的。比如说编著者通过制作大量的图、表来表达繁杂、零乱或难以让人琢磨的古典建筑构件、名称及它们之间的关系，使本书图文并茂，让枯燥的古典建筑文献变得富有生机，更接近于我们今天的理解范畴。

注释：

[1] 清雍正十二年（1734年）刊本。与宋代崇宁二年（1103年）李诫著的《营造法式》，作为官方颁布刊行的古典建筑技术书，不论在构成体系上还是在记载内容上，均以绝对的优势占有重要的地位。因此，关于它们的研究对于古典建筑理论的探讨，古代建筑遗构的保护、维修、重建，以及中国乃至亚洲古典建筑文献体系的确立等均具有重要意义。

[2] 目前为止，专门对清工部《工程做法》研究的著作有以下两部：①故宫博物馆

古建部 王璞子等编注．工程做法注释．北京：中国建筑工业出版社，1995；②蔡军，张健著．《工程做法则例》中大木设计体系．北京：中国建筑工业出版社，2004。另外，还有一些以清工部《工程做法》内容为依据，对清代木构建筑进行研究的著作，如马炳坚著．中国古建筑木作营造技术．北京：科学出版社，1991；梁思成著．清式营造则例．北京：中国营造学社，1934；陈明达著．清式大木作操作工艺．北京：文物出版社，1985；中国科学院自然科学史研究所主编．中国古代建筑技术史．北京：科学出版社，1985。对于清工部《工程做法》研究的论文数量比较多，在此不一一列举。

[3] 崔勇．中国营造学社研究．南京：东南大学出版社，2004

[4] 中国早期的三大关于中国建筑建筑史专著应为：乐嘉藻的《中国建筑史》(1933 年)、王壁文的《中国建筑》(1942 年）及梁思成的《中国建筑史》(1944 年)。

[5] 清工部《工程做法》之“奏疏”开端：“(前略）为详定条例，以重工程，以慎钱粮事。查臣部各项工程、一切营建制造，多关经制，其规度既不可不详，而钱粮尤不可不慎。”这里提到的“钱粮”指工程建造维修所有用工、用料的一切开销。

[6] 李诫．营造法式．宋崇宁二年（公元 1103 年）

[7] 梁思成编订．营造算例．北京：中国营造学社，1932

[8] 以台湾成功大学徐明福教授为代表的一批学者，对《营造算例》与清工部《工程做法》的比较方面做了一定的努力，有一些论文面世。如徐明福，陈薏如．清工部《工程做法则例》与梁氏《清式营造算例及则例》之比较——写作背景、内容与方式之异同．(台湾）建筑学报．1991 年 4 月．总第 4 期，吴玉成，陈薏如，徐明福．清工部《工程做法则例》与梁氏《清式营造算例及则例》之比较(二)——大木构件之定份系统．(台湾）建筑学报．1994 年 3 月．总第 9 期。另，蔡军，麓和善，张健，内藤昌．关于中国古典建筑书《营造法式》《工程做法则例》《营造算例》“井口天花”(格天井）的设计技法．日本建筑学会计划系论文集．第 566 号．2003 年 4 月。

[9] 例如：卷 6“六檩前出廊转角大木做法开后”，根据原文献，记载从通进深 1 丈 8 尺中减去前廊 3 尺 6 寸，得到进深 1 丈 4 尺 4 寸。但《工程做法注释》第 451 页所绘卷 6 的平面图中，记载着进深为 18 尺。另外，该图中，出（前）廊位于转角房的内侧，而根据原史料本卷的记载，外侧的桁“檐檩”长为〔面阔 + 出廊〕，从这点来判断，出廊应在转角房的外侧。参见蔡军，张健．《工程做法则例》中大木设计体系．北京：中国建筑工业出版社，2004 年．P25。

[10] 梁思成根据对清工部《工程做法》的研究，著有《清式营造则例》(中国营造学社汇刊，1934 年)，根据对宋《营造法式》的研究，有了《营造法式注释(卷上)》(中国建筑工业出版社，1983 年）这一成果。

侯幼彬《中国建筑美学》

回归建筑本体的中国建筑美学——读侯幼彬《中国建筑美学》

朱永春

中国传统观念中，营造宫室，虽然因牵系到“圣王之制”为大，但营造活动本身，却属于形而下的“器”。只有技艺，谈不上理论。建筑即便不是“下里巴人”，也与文化教养标志的“诗”、“书”、“画”，相去甚远。知识阶层很少有关心圣贤之外的营造。李诫应当算是反例，他除了编修《营造法式》，另著有《续山海经》、《续同姓名录》、《古篆说文》、《琵琶录》、《六博经》，甚至《马经》。惟独没有一部经学著述，这足以表明他在知识阶层中另类的角色。李渔也是如此，在其所著《闲情偶寄》中自称："不佞半世操觚，不攘他人一字。空疏自愧者有之，诞妄贻讥者有之"。[1]

这种状况直到20世纪初才有所改变。朱启钤创立中国营造学社，方使营造登上大雅之堂。约略同时，王国维、吕澂、朱光潜、宗白华，开始将西方的“美学”引入到中国。于是，“中国建筑美学”的命题就呼之欲出了。宗白华或许算中国建筑美学第一个拓荒者，1920年，他在《美学与艺术略谈》中，就将建筑归类于“空间中表现的造型艺术”，并明确建筑为美学的研究对象之一。[2]但宗白华“散步式”的治学风格，使之并没有留下一部建筑美学专著，甚至除了一篇未完稿《建筑美学札记》之外，其他著述都不是专论建筑美学的。

直到20世纪80~90年代，出现两本通论中国传统建筑的力作。一部是李允鉌的《华夏意匠》，该著在世界建筑史的大框架中，讨论中国古典建筑设计原理，引起包括设计界在内的建筑学界广泛兴趣。另一本，就是侯幼彬的《中国建筑美学》。这是第一部从美学视角系统论述中国传统建筑的专著，算得上该领域的空谷足音。

中国传统建筑的现代阐释

美学研究素有“自上而下”与“自下而上”两条技术路线。作者长期从事建筑史教学与研究，有深厚的积累与学养，顺理成章地选择了后者。在谈到写作动机时，作者曾自白：我写《中国建筑美学》，实际上是源于对中国建筑进行“现代阐释”的认识，是想从美学角度追索中国建筑相关的一些“软传统”。这段文字，可作为解读《中国建筑美学》的钥匙。

展开《中国建筑美学》，可以看到该著理论框架由4部分组成：第一部分，即第一章，论述中国传统建筑的主体——大木构架体系；第二部分，为该著第二、三章，分别探讨单体和组群形态及审美意匠；第三部分，为该著的第四、五章，论述中国建筑的伦理理性和物理理性；第四部分，即该著第六章，论述建筑意境及其生成机制。

首先，我们看到该著的理论框架，是按照中国传统建筑内在逻辑展开的，这当然与作者旨在阐释中国建筑的动机不无关系。细说之，首章中纵论大木构架，是中国传统建筑精要，也是任何讨论中国的著作不可回避的。以相对稳定的有限单体类型，组合成丰富的形态，是中国建筑一大特点。但该著之前，尚未见对此深入细致的分析。谈及此，侯先生回忆说：写“形态”的两章，是我想过很长时间的，我总觉得中国建筑可以作一下深入的形态分析。如果说，“形态”还算是对中国建筑一种外部观察，该著第三部分中国建筑“礼”与“因”的讨论，应当是中国建筑两种内在属性的揭示。毋庸讳言，此前已有诸多学者对此从不同角度进行了研究。侯著值得称道的是，将众多经验型的探讨，提炼升华到理论形态，并令人信服地将“伦理理性”和“物理理性”纳入一个系统中。全书最后一章专论建筑意境。意境是中国古典美学核心范畴，近代王国维、宗白华更独标意境，试图以其统揽中国美学。当然，在轻视匠作的传统观念笼罩下，只有诗、书、画才配谈意境。据此，1932年梁思成、林徽因在《平郊建筑杂录》中提出了诗意画意之外还有“建筑意”，但梁、林未作详论。侯著则是对此最为缜密和充分的探讨。

检验一部学术著作价值，除了理论架构的合理性，更须理论具有说服力，《中国建筑美学》就具有很强的理论穿透力。还是以该著对“建筑意境”的探讨为例，当代文论中，对意境的论述可谓汗牛充栋，侯著首先耐心地对各说进行梳理，指出其合理性，以及其可作为意境范畴界定的“互补性”元素，厘清诗画意境的结构特征。在此基础上，心平气和地比较建筑意境与诗画意境差异。由于不同于诗画的建筑意境须建立在实体上，据此该著用了一节篇幅，谈意境的构景方式。中国文论中，凡论及诗画意境，重心总是倾向于主体方面，重视“情”与“景”的契合。作者敏感意识到，实体的建筑须顾及客体方面，故安排了“建筑意境客体的召唤结构”一节。侯幼彬谈及此，曾谦虚地说：主要得益于接受美学。“召唤结构”的概念帮了我很大忙。区分第一层次虚实—实境与虚境和第二层次虚实—实景与虚景，才使我找到分析众说纷纭的“虚实”的出路。黑格尔说建筑的物质性最强，文学的精神性最强，我才悟到“建筑与文学焊接”的神妙和重要。诚然，“召唤结构”借鉴了接受美学的资源，但将其用在“建筑意境”这个民族色彩很浓的美学范畴中，不能不承认体现出作者很大程度的创造。有学者认为：“全书理论气息最强、也是作者所下功夫最多的显然是第六章建筑意境及其生成机制”[4]，应当也是基于此认识。

该著还值得称道的，是一种动态观察问题的智慧。陈志华赞其是“独到的动态分析思路”[5]，萧默称之“辩证精神”[4]。例如，抬梁与穿斗是中国传统建筑最基本的两种大木结构。过去我在讲中国建筑史时，生怕学生混淆，总是强调它的差异性，无形中就将两种结构视为孤立绝缘的了。《中国建筑美学》中，从使用要求出发，将抬梁构架与穿斗构架看成互补关系，并在两种构架其间加入“疏檩穿斗构架”。这样，从抬梁到穿斗间就形成了连续运动的关系。这种“疏檩穿斗构架”，不少学者都注意到，如孙大章先生称其为“插梁架”[3]。笔者也苦思过其算不算独立自足的一种新类型。始终没有脱离静态看待木构的“类型”藩篱。读了侯著豁然开朗，抬梁与穿斗构架间原来是联系的！再如，“屋顶单体形态”一节中，通过“人字庇母体”调节机能的分析，揭示了庑殿、歇山、悬山、硬山、攒尖五种基本型屋顶内在的互通和联系[6]，读来拍案称绝。还须提及，此精彩的一节，侯先生多次小心翼翼申明：“是在硕士生许东亮学位论文基础上提炼和概括的。把屋顶分解为‘人字庇母体’和‘端部’，很吻合我所想像的形态分析。”在敬佩侯先生的学长风范之余，可以指出的是，这种动态观察问题的方式，却是贯穿全书的。

回归建筑美学自身

建筑美学是一尚在探索中的领域。就目前整体研究状况，还不能说已找到了属于它自身的发力点或着眼点。这从现国内建筑院校设置的“建筑美学”课程中斑驳陆离的内容，多少可以反映出在这个问题上的混乱。究其因，盖主要有两个方面缺失：一是建筑美学尚处在未自足的阶段，过多地依赖了美学的拐杖。而美学又是从哲学中分化而来的，不可避免地以哲学方式，而不是以建筑学本身的要求提问。诸如建筑美的“本质”和“机制”等，与建筑学并无多大关系，或说离建筑距离比较遥远的问题。而这种束之高阁‘建筑美学’，实在疏离建筑学实践，也败坏了建筑美学的声誉。缺失之二，泛美学化。一些经验形态的建筑评论，以至各种实用技法，被廉价地冠以“美学”的标签。全然不晓得建筑美学的主题，是研究建筑艺术思维和艺术理想，而不是经验层面的建筑美。

《中国建筑美学》叙事，从“木构架体系”、“单体建筑形态”、“建筑组群形态”，到“伦理理性”、“物理理性”和“建筑意境”，完全在中国建筑本身的语境中展开，组织和安排材料。这样，一种以建筑学语境为基础的美学，就遮蔽了那种大而不当的非建筑的哲学话题。这或许出于作者无意，或者受作者知识结构导向，该著完成了哲学话题向建筑话题的转换。陈志华在给该著写的书评中的一段感想，道出了这种分别：“看了一眼书名，我有点犹豫。这十几年，被一些脱离实际、脱离生活、游谈无根的‘理论著作’弄得落下病根，见到‘美学’之类的名词儿就怕。转念一想，他侯兄是最严谨、最实在的人，不致玩云山雾罩的把戏，于是把书打开。果然，文如其人，这是一本严谨实在的书"[5]。

直面中国建筑实际问题，又超越经验形态知识。《中国建筑美学》将中国传统建筑隐性的、经验形态的匠心，升华为美学范畴，一种属于中国建筑美学自身话语系统的美学范畴。例如，就中国建筑单体形象要素而言，莫过于屋顶。作者除了前文谈及的通过"人字庇母体"调节机能的分析，揭示了基本型屋顶内在的联系，还揭示了屋顶的"性格序列"：

> 就性格构成来看，五种基本屋顶类型形成了屋顶的性格"序列"。硬山显得朴素、拘谨，悬山显得舒放、大方，歇山显得丰美、华丽，庑殿显得严肃、伟壮，攒尖显得高崇、向上、活跃、丰富。在这五种类型性格的基础上，再加上两种附加的调节因子，一是以卷棚式来调节硬山、悬山、歇山的轻快感，二是以重檐来增强歇山、庑殿、攒尖的雄伟感、高崇感。这样就形成了从朴素到豪华，从轻快到肃穆，从灵巧到宏伟，从平阔到高崇的屋顶性格序列，取得屋顶品种有限而性格品类齐全的调节机制。[6]

这种分析，源于工匠经验的深切体悟，又超越了匠师的视野。

如果说，西方美学理论以宏大叙事结构和逻辑的严整见长，中国文论则重精微之义的品评，微言大义。《中国建筑美学》传承了中国文论的优点，叙述直达中国味的细节。我们不妨体悟一下该书对抱鼓石分析的一段文字：

> 抱鼓石设计的妙处，就在于运用一个圆形的鼓镜作为主体装饰，这个圆形对于不同的角度的钝角都是适应的。鼓镜上下的两段卷瓣曲线，又是可以任意调节坡度的，加上端部麻叶头的结束，组成了既有调节机能，又是非常优美、流畅的抱鼓石轮廓线。[6]

鼓镜做成圆形适应于不同的角度，卷瓣曲线可以任意调节坡度。全书中多处可见到这种逼近中国传统建筑的肌理的观察和智慧。

理性批判精神

《中国建筑美学》让人难以释怀的，还在它对中国传统建筑，始终保持一种清醒的、自觉的理性批判精神。而这又恰恰是目前国内数种建筑美学著作所缺失的。研究中国传统建筑的人，常常会落下一种职业病，偏爱中渐渐失去了审美判断力。侯著在"述而不作：建筑创新意识受严重束缚"的标题下，集中批判了中国传统建筑的三种现象：明堂现象、斗栱现象、仿木现象。对仿木现象，书中有这样的文字：

> 中国古代建筑存在着突出的"仿木"现象，许多砖构、石构的建筑，都普遍地套木构建筑的形态和形象，"唯木作是遵"。这是由于木构

架建筑体系发展在先，已形成既定的规制。在“述而不作”、“率由旧章”的礼的观念支配下，新材料、新结构的应用，未能突破旧的规制，新的砖石技术体系不得不枷锁于旧的木构形制的框框之中，形成新内容与旧形式的尖锐矛盾，严重阻碍建筑的创新、发展。[6]

坦白说，初读侯著时，吃了一惊，仿木正是我的偏爱。侯先生教了一辈子中国建筑，从《中国建筑美学》字里行间，也透露出他对中国建筑深切的爱。他何以又能超脱，持一种局外人的批判态度。细审之，作为这种判断力的支撑，是世界建筑史的视野，尤其是发展的观念。使之超越了“形式美”的局限。这不妨以书中对宋塔的分析举证：

宋、辽、金砖塔在仿木上越陷越深。从唐塔仿木的淡淡传神点缀导向刻意追求仿木的细节真实。以繁杂的砖构件拼装仿木，给砖塔带来过分繁琐、累赘的形象。以木构挑出塔檐、平座，也只能消极地装扮出木塔的假象，它们都没有找到切合高层砖结构机能的合理造型，没有体现出砖构技术体系应有的艺术特色。而且这两种做法在构造上都很复杂，难以耐久，其不合理程度较砖叠涩檐更甚。这样就造成仿木砖塔的一大通病，塔的立面构件过于脆弱，檐部、平座极易破损、塌落，特别是后期仿木砖塔，几乎达到无塔不残的地步，给砖塔的维修保护带来沉重的负担。砖塔自身的高寿命由于立面构件不能同步高寿而致残了，实在太可惜了。我国砖塔的建造数量很大，是古代高层建筑活动的主要领域，却在拘于旧制的迂腐观念下，直到明清仍摆脱不开仿木的阴影，而未能展露富有高层砖构机能特色的风姿，这不能不说是中国建筑的一大憾事。[6]

这使我想到最喜欢的宋塔，宣城广教寺双塔。每每讲到这对四边形的塔，总要赞美它保留了唐塔的古意，有具有宋塔柔美的细部——拼装的逼真的斗栱和富有装饰性的叠涩。伟岸中见精巧，简练中见丰富。如仅就其形式美分析，或许不错。但建筑毕竟是要用的，“高层砖结构机能的合理造型”，不仅要影响它的寿命，也应当左右它的美学价值的判断，这或许就是侯先生所言的“高层砖构机能特色的风姿”。

注释：

[1] 李渔．闲情偶记．学苑出版社，1998：406

[2] 宗白华．美学与艺术略谈．原刊1920年3月10日《时事新报·学灯》，转引自《宗白华全集》第一卷．安徽教育出版社，1994：202～205

[3] 孙大章．民居建筑的插梁架浅论．小城镇建设，2001（9）

[4] 萧默读《中国建筑美学》．萧默建筑艺术论集．机械工业出版社，2003：215

[5] 陈志华．北窗杂记．河南科学技术出版社，1999：204～206

[6] 侯幼彬．中国建筑美学．黑龙江科学技术出版社，1991：63、304、40、183、186

徜徉在《中华古都》

杨昌鸣

近年来，有关中国古代城市建设研究的论述已不在少数，但将焦点集中在宫城与都城、地方城市制度、古代城市的工程技术三方面的著作，迄今为止只有东南大学郭湖生教授于1997年出版的《中华古都》（台湾空间出版社，1997年第一版）。

郭湖生教授，河南孟津人，1931年4月28日生于浙江湖州。1952年毕业于南京工学院（今东南大学）建筑系，分配至山东大学（后改青岛工学院）土木系任助教。1956年迁入西安建筑工程学院。1957年蒙刘敦桢教授之召，以高教部调令入南京工学院，任其研究助手。刘敦桢教授去世以后，郭湖生教授执秉业师之道，继续开展建筑历史理论的研究工作，获得了一系列令人瞩目的成果。自20世纪80年代始，郭湖生教授勤力于城市史研究，其主要见解均汇聚于《中华古都》一书之中。

《中华古都》一书虽然由历代都城和城市史专题及研究这两大部分组成，但却包含着三个方面的内容。第一个方面是对中国古代城市史研究的总体把握，包括主要讨论与宫城和皇城有关问题的“魏晋南北朝至隋唐宫室制度沿革”、“台城考”及“历代都城”等，还有总结地方城市制度的“子城制度”；第二个方面的内容是通过对十大中国古都进行的逐个点评而为我们勾画出中国历代都城发展演变的清晰轨迹；而第三个方面的内容则是以“中国古代城市水工设施概述”的方式对古代城市的工程技术领域所作的专项探讨。

一、对中国古代城市史研究的总体把握

正如郭湖生教授在该书前言中所述：“曾经作为封建都城的城市，无疑是我国历史文化名城的精华。它们有各自的特色和丰富的建城经验，值得认真地去研究、理解和发扬。都城不同于一般城市，有其特殊的性质和要求，规模也较为庞大……在功能上又是一种非常复杂的综合性的统一体。”

对于历朝历代的都城来说，各有各的特点。如果不能以一种全局性的眼

光去进行审视，就很容易陷入“瞎子摸象”的误区。在该书第十一章“关于中国古代城市史的谈话”中，郭湖生教授为我们建构起研究中国古代都城的总体框架。

1. 正确认识《考工记》对研究中国古代都城规划与形象上的影响及意义

正如王绰博士所说，几乎每篇关于中国城市的论著都引用《周礼·考工记》:“匠人营国，方九里，旁三门……”这一段文字。究竟它对研究古代都城规划与形象上又有什么样的影响及意义（其规范性、指导性和限制性、迷惘性等等）呢？郭湖生教授对这个一直未能得到解答的问题发表了自己的见解。

郭湖生教授指出:“迷信《考工记》为中国古代都城奠立了模式，就使中国古都的研究陷入误区，停滞不前。《考工记》对中国都城的影响，确是有一些，但绝非历代遵从，千古一贯。其作用是有限的。”郭先生的这一观点，并不是主观臆想，而是以客观现实为依据得出的真知灼见。郭湖生教授回顾了历代都城的建造情况，注意到《考工记》成为《周礼》的一部分而受到尊崇是汉武帝以后的事，现存春秋战国遗留的城址虽多，但与《考工记》相合的没有一处。而汉长安是在秦代离宫长乐宫和汉初建造的未央宫的基础上就事论事在惠帝时建成的，没有完整的计划，谈不上《考工记》的影响。西汉王莽当政时，虽然样样模仿《周礼》，但只有十几年就灭亡了。东汉洛阳并不是《考工记》制度。自曹魏邺城而后，几个都城都是邺城体系，而非《考工记》制度。邺城体系一直影响到隋大兴城，也就是唐长安。只不过大兴城的旁三门、左祖右社倒是合于《考工记》的，不妨说是折中的。到了五代、北宋的东京，采取的是当时常用的子城一罗城制度，《考工记》根本没有。南宋的临安，同样也谈不上《考工记》营国之制。最为切近《考工记》的，要算是元大都。元代显然是在儒学正统思想影响下采取了《考工记》布局，其后明清北京，是在元大都基础上改建的。于是主张《考工记》原则为主流的人常用北京为例，用反溯的办法证明《考工记》千古一系。

在重温历史的基础之上，郭湖生教授发现:“中国古代都城布局方式是在一定时期具体条件下，依据以往经验，有因有革，不断变化前进的。”有的布局模式原是一时权宜之计，为后世转相因袭，成为定制，而不是《考工记》有了先验的规定后才有的。因此，郭湖生先生认为:“中国古代都城的规划经验是逐代积累，许多措施形制因时因地变异，绝不是由一个先验的模式所规定。古人是很讲求实际的。都城的规制的根本要求，主要就是君权至高无上的政权统治的需要为原则。许多功能和形制的发展变化，用《考工记》是解释不了的，强之为解，终究是削足适履，不得要领。”

2. 对城市研究的创见和心得

郭湖生教授的第一个心得是：古代城市要从经济、交通分析。

在铁路开通之前，水运常是都城择址的性定性因素。作为首都，必须从全国调集粮食及生活物资供应日常所需。自西汉以后，历代首都均有漕渠建设。或择址临近航运的河流，或人工开挖与天然河道相结合，对运粮和商业都有利。古代都城如无水运，耗费极大，将力不胜任，使国力贫弱。其次是水资源，除了航运，水也是日常生活所必需的。古代都城在重视水资源的利用方面，有水平很高的水工设施，也有丰富的经验，需要加以总结。

将唐宋的州军级地方城市构成的方式命名为子城制度，是郭湖生先生的第二个心得。

子城制度，也可称为“子城——罗城”制度，即统治机构的衙署、邸宅、仓储寅宾与游息、甲仗、监狱等部分均集中于城垣围绕的子城（内城）内，其外更环建范围宽阔的罗城（外城）以容纳居民坊市以及庙宇、学校等公共部分。控制全城作息生活节奏的报时中心——鼓角楼，即为子城门楼。这种方式及其变体曾是自两晋以后起至本世纪初中国州府城市形制的基本模式。

尽管在汉代及其以前是否有子城和罗城这样的城市形制目前还不清楚，但这两个名称至迟在晋、南北朝史料中就已经出现了。至唐代则州军治所设子城，已为常规。郭先生指出：“唐宋州军子城虽已不存，因其重要性而为治史者所必知：子城聚一州之精华，军资、甲仗、钱帛、粮食、图书文献档案，皆蓄于此。子城为一州政治核心，政府、廨舍、监狱皆设其间，子城鼓角楼司城市生活行止之节；建筑壮丽，为全城观瞻所系。往昔学者未尝措意及此，深用为憾”。与此同时，郭湖生教授也认为，子城制度对其后的元明清县级城市的影响是明显的，但也有不同，还需继续研究。

而郭先生的第三个心得，可能也是最重要的一个心得，就是研究了宫城和都城的关系。

关于这一问题的研究成果，集中反映在“魏晋南北朝至隋唐宫室制度沿革”及“台城考”这两篇文章中。郭先生注意到：“中国自古是中央集权的政体，而且朝皇权高于一切发展。中国古代的宫室制度密切联系于这一发展，几经变迁。隋唐以后比较清晰，而隋唐以前迄今没有认真清理。许多流行看法（例如说周礼之制一脉相承，贯穿始终），似是而非。实有必要重加研究”。

基于这一观点，郭湖生教授从大量的史料中，梳理出南北朝时期所特有的“骈列制”的大致脉络。所谓“骈列制”，就是宫城内有两条平行并列的轴线，宫城的两座宫门分别对应着两座主要建筑。这种体制与后世习惯见到在宫城中央辟门而主要建筑皆沿中央轴线前后相贯左右对称布置的制度（自隋大兴宫以迄明清故宫基本如此）大相径庭。在分析采用骈列制的台城布局的基础上，郭先生对骈列制产生和消亡的始末发表了自己的见解。

郭先生指出，称为骈列制的特点是礼仪性的大朝廷殿一组与处理政务的议事处及枢要部门一组而这在宫内的平行并列。以此为准，则第一个骈列制应是曹魏邺都宫殿。西晋洛阳宫和东晋建康宫的形制原则一致，均采取了骈列制。而骈列制既是以尚书台作为中央政府的宫内机构而产生，其消亡的根本原因，也正在尚书台的“见外”和威权日替。随着尚书由宫内机构变成与卿、监同列的宫外机构，骈列制也随之终止。这一过程由北齐邺南宫开始而为隋唐所采纳固定下来。

针对学术界关于“日本的宫城实际上是唐长安中宫城与皇城的结合体”的观点，郭湖生教授结合对日本平城京的考察，提出了自己的不同看法。他认为，平城宫最早的布局是典型的骈列制，除了宫城正门朱雀与唐长安皇城正门名称一样之外，找不出其他与唐代宫室制度有任何共同之处。郭湖生教授认为，要分析平城宫的制度，应该从日本当时自身的社会进程和制度特点为出发点。不能因为遣隋使和大化革新都是隋唐时期的事件就认为日本主要借鉴的是中国隋唐制度，而较为忽略乃至完全忽视这之前日本和中国的长时期文化联系和影响，这样得到的认识将有所欠缺。

二、十大古都点评

中国历史上最为著名的十大古都（即西汉长安、东汉魏晋洛阳、东晋南朝建康、隋唐长安、隋唐洛阳、北宋东京、南宋临安、元大都、明南京、明清北京），前人已有不少介绍和分析。郭湖生教授凭借深厚的文献功力，以史实为依据，对十大古都的特点和历史成就进行点评，令人耳目一新。

1. 西汉长安

正如郭湖生先生所说，建立一个统一的封建帝国的首都，要面临许多前所未有的新问题并加以解决。秦代虽奠立了关中建都的基础，但未能充分展开。西汉长安在此基础上继续发展前进，逐步完善。

为了巩固皇权专制国家，西汉长安的建设始终以宫室为中心而展开。它采取的建设城市水源、漕运、桥梁驰道传舍、市集仓储、邑里宅第、道路沟渠，建立闾里和市集管理的制度及相应的刑律和监狱，建立中央和地方官府、守卫军队，建立宗庙社稷、太学辟雍等等经济上、政治上、文化上和军事上的措施和建设，取得了明显的成效，也积累了很多经验，大多数为后世的王朝所效法。尽管西汉长安没有事先的完整规划，也没有明确的分区和整齐醒目的城市构图，但却成为此后长期封建社会都城建设逐步系统化和逐步完整的一个伟大的开始。

2. 汉魏西晋北魏洛阳

若论盆地腹地广大、军事地形险阻，洛阳均不如关中，但其地位比较适中，又处砥柱下游，水运较为方便，早就有城邑建设，曾多次成为不同王朝都城的选址位置。

东汉洛阳宫区占有很大比重，但全城没有形成以主要宫殿为中心的轴线，城门、街道、市集的布局比较自由，表明当时洛阳保持着战国时期城市特色而并未遵循周礼营国之制。

东汉末洛阳遭受重大破坏，直到三十年之后，曹丕称帝，将魏都由邺迁洛，才在残破的废墟上重建洛阳，但其格局和面貌与东汉时相比较已有截然不同。这时所形成的“骈列制”布局模式，不仅由西晋全部继承，也为东晋、南朝所继承。两百多年后北魏重建洛阳时所依循的也是这一模式，其影响之大、历史地位之重要是不言而喻的。

在前后几个朝代将洛阳作为都城的建设过程中，其最突出的成就，就是对水资源的利用和城内外水系的改造。自汉代起，就开始了漕渠建设，经晋代再修，臻于完善。北魏则继承东汉魏晋的遗留并使之得以更好的利用。也正是因为充分发挥了水资源、水运的决定性作用，才使得北魏能在短暂的时间内在废墟上建立起一个伟大的都城，从而使鲜卑族就此摆脱经济贫困、文化闭塞之苦。

3. 六朝建康

建康，即今南京，是吴、东晋、宋、齐、梁、陈这六个朝代的都城。这座都城是吴国所奠立，当时称建业，西晋末因避帝讳改称建康。建业地位适中，既便于控制全局，有可将长江倚为天然屏障。境内山势龙蟠虎踞，水运方便，是理想的建都地。

建业城的建设始终与整修河道和水利设施同步进行。通过引流开渠，使得建业城周围形成完整的河网，既便于居住区的灌溉和生活用水，又便于水上交通运输。因水营建住宅园林和水上行船往来娱乐，以后成为建业（建康）城市的一大特色。

东晋建康一切因吴国旧有，惟一大建设是筑长堤六里余，东起覆舟山西，西至宣武城，用以蓄北山之水，名北湖，是形成人工湖之始，对改善节制建康供水条件大有益处。宋文帝元嘉年间再次修筑堤蓄水，命名为玄武湖，是建康的主要水源之一。

自东晋时修改重建完备的台城，一直沿用至陈亡被平毁为止，是建康的一个重要组成部分。台城形制仿效西晋洛阳宫，沿用“骈列制”。东晋以后在台城屡有兴造，但主要是后宫内殿和华林园区，台城基本制度不变，成为研究“骈列制”的主要例证之一。

郭湖生教授根据建康城内街巷纡曲斜错，没有修筑整齐、高垣封闭的坊里的情况，指出“认为中国宋以前城市无例外采取坊里制的说法，似不能成立”。这一判断也是符合中国南北方气候及风俗习惯差异较大这一客观实际的。

4. 隋唐长安

隋唐长安位于汉长安故城东南约三十里龙首原一带，宏观上仍处于关中渭水盆地的中心。由于“龙首山川原秀丽，卉物滋阜，卜食相土，宜建都邑”，隋文帝于开皇二年（582年）下诏在该地营建新都，是年十二月，命名新城曰“大兴城”。

大兴城的建设最值得注意之处在于它惊人的营建速度，自下诏营建起至迁入新都，前后不过十个月光景，被誉为世界城市建设史上一次真正的奇迹，标志着当时中国的高度文化水平。

大兴城的形制有两个来源：置宫城于北而官署坊市于南，宫城北垣与京城北垣重合，近于南朝建康；宫城位于中央而闾坊向两侧发展形成南北微缩而东西略长的平面，则类似于北魏洛阳。此外，大兴城的制度还明显受到当时已常用于州郡级城市的“子城——罗城”制度的影响。

隋代是短暂的，继之而起的唐朝全部继承隋的经营成就。唐代改大兴为长安（或称西京、或称上都）。入唐以后，长安城最大的变化是唐高宗时建立大明宫和玄宗时建立兴庆宫。前者代替太极宫（西内）成为主要正式朝廷，后者却是一处离宫。唐代对长安的另一改变就是增加两处夹城：一由东苑沿京城东垣至曲江芙蓉园，一由西内苑沿京城北垣至芳林苑。这是皇帝游幸的专用复道。

大兴城建立之初所采取的坊里制只适于商品经济不十分发育的城市，在坊里制的框架内，商业经济与城市形制的矛盾日益突出。唐继隋，虽未从形式上废除坊里制，但却对其进行了一些改良，在长安城对称设置了东西两市，坊里中也兴起商店和作坊，满足了日益发展的经济活动的需要。

伟大繁盛的唐长安，不仅成为东方各国向往之地，也成为各国建设自己都城的榜样，日本的平城京和平安京就是典型的例子。

5. 隋唐洛阳

隋代营建洛阳的目的是将其作为第二首都，以备关中歉收之时就食于东方。然而，隋代第二首都不在汉魏洛阳旧址，而是在其西边十八里的新址，其主轴正指向南方的伊阙，与秦始皇的阿房宫“表南山之巅为阙”可谓异曲同工。

隋代洛阳的营建，包含建设宫殿坊市，营造苑囿离宫，迁移人口，开掘河道，建立仓储，是同时进行的一项综合的系统工程。比之大兴的规划，更有预见，更为周全，也即是更为成熟了。郭湖生教授认为，隋代洛阳的建设，标志着中国古代都城建设水平又上了一层台阶。

唐初武德贞观年间，洛阳曾降为洛州。至高宗武则天时期又恢复都城地位，尤其是武则天称帝的十五年间，不仅是政治中心，也是经济贸易中心、文化中心，堪称洛阳繁荣的鼎盛时期。

唐玄宗时期，关中粮食储备问题得到解决，朝廷再无必要就食关东、长驻洛阳，洛阳的地位随之降低。除了第宅园林，再无重大建设活动。唐代以后，洛阳虽曾经有一段时间保持着陪都的地位，但建设极少，城市逐渐萎缩，与隋唐时期有若天壤之别。

6. 北宋东京

北宋东京，即今开封，战国时称大梁。唐代为汴州，肃宗以后，设宣武军于此。按唐代惯例，州军级城市采取“子城——罗城”制度，汴州也不例外。唐末朱全忠以宣武军节度使起家，篡唐后放弃唐末都城洛阳，以汴州为都，号东都。此后又陆续有后晋、后汉以此地为都，但均未遑建设。后周（951～959年）将其作为都城，称东京。由于原属州军级地方城市，其规划格局、设施规模等均难以适应作为都城的要求。因此在周世宗时（954～958年），即着手治理黄河，疏通东京漕运河道，东京作为全国统一的经济中心的格局初步形成。随着人口的增加，旧城益感狭隘，世宗又下诏“于京城四面，别筑罗城”，将城市范围向外扩展，同时又对城内的街道等加以整治，使东京的城市环境大有改善，这是中国古代城市建设史上有名的事例。但周朝旋即为宋朝取代，因而东京的改造，主要是在北宋时期持续进行的。

在北宋对东京的改造中，整治河道、保证漕运仍是一项核心内容。宋太祖十分重视汴河这一重要的漕运通道，令人每年挑浚河道，加固河堤，将其作为国家水利工程的重点。另外，作为首都，必须将原有道路和桥梁加以改造，才能适应皇帝出行仪卫所需。州桥（天汉桥）、华表、御廊杈子、宫门双阙的系列，就是这种改造的结果。值得注意的是，这一庄严伟大的建筑序列的形成，原本只是改造地方级旧城的一种权宜手段，但却经后世历代不断提炼发展而臻至善，金、元、明代的金水桥、华表、千步廊、五凤楼式的宫阙正门的系列无不脱胎于此。

和唐长安相比，东京城市生活内容有了飞跃的变化，以后各代都城大抵均是模仿汴京模式。天德三年（1151年），金国开始在燕京仿宋东京建造中都，奠定了元明清都城形制的基础。由此可见，北宋东京是汩都城史上的分水岭，其意义非常重大。

7. 南宋临安

临安，即今杭州，原名余杭。秦代称钱塘县，县址内有清泉。汉代建筑堤坝来控制海潮，堤内蓄积清泉，成为西湖的前身。杭州依湖而立，因泉而活，在原来海湾浅滩形成了城邑。隋代统一天下之后，废郡置州，成为杭州，当时是一处中等的地方州级城市。

杭州的发展，一是得益于隋代对大运河的兴筑。杭州地处运河南端，地位重要，财货集中，发展尤为迅速；二是得益于几位官员对西湖的治理，如唐代刺史李泌、白居易，唐末越王钱谬，北宋知州苏轼等等。

宋绍兴十一年开始经营改造临安，筑造坛庙，修整皇城，基本形成一个都城的格局，但在形制上比东京更为简易。南宋临安布局结构最根本的特点是皇城在南而城区在北，这是对唐宋子城在南、州城在北的大格局的沿用。由于官府、第宅均在皇城北面，所以临安的御街以北为主，这是与历史上任何其他都城根本不同之处。尽管临安所建太庙在御街之西，而社稷则在御街东，但在以北向为正的前提下，仍是左祖（西）右社（东），与礼制要求相符合。

尤为突出的是，临安整个皇城，兼有明清的皇城与禁城的内容。史料记载皇城内有南北宫门，似有单独的宫禁区。因此，郭湖生教授认为临安皇城实为元明清皇城的先声。

8. 元大都（及金中都）

郭湖生先生指出，从中国都城建设史的角度来看，元大都是现代北京的直接前身，她的出现标志着大漠南北统一国家首都的诞生，其意义十分重大。

北京现在的位置，古代为蓟，隋为涿郡，唐为幽州刺史治所。辽代将其改建为南京析津府，又称燕京，开创了游牧民族进入传统汉族农业为主的中原地区并且建立了统治中心的历史。12 世纪初，女真族崛起，金国发展迅猛。1151 年，完颜亮下令将国都由上京迁至燕京，即金中都。

金中都的形制反映出北宋东京的强烈影响：全城由宫城、皇城、都城三者组合而成，并且继承了东京城主干道南熏门——朱雀门——御廊杈子——宣德门及左右掖门这一系列。这一体系一直延伸影响到元大都以迄明清北京，其地位至关重要。

元代忽必烈接纳了群臣的意见，在金中都旧城东北以其离宫琼花岛万安宫为中心建造元大都。因此，元大都接近《考工记》的原则，实际是沿用金中都布局而来的。然而，元代建大都的技术，则受宋代影响很大。元代的《河防通议》一书是根据近代都水监的官方制度编写的，其中列举的土工方面的条文，和《营造法式》基本一致，证明宋、金、元在建筑技术上的传承关系。

9. 明南京（兼论明中都）

明代的南京，原为应天府城，是在元代的集庆路城基础上扩大加筑而成的。集庆路城即南唐之金陵城，包容了六朝时期的建康城、丹阳郡、西州城、冶城、石头城在内。经历宋元两代的长期使用，形成了以旧宫城前御道为轴线的旧城区。

明代南京城利用了旧城的西、南两侧，拓宽加高加厚。城墙墙垣长 33.67m，高约 14～21m，厚约 14m，均用巨大青砖，筑墙耗时长达 21 年。全城有城门 13 座，走向沿地形和水道需要而灵活转折，轮廓亦非方整，与《考工记》所谓“方九里，旁三门”完全无关，而是从实际城防需要出发。

明代南京筑城时间延长，和临濠（今安徽凤阳）中都的兴筑有关。朱元璋认为他的故乡临濠“前江后淮，有险可恃，有水可漕”，故下令将其营建为中都。就在中都皇城工程基本形成之际，朱元璋忽然又放弃建立中都的愿望。中都建设虽然终止，但从已建成的部分当中，仍可看出明初的都城规划观念。

中都城垣仍分为都城、皇城、紫禁城三重，计划设11门。南面正中仍为洪武门，入门经千步廊至皇城承天门。在承天门至宫城午门这条中轴线两侧，左（东）为中书省。右（西）为大都督府，再外侧为“左祖右社”。中都宫城（紫禁城）平面正方形，午门三道，两侧为左右掖门，与南京同。

临濠中都工程终止之后，朱元璋又集中力量营建南京，使坛庙礼制建筑及城垣、陵寝的建设逐步完备。其形制在一定程度上受到元代影响，同时也有其自创的成分，并且在某些方面又影响到后来的明代北京的建设，可看作是承上启下的代表作。

10. 明清北京

明永乐年间，明成祖下令在元大都营建宫室，至永乐十八年完成，次年正式迁都北京。当时所建宫殿，虽屡焚屡建，至明晚期未已，但宫殿、门阙规制，悉如南京，且“壮丽过之”。明北京的制度，仍是三重垣：京城、皇城、宫城（紫禁城）。三者之间的关系如下：宫城（紫禁城）地位最尊，皇城地位次之，京城最低。

明成祖营建北京时，坛庙礼制建筑的分布，均依南京成法。到了嘉靖年间，才开始有了较大的变化，而北京以最完备的礼制建筑布局著称，也完成于嘉靖时期。至于明代北京的地方行政机构，则基本因袭元大都。

清兵入关后，仍基本维持明北京的城市格局，只是将八旗军营设在皇城内，而蒙古军、汉军则在外围，后来界限逐渐错杂混淆。

康熙至雍正乾隆，逐步整修北京城，主要是宫殿门阙以及庙社诸坛。与此同时，清代宫廷又先后对热河行宫、瓮山清漪园、圆明园、静明园等皇家园林进行了整修或扩建，取得了很高的艺术成就。

郭湖生先生认为，明清北京是我国历史上最后建筑的一座封建帝王都城，气势庄严宏伟，造型色彩鲜明美丽，动人心魄。其艺术成就集中在皇城宫城上，对宫廷的礼仪制度、宫廷的生活需要，皇宫苑囿的严密保护，完全满足了封建王朝的需要，与其艺术形式也是高度完美地统一。它是历代都城经验的最后总结，足以代表伟大的中国文化，应当加以理解和爱护。

三、中国古代水工设施研究

在研究中国古代城市的过程中，郭湖生教授敏锐地注意到，由于漕运、引水、蓄水、排水等需要，在中国古代城市中建造了大量的堰、陂、塘、渠、闸、付窦、水门、水窗等设施，除了文献史料和考古发掘的资料以外，许多城市都有这一方面的遗物、残迹、碑记等资料，把它们整理出来，对于今天的城市建设会起到一定的积极作用。

郭湖生先生在文章中借助于大量的古代文献史料及考古发掘资料对若干水工设施分别进行了阐述，使我们能够对于这部分平常不太注意的内容有了大致的了解。当然，正如郭先生所说，文章只是粗略勾勒，尚待继续收集资料，甄别排比，作出比较准确的分析，以深刻认识我国古代科学科学技术成就。

通过阅读这篇文章，我们可以获得的一个最大的感受，就是郭湖生教授实际是从水工设施这一个特殊的视角，来丰富我们对于古代城市建设史认识的不足。其实，这也是郭先生治学的一个特点，这就是善于从不同的侧面、不同的角度去分析问题，将看似关联不大，实际相互制约的多条线索汇总成完整的学术成果。这一特点，不仅反映在这篇文章之中，同时也反映在这部著作之中。我相信，读者在读完这本《中华古都》之后，也许会对此有更多的体会。

后记：作为郭先生的入室弟子，本来是没有资格来写这篇文字的。然而，每当我翻开这本书的时候，眼前总会浮现起二十年前为郭师誊抄现收录在书中的几篇文稿的情景。郭师高屋建瓴、综观全局的论述或点评，对于我辈而言，可谓受益终生。因此，与其将这篇文字看作是对郭师大作的简介，不如把它看作是一个学生的读书心得，但愿会对读者有一些帮助。

刘先觉主编《现代建筑理论》

一本集大成的现代建筑理论读物——《现代建筑理论》读后

聂兰生

改革开放以来，中国的建筑业迎来了它最辉煌的年代，也给建筑教育带来了勃勃的生机。自1977年恢复招收硕士生以来，已有20多个年头了，但长期以来没有硕士研究生用的教材。由东南大学教授刘先觉先生主编的《现代建筑理论》一书，作为教育部研究生办公室推荐研究生教学用书，终于在去年底出版，它是国内第一本全面系统研究建筑理论的著述，它的出版，适时且必要。

二战之后，人类社会有一个50多年的和平建设环境，和所有的学科一样，建筑学科在理论上和实践上取得的成就，也是前人无可比拟的。长期以来的禁锢使我们落后了许多。20世纪80年代初期，国门打开之后，当我们还没弄清现代主义建筑的时候，后现代主义建筑思潮也悄然登陆，之后，各种流派纷纷走进中国建筑师的视野，对于这些变幻莫测的西方建筑流派，中国的建筑工作者们这些年来，似乎始终在跟踪、追寻。除了追回失去的时间之外，也在努力争取在短时间之内，熟悉和了解外面的世界，进而建立自己的理论框架。年青的学生们是热情的一代，80年代中期，在研究生的论文中就出现了符号学、环境心理学、建筑心理学等内容。之后解构主义、亚历山大模式语言等又成为热门话题。当可持续发展原则提出之后，生态建筑又是关注的焦点。户牍开敞，外面的景色自然地投射进来，信息渠道沟通之后，拉近了我们与境外世界的距离。大学里为硕士生们开出了相应的分析西方建筑流派和建筑理论的课程。中国的建筑工作者们从不同层面、不同角度对西方的建筑理论展开研究这点，从出版物和学术刊物以及各类学术活动中显示出来，只是这些方面没有合成一个整体。如果把这些研究成果比作珠玑的话，缺乏一条线把它们串起来。对于这些变化万千的西方现代建筑理论，应该有个整体性的论述与评价，廓清它的面貌，以取得既见树木，又见森林的效应。

出于教学和研究工作的需要，笔者总希望能有一本集大成的著述，把20世纪西方形形色色的建筑流派与理论统领起来，如果能有一本研究生用的现代建筑理论的教学用书，则是幸事了。这本研究生教学用的建筑理论专著《现代建筑理论》的问世，令人欣慰。此书用了九年时间，汇同国内十所院校的学者和研究人员著成，九年辛苦不寻常，对撰写此书的作者们的敬业精神，深感敬服。

《现代建筑理论》一书共20章，123万字。包容了建筑哲学思想和设计方法两大部分。大致上，前十章属于建筑哲学思想范畴，后十章属建筑设计方法论范畴。全书主要包括：当代西方建筑理论的进展、文脉主义建筑、隐喻主义建筑观、建筑符号学、建筑现象学、建筑心理学、环境心理学、当代西方建筑美学、西方后现代建筑思潮、西方晚期现代建筑思潮、行为建筑学、建筑类型学、新陈代谢论与共生论、建筑形态学与结构主义、亚历山大模式语言、计算机辅助设计方法论、西方建筑设计方法论、西方现代建筑装饰理论、建筑图式思维理论、建筑设计计划论等内容。将近20年来我国建筑界所论及的理论尽涵盖在内了，也是20世纪以来的现代建筑理论成就的总汇。这20章中的每一章所涉及的内容都有自己一套完整的理论体系，虽然这本书有百万余字的篇幅，如不经过提纯，也难于这些“诸子百家”的学说集于一书。因而也可以说，书的内容是各派学说和理论的精选。例如第一章，作者以不到七万字的篇幅，回顾并总结了现代建筑运动以来，各建筑流派和建筑理论的基本论点、社会背景和代表性作品、社会影响、成就和不足。文字精炼、论断精辟，把将近一个世纪的西方现代建筑的发展历程概括其中了。因而它也是西方现代建筑理论内容的浓缩与研究西方现代建筑理论的索引。

笔者多年来为硕士生开设有关日本现代建筑思潮和理论等类的课程，如果写成文稿也要十几万字。在这本书中仅以五万余字的篇幅，就完成了二战以来日本现代建筑主要理论成就的论述。的确，战后日本经济的腾飞，带来了不俗的建筑成就，而其中最具代表性的应该说是新陈代谢理论与共生思想了。书中所论及的章节无论是哪一种学说或流派都有一套完整的理论框架和一系列杰出的建筑作品。展开来论述，从目前与之相关的出版物中可以看出，每一章少则十几万字，多则几十万字，难于集成一书。作为教学用书，应该让读者对多种学说流派的核心理论有所了解。而《现代建筑理论》则恰如其分地做到了这一点，它是各派学说和理论的精选。因为“要求每位建筑师都弄清当代这许多复杂的建筑理论，确实很不现实，也没必要”[1]。对于这个庞大的理论体系，应该有个纲领性的了解，知道它的出处、背景和发展趋势，即了解它的来龙去脉。这20年来，在大学里，学生的求知心切，常常掀起一阵阵学习某一个外国流派的热潮。但多是表象上的认识，对于形成某一个学派的社会背景和理论体系的探讨深度，远不如对作品表象上的模拟。认识建筑流派和作品的同时，也应该去了解形成这个流派的背景原因。例如，新陈代谢产生于日本的20世纪60年代经济腾飞时期，因而才有丹下健三在70年代的山梨县文化馆和黑川纪章的东银舱体大厦。80年代是日本进入信息社会的时代，作为新陈代谢的主要成员黑川纪章又提出了“共生思维”的理论，作品的风格也随之有了较大的变化。一种建筑流派的诞生总是要符合当时当地的社会需要，即所谓的“应运而生”。各种流派对于自己建筑作品又总能自圆其说，道出他们的“所以然”。在知其“所以然”的情况下去认识他们的作品，会更深刻些，对建筑学专业的学生来说，更容易达到学有所获的目的。推而广之，这种重表不重里的风气，在许多设计单位中也屡见不鲜，大规模的建设，要求设计人员要又快又好地去完成任务。每项设计在时间安排上无不“急如星火”，于是设计者也“饥不择食”地拿个外国时髦作品稍事修改后，便去应付局面。在这种情况下，也难于提高队伍的设计水平。“作为一名有修养的建筑师和建筑学者，如能及时掌握当代建筑理论的发展动态，明察当代各种建筑理论中可资参考的成分，还是很有益的。”前言中的这段话，说的中肯。当然，学好建筑理论，不等于就能作好建筑设计，因为影响设计成果的因素是多方面的。但建筑理论可以提高专业素养，开阔视野，进而指导建筑创作行为。建筑师拥有丰富的理论知识，将会深化建筑创作，赋予作品的不仅仅是表象。评价一件作品的时候，也能够透过表层去认识深层的肌理，从中获得启迪，触类旁通，创作出好的作品，进而走出一条自己的创作道路。

此外，有关建筑设计方法论的内容，在书中约占一半左右的篇幅。西方建筑界对建筑设计方法论的研究，起始于20世纪50年代末期。“最初的目的是为了寻求新的设计方法以解决建筑师有限的个人能力与越来越复杂、庞大的设计任务之间的矛盾”[2]。长期以来我国的建筑设计仍是口传心授，师父带徒弟的办法，在大学里沿用至今。对于建筑创作，常常被认为是直觉的、情感的、建筑师个人思维活动的结果。随着建筑事业的飞速发展，国内建筑界对于与之相关的西方建筑设计方法论的研究也注入了不少的精力，可见诸于学术刊物和出版物之中，这些成果对于推动建筑设计实践和建筑设计教育适应当代社会需要，起到了积极的促进作用。《现代建筑理论》一书，对西方现代建筑设计方法的分析的探讨，则更为系统、全面。

关于建筑理论与建筑活动的关联，借用书中前言的一段话为结尾：“如果我们能把不自觉地应用某些理论变为自觉的行动，变为一种既有思想性又有文化意义的创作过程，这岂不是更好吗?”。

注释：

[1]《现代建筑理论》前言。

[2]《现代建筑理论》第530页。

原载《建筑学报》2001年第1期

萧默主编《中国建筑艺术史》

中国建筑史学研究的新收获——评《中国建筑艺术史》

宋启林❶

正如吴良镛先生在《中国建筑艺术史》序言中指出的，中国传统建筑的研究凝聚了三代人的努力。如果以三十年为一代，以梁思成、刘敦桢先生为代表的先驱者，基于历史使命感和民族自豪感，从实地考察和测绘、“天书”的破译，到艺匠的寻访等基础工作做起，成为中国建筑史学科大厦的奠基者；第二代继续发展，由通史进入到专题，大大扩展了广度。如果我理解得不错，第三代则应该在研究的深度上更加努力，从宏观上对对象作一种综合性的理论性的阐释了。我认为，由萧默同志主编、列入为哲学社会科学国家重点项目、篇幅达小八开 1260 页、包括 2500 多幅图片的《中国建筑艺术史》（文物出版社 1999 年 6 月出版，2000 年获第十二届中国图书奖，2005 年获文化部 5 年一评的第二届文化艺术优秀成果一等奖），可以说是代表第三代努力的一个重要成果，堪称为一本难得的很有分量的学术著作。我从来不写书评，在撰写本文之前也未能有幸与主编相识，只读过他的《敦煌建筑研究》，留下了很好的印象。所以当这本书刚一出版，我就买下了它，阅读全书以后，感慨良多，禁不住要写出这篇评论。

这本书值得精读之处甚多，除了继承第一、二代建筑研究者已有的主要成果之外，更有了不少开拓。举要如下：

一、本书的重大特点之一，是强调变描述式史学为阐释式史学，并相当重视理论。这一追求语虽简单，可不是一件容易的事，不但要在描述对象、历举其本身一切重要方面的同时，更要结合对象所处的社会历史环境，给出具有一定理论性的阐释，使读者不但知道历史上有过一些什么、是一些什么，还要尽量给出一个它们是怎样产生和发展来的，以及为什么会是这样的答案。本书在这一点上的确作了很大努力。例如，作者通过中国现存第一座被梁思成先生称为“颇突如其来，其肇源颇耐人寻味”的密檐塔嵩岳寺塔[1]，

---

❶ 宋启林，中国城市科学研究院教授，高级规划师，博士生导师获国务院特殊贡献津贴。此文曾于 2001 年刊于《重庆建筑大学学报》，现应出版社之约加以修改重发。

就尽可能阐明了这种式样是如何从印度塔的覆钵状原型，经中亚的发展传入中国西部，继续演化，又随着佛教继续东传而到中原，终于形成为嵩岳寺塔的成熟形制。并证明它与楼阁式塔一样，仍然是印度塔与中国楼阁的融合，较令人信服地回答了前辈提出的问题。又如，关于阙是如何从单纯用于军事目的的“观”演化为具有观瞻性作用、用在许多场所的对立双阙，又经汉魏的坞壁阙，从隋代开始演变成只用于宫城正面呈午门样的宫阙，直到明清。在这些阐释中，可贵的是，作者很注意从社会历史文化背景方面来探讨，具有理论的价值。在本书中，像这样的阐发式研究经常可见。尤其是，本书对理论问题相当注意，立有理论专编，给读者以很大启发。正如主编在本书“引论”中所说：“我们当然不可能完全解答它，甚至还会作出错误的解答。但只有这种研究方法，史学才会是富于启发性的和充满趣味的。”

二、体例精当。像总结中国五千年建筑艺术发展史这样的宏大课题，最困扰编著者的大概首先就是体例的选择了，如编年体、纪事本末体等。二者往往各有利弊。本书没有囿于成法，而是大胆组合，主旨则是从对象或问题的本身出发，灵活掌握，免于削足适履。中国以汉族为主体的建筑艺术发展的本身就具有明显的阶段性，作者以此为大前提，首列“萌芽与成长”、“成熟与高峰”、“充实与总结”三编，各编中再依编年体为序列出各章，每章则按建筑类别，分列城市、宫殿、礼制建筑、陵墓、宗教建筑、园林、民居、建筑装饰以及家具等节（有的还设有民国公共建筑、王府、牌楼、桥梁、室内环境、建筑结构和匠师等节），采用纪事本末体进行专题论述。既保持了一个时序发展的总概念，又可对对象给以深入的阐述。又如对于少数民族建筑，其文化背景显然与汉族大不相同，发展也并非同步，所以专设了第四编“群星灿烂”，按民族分列，以三章篇幅加以分述，避免完全按时序与汉族混列一起。中国建筑文化对周边国家发生过很大影响或密切交流，本书注意到了这一点，特设了中国与西域、中国与朝鲜和日本、中国与越南等建筑文化因缘三节，专门加以介绍。又根据影响或交流发生的主要时期，分别插入各相关阶段。以上这些处理，既避免了将重要专题支离破碎地混杂到各处，又使得各种文化体系有机会充分展开，是十分妥当的。在进行以上论述之后，再放开手脚，对有关古代建筑理论等相关课题，在名为“理性光辉”的第五编中，汪洋恣肆地宏论一番。虽然在前四编，对理论已有过不少精辟论断，但都只是简炼提及，不作过多发挥，而在第五编中充分展开。这种有纵有横，述、论结合的综合体例，使读者感到条分缕析，逻辑严密，顺理成章，既不空洞，也不拖沓，是本书对建筑史体例的重要创造。

三、我特别欣赏本书第四编对藏蒙地区建筑、新疆维吾尔族建筑、各地伊斯兰建筑、西南各少数民族如丽江纳西族、大理白族、滇东南傣族和湘桂黔侗族，还有结合汉族建筑介绍的湘鄂土家族等少数民族建筑艺术的研究。以100

多页的篇幅和大量图像，作了相当系统深入的阐发，大大充实了本书的内容。

四、在本书第五编理论专篇中大量引入了参与编纂本书的学者们前已取得的重要成果，如包括涉及中国一整套传统文化观念的建筑哲理、外部空间观念的产生及其主要类型、形体构图规律，以及对文化的决定性作用的强调等，都进一步增加了它的学术价值。对于一些棘手的问题如“风水”观念等，本书既没有回避，也不是一味地肯定或否定，而是以客观呈现其现象并从正反两个方面阐明其历史发展为主，给予了比较恰当的陈述和评价。

五、汇集了大量建筑考古和文献资料。中国古建筑以木结构为本位，与欧洲砖石建筑相比，遗物相当缺乏，为研究带来很大困难。本书作者不惮其烦，从《文物》、《考古》、《考古学报》和其他刊物中广泛收罗材料，包括建筑遗址和墓葬的发掘、有关建筑的文物如明器、画像石、绘画和其他形象资料，以及建筑复原研究成果等，还广泛收集古代文献，大大补充了实物缺乏的遗憾，使这部著作成为信史。本书拥有巨大数量插图，很符合作为造型艺术的建筑应注重形象展示的要求。

我还要特别提到，主编萧默将他在敦煌工作十几年的研究成果《敦煌建筑研究》中的宝贵资料也融入了此书，而敦煌建筑资料上起十六国，下迄元代，其精华所在恰是中国建筑实例和间接资料都最感缺乏的北朝至盛唐之间相对空白的阶段，大大补充了本书的史实，实具有很大的优势和权威性。

六、本书论述十分全面，涵盖面特别广泛，除收罗宏富的各类型建筑外，如前已提到的少数民族专编、理论专编、中国与相邻各国的建筑文化交流等内容，都是具有创新意义的收获，还十分重视对建筑装饰及与建筑有密切关系的历代家具的研究。

本书作者以年富力强的中青年建筑史学者为主，13位作者中，研究员、教授、高级工程师就有11位，又包括8位博士、3位硕士。据该书“后记”所说，作者的平均年龄只有40岁，全书充满蓬勃的朝气和创新意识。尽管涉及艺术的观点，必然是见仁见智，但我感到他们都作过充分的调查研究，占有大量资料，言之有据，持之成理，不是仅凭主观感性的随意发挥，而且一定是在一种和谐的气氛中完成的。

本书在实现从描述式向阐释式的转代中作出的显著贡献，成就了这种转化的第一部重大成果。我很同意作者在最后一章中关于建筑文化的观点，相信未来的中国建筑，只要不断加深对深厚的传统文化的理解、吸收和消化，同时吸收和消化一切外来优秀文化，与中国各民族各地区群众的情感紧密结合，就一定能在新千年的头一个世纪，创造出无愧于先人也无愧于后代、既具有时代精神也具有中国特色的最新最美的作品来。

注释：

[1] 梁思成. 中国建筑史.《梁思成文集》第三集. 北京：中国建筑工业出版社，1985

断金碎玉——《童寯文集》(1~4卷)

方 拥

1983年3月28日，春天里乍暖还寒，在南京军区总医院的病房里，童寯先生的心脏停止了跳动。不久以前，他还撑着高烧不退的病体，在学生帮助下校对书稿。望着老师硕大头颅上的饱满天庭，我不由感到无以名状的失落。思想那么睿智、知识那么丰富的一座宝库，难道就此寂灭?

童师仙逝后，哲嗣和生前助手整理他生前未曾发表的著述。先是晏隆余将部分英文著述归纳成篇幅不大的《童寯文选》，汪坦、李大夏和方拥分任校译，东南大学出版社1988年出版。1993年，中国建筑工业出版社计划编辑《童寯文集》。除已正式出版的《江南园林志》、《东南园墅》、《童寯水彩画选》、《童寯素描选集》等四部专著外，全面收集童师著述，包括已发表的文章、专著以及未发表的文章、笔记、杂记等。原始手稿皆为蝇头小楷，而且大多草书于不规则的小纸条上，辨识起来难度很大。加上大量的标点断句、照片和插图的整理，整理工作进展缓慢。2000年下半年，出版社决定放弃原订四卷同时发行的计划。先于这年12月推出第一卷，作为童师百年诞辰的纪念。

第一卷收入较早发表或已成稿的短篇文章，以写作年代为序编排，内容涉及中国园林、中国建筑、中国美学、中西建筑比较、建筑价值评论等诸多领域。其中若干篇于抗战时期发表在“Tien Hsia Monthly”(《天下月刊》)、《战国策》、《公共工程专刊》等杂志上。在国难时刻，撰文(特别是用英文)弘扬中华文化，对于民族的救亡图存具有重大意义。“当时他有感于西人对我古代建筑的理解不免源流不辨褒贬乏理，或徒求猎奇搜异之快，遂以英语撰文多篇，阐论我国历来哲匠于宫室必重实轻华质饰有度，于园林则师法自然因地制宜，常以崇尚端庄典雅作为艺术的主要格调，希望能澄清流传的误解，叙议时多中西对照比较，使异国爱好者知所适从有利于沟通交往，这也使他成为我国用比较方法探讨建筑理论的一位先行者。先生对我国文化传统爱护至深，惟恐或失的情感洋溢在字里行间。(汪坦“童寯文选序”)”发表于“Tien Hsia Monthly”的三篇文章是：Chinese Gardens(中国园林)，Oct. 1936；Architecture Chronicle（建筑纪事)，Oct. 1937；Foreign Influence in Chinese Architecture（中国建筑的外来影响)，May. 1938。这份杂志英文出版，作者集中了一批归国学人，读者多为上层知识分子，代表了中国1930年代的文化巅峰。两篇生前未曾发表的英文文章是Chinese Architecture（中国建筑）和Vogues in Ancient China（中国古代时尚)，它们撰写于1944～1945年。此时童师应中央大学的邀请，从贵阳移居重庆，兼任教职，专题研究可能是出于教学工作的需要。这两篇加上前述三篇，一共五篇英文文章，行文练达，字间闪烁着智慧的火花，堪称童师中年学术的经典之作。

第二卷于2001年8月出版，主要收入“文革”后完稿并陆续发表的中短篇文章。这一部分的内容涉及近现代建筑史、西方园林史、建筑教育、建筑科技等领域，资料丰富而条理井然。其中《新建筑与流派》、《苏联建筑——兼述东欧现代建筑》、《造园史纲》、《日本近现代建筑》先由中国建筑工业出版社分别发行过单行本。“北京长春园西洋建筑”、“随园考”、“悉尼歌剧院兴建始末”、“外国纪念建筑史话”、“新建筑世系谱”、“建筑设计方案竞赛述闻”、“巴洛克与洛可可”、“建筑科技沿革”、“中国园林对东西方的影响”等陆续刊登于《建筑师》杂志上。在改革开放初期，几代学人渴望西方文明之际，作为主流理论刊物的《建筑师》杂志提供了学术的盛宴。

第三卷于2003年11月出版，收入六种未定稿的史学笔记，主要内容为中国绘画、中国雕塑和中国建筑，加上西藏和日本建筑。这些笔记开始于1930年代初，是为编写教材而作的资料准备。当时童师任教于创立不久的东北大学建筑系，教材建设正为急务。不久后，他的主要精力转向建筑师事务所，只能于业余时间里笔耕。客观条件的局限，使这些研究未能最终完成，但素材一直在增补，并且积累了大量的研究心得。将绘画、雕塑、建筑联系研究，显示童师当时采用了欧洲学术的主流方法，视三者为美术（Fine Arts）的组成要素。可是这种方法并不完全适用于中国，从手稿中不难看出，绘画和雕塑方面研究的步伐较慢且有中途打住的迹象。中国建筑史的总体蕴涵，似乎超出了童师个人研究的时空范畴，加上兴趣的作用，其后一阶段的具体内容，朝园林方向发生了很大程度的转移。

第四卷于2006年9月出版，收入渡洋日记、旅欧日记、杂录、笔记、“交待”材料、学术通信以及合同契约、证书等。渡洋日记共18篇，自1925年8月17日迄9月2日，记录了从上海到西雅图的海上生活以及途中参观日本的感受。旅欧日记从1930年4月26日离开纽约起，止于8月27日抵达哈尔滨，期间仅数天空白。在长达4个月的时间里，历经英、法、比、荷、德、捷、奥、瑞、意、波、俄等国。从文字和速写看，童师对欧洲传统社会和建筑投入了较多关注，尽管当时处于另一次世界大战的前夕，而现代艺术狂飚突进。杂录、笔记虽未定稿，但作为1930至1980年间长达半世纪的积累，学术价值不可低估。其内容除少量涉及中国古建筑以外，大部分都与园林相关，包括日本和欧洲园林。"交待"材料是文革时期的产物，事属迫不得已，却反映出童师在讲真话的同时又能避免连累他人的睿智。以今天的立场看，这些颇具戏剧色彩的文字实为中国近代建筑史研究的珍贵素材，因为其中包含多家重要的建筑设计事务所以及多位著名建筑师的相关活动。事务所如华盖、基泰、兴业等，建筑师如杨廷宝、赵深、陈植、刘敦桢、李惠伯等。学术通信的时间主要是20世纪后半叶，内容涉及中外建筑史和造园史。合同契约皆为童师参与的华盖建筑师事务所和联合事务所文件，证书则为童师自己保存的从清华学校毕业到上海开业建筑师各类。

《童寯文集》第一至第四卷的总字数超过250万，其中只有不足半数从前已经发表。收入的学术成果涉及建筑学和相关学科的很多方面，有些由于已有专著出版而为大家所熟悉，有些则因停留于手稿阶段而不为人所知。童师从来不屑于泛泛空谈，他下笔吝啬，自谓学术论文的用字应当像电报那样简洁。在20世纪中国的著名学者中，童师代表着建筑界的顶峰。他给我们遗留的著述内容博大精深，观点信而有证；行文典雅而又诙谐，中、英文文采俱佳。"读到这一类妙言隽语，就可以知道作者一定是那种在东西方之间游走，时而如蜻蜓点水，时而如巨鲸沉潜的跨文化类型的思想家。中国最近百多年的历史上，出过不少这样的思想家……他们在学术上，有的偏文学，有的偏哲学，或史学，或法学，还有神学，而共通的特点就是中文外文都极好，能捻出不同语文的韵味，体会各种文化的精髓。"（李天纲《"超越东西方"的吴经熊》）

在我国近现代建筑师中，很少有人像童师那样学贯古今中外、素养精深雅致。依陈植先生的看法，"老童是中国建筑界在理论、创作、著述、绘画方面惟一的杰出全才"。他青少年时期适逢战乱，但那些年头，也许真是养育自由知识分子的理想时代。此时初等教育的教科书仍旧是四书五经，这给童师打下深厚的古文功底。在以后的岁月里，他始终把阅读古籍视为愉悦的消遣之一。他对中国古典诗词也颇有研究，倾心于其中淡泊隽永的意境。他早年师从曾任教育部次长的桐城派吴闿生学习经史文词。在清华学校的最后一年，他常听取王国维、梁启超的学术讲座。与此同时，他对西方文化的认识也开始得很早。在奉天一中就读时，常去基督教青年会听取有关西方文化的演讲。中学毕业后，进入天津新学书院专修英语。在音乐方面，留学经历使他对欧洲的古典交响乐产生了浓厚的兴趣，这与老同学杨廷宝的京戏爱好形成有趣的对照。

童师幼年喜欢美术课的绘画和剪贴作业，这对他日后攻读建筑学专业不无影响。考入清华学校后，由于绘画方面的成绩突出，被选为《清华年刊》

的美术编辑和艺术组成员。他曾师从著名山水画家汤定之，娴熟于传统的绘画六法。知识和技能方面的扎实根基，使他赴美就读时得以轻松应对，三年拿下建筑学硕士学位，并于1927、1928年先后荣获全美大学生建筑设计竞赛二等奖和一等奖。1940年代在抗战时期的陪都重庆，以建筑师为主的一批文化人曾有一个终未实现的计划，用英文编写一部"Chinese Culture Series"（中国文化指南），向来华的外国人介绍中国文化。童师撰写序言并在第一辑的八个章节中分撰其二：Chinese Painting（中国绘画）、Chinese Garden Design（中国造园）。他的水彩画造诣最高，因为在建筑表现上，这一画种的用处最大。1980年代初，中国建筑工业出版社整理童师画作，邀请著名画家邵宇观摩。邵宇看后说："我还真不知道，我们中国人水彩画画得这么好。我看，现在全国也没有几个人能达到这么高的水平。"

童师的冷峻外表和寡言少语，可能使很多人误以为他的内心完全超然。其实童师是一个入世者，一个充满社会关怀的人。正因为如此，在教师和建筑师这两个职业中，他的优先选择是建筑师而非教师。教师尽管也要面对学生群体，但在很大程度上可以"躲进小楼成一统"，从而独善其身。建筑师的主要职责则是直面各种世俗问题，满足各种人间需求。在工程实践过程中，建筑师往往身处于无数矛盾的会聚点，纠缠于各种名利的明争暗夺。可以肯定，就天性而言，童师缺少足以应付这些麻烦的玲珑圆滑。可是建筑学这门实践性学科的本质决定了，从业者不能也无法逃避社会参与。

1930年8月自美欧游学归国，童师任教于东北大学建筑系，该系由宾夕法尼亚室友梁思成于两年前创立。一年以后，"九一八事变"迫使建筑系停办。自1931年底与赵深、陈植合组"华盖建筑师事务所"，迄至1952年私营公司的全面解体，童师从事建筑师业务二十年。期间他曾业余考察江南园林，也曾兼任中央大学教职，但一直是事务所设计图房的负责人。童师的职业生涯以教师开始并以教师结束，然而他一生中精力最旺盛的中年时光是在建筑设计实践中度过的。教师角色，是童师退而求其次的选择。在他最常用的一枚印章上，镌刻着"童寯建筑师"。

开业初期，童师就曾取得过骄人的成就。如1932年设计建成南京国民政府外交部大楼、上海大上海大戏院，1933年设计建成上海恒利银行、上海中央大戏院、南京资源委员会地质馆、南京首都发电厂，1934年设计建成上海金城大戏院、上海浙江兴业银行、南京首都饭店等。在1940年代的大后方，童师与杨廷宝、陆谦受、李惠伯并称为中国建筑师中的"四大名旦"。艺术修养很高的童师，对于自己作品的视觉形象，一定会有相当高的要求。可是社会动乱和经济凋敝，使建筑艺术赖以繁荣的物质基础受到重创。执行建筑师业务期间，社会责任感使他不得不经常作出牺牲形式美的选择，但内心免不了感受挫折。童师一生中设计的大部分建筑方案，都遵循经济实用和坚固耐久的原则，很少着意美观方面的追求。在1946年国民政府内政部出版的《公共工程专刊》上，他撰文“我国公共建筑外观的检讨”。文中指出：“中国的公共建筑，既然不能脱离今日的公认一般标准，自不易在国际上所表现的微妙不同几点以外，更有轰轰烈烈的创作。一个比较贫弱的国家，其公共建筑，在不铺张粉饰的原则下，只要经济耐久，合理适用，则其贡献，较任何富含国粹的雕刻装潢为更有意义。”

民国初年，美国建筑师墨菲（Henry · Murphy）主持南京金陵大学和北平燕京大学等规划设计，在多层教学楼上冠戴中国宫殿式大屋顶。稍后中国建筑师吕彦直沿用这种手法，在南京中山陵和广州中山纪念堂两大建筑设计竞赛中，皆获头奖。建筑界不无幼稚的复古主义运动，得到国民政府的支持，被誉为发扬本国固有文化。在墨菲和和另一美国建筑师主持下，南京一大批办公楼、商店和车站等建筑的设计方案，全部采用了大屋顶。由于耗资太大，这批方案最终未能实施。童师对此持批判态度：“教会大学建筑式样，本系西人所创。他们喜爱中国建筑，却不知其精粹之点何在。只认定其最显著的部分——屋顶——为中国建筑美的代表。然后再把这屋顶移置在西式堆栈之上，便觉得中国建筑，已步入‘文艺复兴’时代。居然风行一时。这种式样，在今后中国公共建筑上，毫无疑义的应当成为过去。”（“我国公共建筑外观的检讨”，《公共工程专刊》，1946）与此同时，在租界建筑的影响下，我国建筑师追随外国同行，设计了不少抄袭西方古典形式的作品，童师也没有附和。

童师完全无意抵制传统建筑形式的运用，他认为：“对于盖在中国寺庙上的大屋顶，我们没有异议，正如对于依旧蓄辫的老顽固辜鸿铭，我们不必就其行为的妥否而争执。如果在欧洲某个地方，完全按照中世纪手法建造一座新教堂，我们亦无从反对。在中国建造一座佛寺、茶亭或纪念堂，按照古代做法加上一个瓦顶，也十分合理。但是，要是将这瓦顶安在一座根据现代功能而布置的房屋上，我们就犯了一个时代性错误。”［Architecture Chronicle（建筑纪事），Tien Hsia Monthly（天下月刊），Oct. 1937］正因为始终带有清醒的批判意识，他的设计水准才一直位于前列。

从建筑材料、技术、功能以及经济等各方面综合考虑，童师认识到建筑的国际化是不可避免的发展趋势。“中国建筑今后只能作世界建筑的一部分，就像中国制造的轮船火车与他国制造的一样，并不必有根本不相同之点。”以21世纪的标准看，童师这一态度值得商榷；可是回到现代建筑尚未得到普世接受的1940年代，我们完全应当理解。同时鉴于历史经验，童师对中国建筑的前途充满信心。“中华民族既于木材建筑上曾有独到的贡献，其于新式钢筋水泥建筑，到相当时期，自也能发挥天才，使观者不知不觉，仍能认识其为中土的产物。中国建筑于汉唐这际，受许多佛教影响，不但毫无损失，而且更加典丽。我们悬悬于未来中国建筑的命运，希望着另一个黄金时代的来临。”（“中国建筑的特点”，《战国策》，1941 年第 8 期。）

社会现实的局限，给童寯建筑师带来了太多的遗憾。20 世纪前半叶，他设计的建筑工程多达百项，可是适逢战争，建筑师的艺术才华不可能得到充分发挥。20 世纪后半叶，国家处于难得的和平时期，然而政治上的极端左倾和体制上的过度僵化，竟使童师因无所适从而完全退出了建筑设计的实践领域。在《新建筑与流派》中评价一位西方建筑大师时，他流露出真情。“柯布西埃工作 60 年的一生，是抱怨孤僻、坎坷失望的一生。所作方案，尽管具划时代构思，有的却不被接受；已建成作品也毁誉参半；因而自认是受害者。但到了晚年，他确实也得到应有的评价，受到绝大多数人推崇。如果没有柯布西埃其人，尽管仍然出现新建筑，但却是不够理想的新建筑。无可否认，他是新建筑运动的出色主角……他于 1965 年在地中海滨游泳后心疾突发而没。灵柩被抬到巴黎卢浮宫，棺上覆盖法兰西三色国旗，由国家卫兵站岗护灵。来自希腊电报要把他遗体葬在雅典卫城；印度电报建议把骨灰撒在恒河上空。文化部长马尔罗 Andre Malraux（1901 ~1976）在葬礼时致悼词，这样说，‘柯布西埃生前有几位和他相匹敌的建筑家，但都未能在建筑革命中留下如他那样给人的强烈印象，因为谁也没受过他所受的持久而难忍的侮辱。’”

研究者这个角色，处于教师和建筑师之间。作为业余兴趣，则二者皆可兼顾。直到晚年以前，童师并非专门和全职的研究者，是他强烈的入世追求和倔强的踏实性格所使然。1930 ~1940 年代，中国营造学社聚集了建筑界的大部分精英。童师没有正式加入营造学社，却于抗战前夕独自完成了堪称开山之作的《江南园林志》，随后又撰写出一批有关建筑的学术著述。直到“文革”以后，角色才真正发生改变。此时童师年逾古稀，建筑师业务早已远去，教学一线的大部分工作也得以解脱。他每天上午从住所步行三四里，到南京工学院建筑系资料室，坐在靠窗一个固定的椅子上阅读文献，笔记密密麻麻地写在小纸条上。他长年如此，笔下文字如行云流水，一泻千里。可惜厚积七十年，薄发仅五载。若上天假以时日，童师留给我们的，将不仅仅是若干中短篇著述以及断金碎玉，而是很多部像《江南园林志》那样博大精深而且字字珠玑的完整成果。

北京大学建筑学研究中心，方拥，2006 年 7 月 14 日于畅春园

《梁思成全集》前言

吴良镛

世纪之交，祖国建设事业蓬勃发展，恰逢梁思成先生诞辰100周年，出版《梁思成全集》，意义深远。

历史上，中国建筑、村镇和城市在技术、艺术等诸多方面都取得了辉煌的成就，但在封建社会，匠人的社会地位很低，限于文化程度，难以将经验总结为可世代相传的文字，从而束缚了建筑的发展。差不多到了20世纪初期，从思想家、教育家蔡元培提倡近代建筑艺术、留学生陆续回国、西方建筑师涌入沿海商埠开始，近代建筑才有所发展。此时，建筑界的先进人物如梁思成先生等继往开来，披荆斩棘，功不可没。这次承中国建筑工业出版社提出编辑《梁思成全集》之议，清华大学建筑学院积极邀请有关专家，成立编辑委员会，在诸位编者的积极努力下，以近一年的时间，陆续发现佚文，重新校阅，使我们对梁思成先生毕生的学术建树又有进一步的认识。

一、梁先生毕生为近代中国建筑学术发展建立了不可磨灭的功勋

梁先生是近代建筑教育事业的奠基者之一。

直到1923年苏州工专设立建筑科，1927年并入中央大学，成立我国第一个建筑系为止，建筑的传授都只靠师徒相袭。梁先生是近代教育事业的一位开拓者，1928年，他创办东北大学建筑系，“九一八事变”后学校南迁，在校学生毕业后停办；1945年，抗日战争胜利前夕，为了迎接战后复兴的需要，梁先生致书当时清华大学校长梅贻琦，畅叙建筑教育发展方向，并建议创办清华大学建筑系。通过建筑教育，梁先生培养了一大批人才，为祖国建设作出了卓越的贡献。梁先生常说“君子爱人以德”，他以满腔热情，无微不至地关心学生的全面发展，也因此受到了普遍的爱戴。例如，他早期的学生、建筑大师张镈直至晚年仍尊称梁先生为恩师。梁思成很早就将西方建筑教育观念介绍到中国，其教育思想也不断随时代而发展，《全集》中收录了新中国成立前夕梁先生比较系统地阐述建筑思想的文章。1947年梁先生自美讲学归国，将一般建筑概念扩展到“体形环境”（即“物质环境”，physical environment)，并于建国前夕将建筑系改名为营建系，设建筑组与市镇规划组，将城市设计首次引入中国，并成立园林组、工艺美术组、清华文物馆等，以拓展建筑之外延。今天看来，当时这些主张与举措都是超前的，虽然梁的观点仍然较偏重美学，但已明确强调整体环境，透露出卓越的人文主义眼光，而在西方一般建筑教育中，“环境设计”观念之树立则是60年代的事了。

他是古建筑研究的先驱者之一。

梁先生接受的是西方建筑教育，在东北大学授课过程中，深感建筑史不能只讲西方的，中国应该有自己的建筑史。从沈阳清东陵调查开始，梁先生以毕生的精力，对中国古建筑研究做开拓性的工作。梁先生的贡献在于，坚持调查研究，从总结匠人抄本经验起步，用现代的建筑表现方法，记录整理古代建筑遗产。他首先调查现存的清代古建筑，整理清代《清工部工程做法》，以不长的时间总结归纳成《清式营造则例》；继之顺藤摸瓜，逐步上溯，调查辽、金古建筑，对宋代《营造法式》进行研究注释，并发现当时中国最早的唐代木构建筑佛光寺等。在基本弄清了中国建筑结构演变后，梁先生着手撰写《中国建筑史》与《图像中国建筑史》，堪称当时第一部高水平的中国建筑史。基于这些成就，李约瑟在《中国科技史》中称他是“中国古代建筑史研究的代表人物”[1]。

在致力于建筑史研究的同时，梁先生还旁及中国雕塑史。基于其博古通今的学术素养和对造型艺术特有的敏感，对此梁先生有独到的心得与见解。在对一些文物建筑的调查报告中，他能对寺庙、岩洞中的古代雕塑娓娓道来，就足以证明了这一点。1930年，梁先生写成《中国古代雕塑史》讲课提纲；1945年梁先生示我《图像中国建筑史》原稿，我知道他原计划撰写《中国美术史》，分为“建筑篇”和“雕塑篇”，说明他对中国雕塑史已成竹在胸了。抗战胜利迅速到来后，“雕塑篇”未能续笔，且梁先生当年目睹的雕塑亦已遭到大量破坏，这不能不令人遗憾。

他是中国近代城市规划事业的推动者。

早在1930年，梁先生就与张锐合作完成《天津特别市物质规划方案》，这是继南京《首都规划》后，首次通过竞赛，由中国建筑师完成的规划设计。在1945年抗日战争胜利前夕，梁先生不顾牙齿全部拔除的苦痛，孜孜不倦地阅读沙里宁新著《城市：它的产生、发展与衰败》，有感而发，写成“市镇的体系秩序”发表于《大公报》上，呼吁社会重视城市规划。在清华建筑学院图书室梁先生的赠书中，有亨利·邱吉尔的《都市即人民》等书，页边都写满了梁先生注的中文提要，足见其用功之勤。解放后，梁先生又与夫人林徽因写成《城市计划大纲》序，继续提倡现代规划理论。1950年，他与陈占祥合作，积极为首都未来发展献计献策。“关于中央人民政府行政中心区位置的建议”主张发展新区，保护旧城；“关于北京城墙存废问题的讨论"一文提出保护北京城墙，可惜这些卓越见解未被采纳。如今，不但与旧城行政中心、保护与发展的矛盾继续存在，而且新形势下大体量的、与日俱增的商贸办公楼等充斥旧城，这势必要带来更为严重的破坏，"保护与发展"的矛盾也将更为严峻。相反，如果从现在开始，我们不再立足于以旧城为中心的发展，解决问题的途径则可以宽广得多。

他是中国历史文物保护的开创者。

早在20世纪30年代，梁先生就拟定了曲阜孔庙的修葺计划、故宫文渊阁楼面修理计划等。在抗战胜利前1944～1945年间，为了大反攻的需要，他负责"战区文物保存委员会"，在军用地图上标明古建筑遗产所在的位置，编写中国古建筑目录等，并把这份材料托人送给当时在中共重庆办事处的周恩来。1948年，梁思成先生答朱自清问，结合北京城市建设历史与现实，写了"北平文物必须整理与保存"，这是一篇很重要的文献。建国后，梁先生更积极参与北京及其他城市保护工作，著文、演讲、向中央写信、翻译《苏联卫国战争中被毁地区之重建》一书，并阐述体会，不遗余力，发挥了一定的作用，也挽救了不少有价值的建筑，北海团城即为一例。梁先生还深入浅出地提出文物保护的一些理论，如"整旧如旧"之类，他在审查西安小雁塔顶修缮方案时，有句隽语"但愿延年益寿，不希望返老还童"，至今流传久远。

他是建国初期几项重大工程的主持人与设计者。

梁先生没有把精力过多地用在建筑设计领域，但从20世纪20年代末设计吉林大学起，也从事了一些工程的设计，后听朱启钤之劝，集中精力从事古建史研究，暂时搁笔。建国后，他以充沛的热情投入新中国的重大建设，他是中国人民英雄纪念碑的设计者与国徽设计清华小组的领导者，这两项设计的水平远在时代的前列，并得以批准实施。他在60年代所设计的鉴真纪念堂，"文革"后得以建成，如今已被视为文物建筑。

他是新中国一些建筑学术团体的创建者和组织者之一。

对中国建筑学界产生重大影响的中国建筑学会和《建筑学报》，就是梁先生与同道汪季琦先生共同投入极大的精力，于1953年正式促成的。后来，中国建筑学会因与国外学术界的联系日益密切，于1955年被邀加入国际建筑师协会，这是新中国第一个为国际所承认的学术组织，率先在学术上打破了西方的封锁，周恩来总理和陈毅外长都给予关切和嘉许。

此外，梁思成、林徽因还热心倡导新中国工艺美术的振兴。例如，为了挽救濒于破产的北京"特种手工艺"，他们组织几位清华教师设计景泰蓝造型及装饰图案，取得了喜人的成就。1952年，北京召开亚洲及太平洋区域和平大会，在当时这是一项影响很大的人民外交活动，在梁、林二位先生的精心策划下，传统而新颖的大会礼品使人耳目一新，对世界认识新中国文化追求起到很好的效果。

以上只是对梁思成先生重大建树的初步梳理，难以概全，但仅上述所列，就足以说明他全面地推动了中国近代建筑事业的发展。一般说来，一个人能有上述一、二项贡献，就足以称道难能可贵了，而他能对建筑及文化事业建立如此全方位的卓越贡献，不能不令人涌起发自内腑的钦敬之情。

特别要指出，在我们纪念梁先生诞辰100周年的时候，必须道及他的前妻林徽因女士，这位中国历史上第一位多才多艺的女建筑师，感情充沛，才思敏捷，一直与梁先生并肩奋斗，共同奉献。在相当长的时期内，她都是在疾病缠绵中，以极大的热情与毅力工作的，疾病的折磨影响着她，但她从来没有停止过工作，直到生命的最后一息。在我们追思梁先生的同时，也表示对她的纪念。

二、梁先生博大的胸怀和不倦的敬业精神

梁先生的一生能取得如此巨大的贡献，这与他的家学渊源、以及坚实的国内外基础教育分不开。为了更好地向他学习，我们还应从老一代学人身上发掘更深层的蕴藏。

梁先生多方位的泓大成就在于扎实的基本功和宏博的学术视野，这是他们那一代学人的本色，是由全面的基础教育、学贯中西的涵养所造就的，他们不仅是旧文化的批判继承者，也是新文化探索的推动者。

梁先生多方位的泓大成就与他严谨的态度、“守拙”的精神（他自己谦虚地称之为“笨功夫”）分不开。只要看到他的文稿，包括大学时代西方建筑史的作业以至野外调查手稿呈现的扎扎实实、一丝不苟的态度，就更能体会到这一点。正是基于这种践履笃实的精神，才能蔚为大成。不能忽略的是，抗战期间梁先生身体一直虚弱，多病缠身。1945年晚春，我初次见到他，他当时40多岁，给我的第一个印象就是和蔼可亲，但弱不禁风，因患有脊椎组织硬化症，他身背铁马甲。在四川时，这个用钢条敲打的、类似人的肋骨的框子，外面缠以纱布，套在胸间（赴美之后才换以轻型的、紧身的马甲），更何况重庆天气炎热，一般人都受不了，他还要俯案作图，其难受程度可想而知，他把下巴顶在花瓶口上，笑称如此，线可以划得更直，实际上是找个支点，借以支持头部的重量。1944年初春第三届全国美展在重庆开幕，为了借此机会在“大后方”宣传中国古代建筑成就，梁先生尽管身体如此孱弱，仍与中国营造学社当时仅有的几位成员一道奋力赶图，最终这项专题展览取得极大的成功，当时我是中大将毕业的学生，参观后激动的心情至今不忘。梁思成先生自患背疾后，无法进行野外作业，转到宋《营造法式》等文献的研究，50年代初林徽因先生曾和我谈起当时的情况，随手取出家中的一本古籍示我，上面圈点的有关中国古建筑的史料，虽片言只语却无不是劳动的结晶。前人治学艰辛，恐怕非当今的青年学子所能想像的。解放后，这种敬业精神未尝稍减，每当一项重要的工作完成后，他们总会轮流大病一场，如人

民英雄纪念碑的某方案已在天安门广场上建有大比例尺模型（一个有门洞的大台子上顶着一巨型石碑），眼见即将付诸实施时，他焦急万分，慷慨上书，写完后又病倒了。他们的道路步履维艰，但其心情总是乐观、坚定，例如赴宝坻调查广济寺，“在泥泞里开汽车……速度同蜗牛一样，但当到达目的地看到了《营造法式》所称的‘彻上露明造’”……当初的失望到此立刻消失，这先抑后扬的高兴，趣味尤丰。”“在发现蓟县独乐寺等几个月后，又得见一个辽构（即宝坻广济寺三大士殿），实是一个奢侈的幸福”。这种“先抑后扬的高兴”、“奢侈的幸福”，支撑着他们克服一个又一个困难，“拼命向前”。

梁先生多方位的泓大成就还在于学术上的创新精神，他们治学不是跟着前人亦步亦趋，而有一己的敏思和创意，其学术思想是适应时代，甚至超越时代的。国际上对中国建筑研究，德国、日本学者起步较早，但营造学社所推行的科学的调查研究方法却是梁先生开创的。他的贡献不仅在于实际调查，还有理论的探索。40 年代在四川李庄时，梁先生曾把语言学与建筑学结合起来，称清工部《工程做法》和《营造法式》是中国古建筑的两部“文法”课本，意在总结其内在的规律；1953 年在中国建筑学会成立会上，他提出建筑的“可译性”、“翻译论”等，将中国建筑构图元素与西方文艺复兴时的建筑词汇进行对比，探索构图规律。当时，建筑界未必都能接受，在西方，也直到七八十年代才把建筑学与符号学、语言学联系起来。再如，1932 年梁、林在“平郊建筑杂录”一文中提出了“建筑意”（architectursque）的概念，敏锐地注意到中国建筑的“场所意境”，这要比西方的诺伯舒兹（Norberg－Schulz）提出“场所精神（genius loci）要早几十年，可惜未有进一步的后续研究。

更重要的是，梁先生多方位的泓大成就应归结于其强烈的爱祖国、爱人民的激情，治学处世积极面向现实。1947 年在新学年开学典礼上，他提倡“往者有其房”、“一人一床”，把建筑的方向和我们人民生活的需求直接联系在一起。1948 年初，在清华同方部讲演时，他义正词严地批判国民党修筑四川广元公路时破坏一部分唐代石刻的愚蠢行为。1947 年，在美国学术界做中国古代建筑讲演时，他批判西方盗卖中国古文物的行径，他说，幸亏中国的文物建筑体量太大，难以搬运，否则你们的博物馆中就装满了中国的佛寺和宝塔了！他铮铮铁骨，以一种历史使命感捍卫着民族自尊。

三、梁先生的困惑和我们不能不思考的问题

梁先生热爱专业，有专业理想和抱负，一直希望能在和平的环境投身祖国建设。解放北平前，解放军派人向他征求在战争条件下解放北平如何保护建筑，他大受感动。新中国的创立无疑是一个伟大的创举，一切志士仁人平生理想的实现也寄托于此，加上当时梁先生的学术界好友吴晗、周培源、金

岳霖等的影响，梁先生把自己的后半生献给了党，献给了新中国，希望在新中国的建设中，能重视建筑艺术，保护民族文化（包括不拆城墙）等等，但这些近乎单纯的愿望，换来的却是“复古主义”的批判。梁先生的困惑在于，他以一种少见的赤诚热爱党、热爱人民、热爱新社会，这与热爱专业、提倡专业、以己专业所长全心全意地为人民服务，两者本来是绝对统一、毫无疑义的，也正因为如此，他却遭到了不公正的批判。尽管他还是以炽热的心情，不放弃任何可能的机会，发表己见，但与血脉相连的专业仿佛渐渐地疏远，以至“噤若寒蝉”了。不幸的是，与他心心相印、志同道合的夫人也在彷徨中离他而去。

从1949年起，梁先生潜心地投入建国后的专业工作、参加新中国建设时，不过48岁，这样一位饱学之士，充满激情地放手工作的时间还不足5年！在他百年之后，我们整理其著述时，不能不感慨系之。特别要指出的是，从1955年批判“复古主义”开始，“文革”暴风雨中他更累遭批判，但我们从未听到过梁先生有半点怨言，他绝对信任党的领导，绝对爱国，绝对爱自己的专业，总在苦苦思索自己的“错误”。现在看来，必须指出，被批判者是没有什么错误的，至多是学术见解上的不一致，这本来就不可能，也没有必要，强求一致。当时的批判及其对建筑学术发展所造成的影响，包括对学风的破坏，是永远值得我们深思的。

应该说明，对于梁思成的批判，政治上的“平反”早已在1972年的追悼会上澄清，学术上的“平反”在他诞辰85周年纪念会上也已得到说明，上世纪末，又以梁思成之名设立建筑最高奖，足见政府对梁先生的重视。今天，我们来纪念梁思成先生百年诞辰，是因为建筑发展的道路还很漫长，我们不仅要学习西方先进的科技与文化，还要研究发展我们的传统，要研究先贤，学习先贤，研究梁先生等人的贡献。当然，任何一位历史人物都难免有其缺陷，不能苛求古人，但像梁先生这样的学者，近代建筑史上是不多的，对于什么是“复古主义”，怎么看待梁先生，这里无须赘言，有《梁思成全集》鸿文九卷在此，请科学地、深入地予以研究，相信今后还必须会有众多的中外学术著作问世。只有掸掉“大批判”落在建筑学上的灰尘，切切实实地去发掘建筑学宝库，我们才能真正找到各自的结论和我们应该走的道路。

四、向学术巨人学习，迎接新世纪中国建筑科学艺术的伟大复兴

恩格斯在《自然辩证法》中论文艺复兴时曾指出：“这是一次人类从来没有经历过的最伟大的、进步的变革，是一个需要巨人而且产生了巨人——在思维能力、热情和性格方面，在多才多艺和学识渊博方面的巨人的时代”，“差不多没有一个著名的人物……不在好几个专业上放射出光芒”，“他们的特征是他们几乎全都处在时代运动中”。只要把中国建筑发展放到世界建筑

史的背景上，我们就可以看出，梁先生等人身上的类似巨人的品质，是20世纪中国的学术巨人。由于近代中国没有经历“文艺复兴”、“工业革命”，没有现代化城市的兴起，加之战乱频仍，一直贫穷落后。只到20世纪20、30年代，才有梁先生等建筑界的仁人志士，力挽狂澜，继往开来，兴办建筑教育，发掘建筑遗产，弘扬建筑文化，在有限的时间里，艰难跋涉，可以说做到了可能做的一切。他们是中国这一独特的历史时期伟大的建筑思想的启蒙者，是中国经过百年甚至更长时间的磨难后能量的集聚者、释放者。在此历史意义上说，梁先生等人和西方现代建筑思想的启蒙者具有同样的历史地位。

当前，中国面临着史无前例的大发展，但社会上又似乎存在一种不平衡现象：一方面，我们对城市化建设高潮的学术准备不足，人们都在遭受建筑学术未能大发展、建设水平不高、不能适应时代需要之苦；另一方面，社会却对建筑学缺少应有的关心和重视，甚至不把建筑当作科学和艺术，无知无畏，为所欲为，肆意破坏生态和人文环境，对此建设领导和管理部门屡禁不止，疲于应付。这种现象对我们建设宜人的居住环境极为有害，与新世纪前沿建筑学术思想背道而驰。这个问题如果不很好解决，就难以发展符合中国道路的新的建筑学术，后人也将因为我们学术上的保守、停滞不前和决策的失误等等，而背上沉重的重新整治的包袱，付出沉重的代价。所以，向梁先生等学术巨人学习，不断地根据现实需要寻找出路，发展建筑学，在今天仍然具有伟大的现实意义，也是时代交付给我们的责无旁贷的任务。

1932年，梁先生在祝东北大学建筑系第一班毕业生的信中曾说：“非得社会对于建筑和建筑师有了认识，建筑不会得到最高的发达……如社会破除（对建筑的）误解，然后才能有真正的建设，然后才能发挥你们的创造力”。在祖国奔赴实现第十个五年计划的新时期，我们要对70多年前梁思成先生的上述讲话予以新的理解，即破除对建筑的误解，发扬对新事物的敏感精神，投身改革，立志在当今大科学时代，对建筑事业进行更加伟大的开拓。

在完成建筑学伟大的历史任务的过程中，我们尤其要学习前贤爱祖国、爱人民、为人民谋福利自强不息的精神。我个人认为，爱国和为人民是最基本的。世界全球化，无论怎样，立志为吾土吾民服务，乃是中国建筑师最根本的职责。因此，我们要呼吁发展全社会的建筑学，发展人居环境科学。对此，仍然用梁先生引用过的话说，“道虽迩，不行不至；事虽小，不谋不成”，学习梁先生的伟大而现实的意义也在于此。

2001年3月17日初稿于北京清华大学
3月26日二稿于英国剑桥大学

注释：

[1]“the doyen of Chinese architectural historians.”第4卷，第60页。

附：

朱启钤、梁思成关于《江南园林志》一书的评语

再次读罢方拥教授这篇文章后，记起在童明和我编的《童寯文集》第四卷附录“来信”部分中有朱启钤（中国营造学社社长）和梁思成关于《江南园林志》一书的评语，现摘录如下，供读者参阅。

杨永生

2008 年元月

一、梁思成在 1937 年 5 月 17 日致童寯信中写道：

示敬悉。先谈大作。[1] 拜读之余不胜佩服。（一）在上海百忙中，竟有工夫做这种工作；（二）工作如此透澈，有如此多的实测平面图；（三）文献方面竟搜寻许多资料；（四）文笔简洁，有如明人笔法；（五）在字里行间更能看出作者对于园林的爱好，不仅仅是泛泛然观观，而是深切的赏鉴。无疑的是一部精心构思的杰作。现在我尚以为美中不足者两点：（一）文中 refer to 照片或图处甚少，有很多很有意义的照片，文中没有指示到，读时文图分离，成两部分，颇为憾事。士能函中想已提及此点。（二）“现状”节内注重园史，均未加游时印象，极少叙述，老兄亲见到时建筑物或布局之现状。不知尊意以此两点为然否？这本大著，桂老[2]读罢，除赞叹外，顿生野心，竟想拉你加入学社来做考古工作呢！

二、朱启钤于 1963 年 12 月 15 日致童寯信中写道：

尊著《江南园林志》出版消息，此事关系三十年前由营造学社担任刊行。为卢沟桥事变所遭浩劫，以致贻误进展。商务印书馆在京分行如此放弃责任，印未及耳，退回原稿，已属意外打击。在学社南迁之后，此稿又遭洪水浸坏，我之负君委托，惶惶不知所出，至于收拾残存文物中，细加检点，托人携往南溪，交士能[3]兄设法保留，得便奉赵。士能后负回到金陵，函告已经将原稿奉还之间，照片被水浸，已有模糊者，将由作者重加整理，加□纂述而老朽于九十残年，竟得再览

新刊其质量已比三十年前之稿本，增加倍蓰，而印刷新颖，尤为珍视，惜老眼昏髦之括目细读一番认为

---

[1] 这里说的大作系指 1937 年童寯交给中国营造学社出版的《江南园林志》书稿。——编者注

[2] 桂老系朱启钤，字桂辛。——编者注

[3] 士能系刘敦桢，字士能。——编者注

大器晚成，无任兴奋，爱不释手也。闻士能与陈从周两君，亦曾致力于园林采缀，还未出版，则尊刊先出，实为压倒，元白不知他师生如何竞赛耳，专此奉复。至于网师园一则曾为奉天军阀张锡銮购占，盖为其终老计也。张又字张今颇，浑名快马张，能诗，有干济才，是吾友也。尊稿误为张广建，是甘肃督军，声名甚劣，绝无在苏州占有网师园关系，且今颇浙江人，广建合肥人，亦不符也，似当更正。蠖叟加签。

谦称对下□之荒陋，实不敢当题字在原书扉页，闻之殊堪愧汗。

再在前数十年，寄稿与士能时，系托叶裕甫先生恭绰，由香港展转而达南溪，此次新刊应请□寄一册赠与叶公。

叶之住址：在北京东城灯草胡同三十三号，敢请邮寄为荷。

顺致

敬礼

蠖叟朱启钤拜复

一九六三年十二月十五日

三、梁思成于1964年5月10日致童寯信中写道：

日昨诗白[1]转下《江南园林志》，高兴极了。诚如你所题，这书之可贵，就在这些图都是你亲笔画的，而且其中许多今天或已被破毁，或改走了样，许多照片也是难得的史料了。

当年尊稿正将付梓，而“七·七”变发，旋经水灾，今天能见到它出版，实在令人高兴。当年虽曾匆匆拜读，但因没有切身体验，领会不深。解放后，虽然已经到过苏、锡、扬两三次，每次也仅仅“走马”，毕竟算是亲眼看过，有了一点感性认识，所以重读就比较懂些，深佩精辟之见，但以我这样对园林一无所知的人，尚有待进一步精读细读，才能尽其中奥妙也。

去冬到无锡，返程过宁，因天冷不敢停留，致未能走访老友，至今耿耿。

听士能、老杨[2]说你不太愿意旅行。我自己虽然到处乱跑，但解放后始终没有到过南京。下次有机会南下，必趋府拜候并面谢。

思成

64. 5. 10

---

[1] 诗白系童诗白，童寯长子，清华大学电子工程系教授。——编者注

[2] 老杨系杨廷宝。——编者注

附：

梁思成全集总目录

【第一卷】

A HAN TERRA-COTTA MODEL OF A THREE STOREY HOUSE
[译文] 一个汉代的三层楼陶制明器
天津特别市物质建设方案　梁思成　张　锐
中国雕塑史
敦煌壁画中所见的中国古代建筑
蓟县独乐寺观音阁山门考
蓟县观音寺白塔记
大唐五山诸堂图考　田边泰　著　梁思成　译
宝坻县广济寺三大士殿
故宫文渊阁楼面修理计划　蔡方荫　刘敦桢　梁思成
平郊建筑杂录（上）　梁思成　林徽因
祝东北大学建筑系第一班毕业生
闲谈关于古代建筑的一点消息

【第二卷】

正定古建筑调查纪略
福清两石塔　艾　克　著　梁思成　译
伯希和先生关于敦煌建筑的一封信
大同古建筑调查报告　梁思成　刘敦桢
云冈石窟中所表现的北魏建筑　梁思成　林徽因　刘敦桢
修理故宫景山万春亭计划　梁思成　刘敦桢
赵县大石桥即安济桥　——附小石桥、济美桥
汉代的建筑式样与装饰　鲍　鼎　刘敦桢　梁思成
读乐嘉藻《中国建筑史》辟谬
晋汾古建筑预查纪略　林徽因　梁思成
杭州六和塔复原状计划

【第三卷】

曲阜孔庙之建筑及其修葺计划
清文渊阁实测图说　刘敦桢　梁思成

书评两篇
谈中国建筑
西南建筑图说（一）——四川部分
西南建筑图说（二）——云南部分
浙江杭县闸口白塔及灵隐寺双石塔
IN SEARCH OF ANCIENT ARCHITECTURE IN NORTH CHINA
[译文] 华北古建调查报告
CHINA'S OLDEST WOODEN STRUCTURE
[译文] 中国最古老的木构建筑
FIVE EARLY CHINESE PAGODAS
[译文] 五座中国古塔
为什么研究中国建筑

【第四卷】

中国建筑史
复刊词
战区文物保存委员会文物目录
中国建筑之两部“文法课本”
市镇的体系秩序
北平文物必须整理与保存
全国重要建筑文物简目
记五台山佛光寺的建筑

【第五卷】

致梅贻琦信
设立艺术史研究室计划书　梁思成　邓以蛰　陈梦家
代梅贻琦拟呈教育部代电文稿
致 Alfred Bendiner 的三封信
Art and Architecture
致童寯信
致聂荣臻信
清华大学营建学系（现称建筑工程学系）学制及学程计划草案
建筑的民族形式
关于中央人民政府行政中心区位置的建议　梁思成　陈占祥
致朱德信
致周恩来信

关于北京城墙存废问题的讨论
致彭真、聂荣臻、张友渔、吴晗、薛子正信
我国伟大的建筑传统与遗产
北京——都市计划的无比杰作
致中国科学院负责同志信
《城市计划大纲》序　梁思成　林徽因
《苏联卫国战争被毁地区之重建》译者的体会　林徽因　梁思成
致周恩来信
致周恩来信
致彭真信
芬奇——具有伟大远见的建筑工程师
致彭真信稿
祖国的建筑传统与当前的建设问题　梁思成　林徽因
人民首都的市政建设
苏联专家帮助我们端正了建筑设计的思想
古建序论
民族的形式，社会主义的内容
我对苏联建筑艺术的一点认识
中国建筑的特征
建筑艺术中社会主义现实主义和民族遗产的学习与运用的问题
祖国的建筑
中国建筑师
今天学习祖国建筑遗产的意义
中国建筑发展的历史阶段　梁思成　林徽因　莫宗江
永远一步也不再离开我们的党
波兰人民共和国的建筑事业
致张驭寰信
整风一个月的体会
《青岛》序
党引导我们走上正确的建筑教学方向
从“适用、经济、在可能条件下注意美观”谈到传统与革新
曲阜孔庙
中国的佛教建筑
评阿谢普柯夫著《中国建筑》
建筑创作中的几个重要问题
建筑和建筑的艺术

谈“博”而“精”
拙匠随笔（一） 建筑⊂（社会科学∪技术科学∪美术）
拙匠随笔（二）建筑师是怎样工作的？
拙匠随笔（三）千篇一律与千变万化
拙匠随笔（四）从“燕用”——不祥的谶语说起
拙匠随笔（五）从拖泥带水到干净利索
漫谈佛塔
广西容县真武阁的“杠杆结构”
关于敦煌维护工程方案的意见
唐招提寺金堂和中国唐代的建筑
致车金铭信
追忆中的日本
闲话文物建筑的重修与维护
《中国古代建筑史》（六稿）绪论
人民英雄纪念碑设计的经过
致周恩来信
谭君广识传略
对于新校长条件的疑问

【第六卷】

清式营造则例
建筑设计参考图集
梁思成 主编
刘致平 编纂

【第七卷】

［宋］营造法式注释

【第八卷】

图像中国建筑史

【第九卷】

王国维纪念碑
梁启超墓
吉林省立大学礼堂图书馆
北京仁立地毯公司铺面改建

北京大学地质馆
北京大学学生宿舍
中华人民共和国国徽图案设计
任弼时墓
林徽因墓
扬州鉴真大和尚纪念堂
西方建筑史笔记
中国古代建筑史笔记
罗马古建筑（水彩）
山东长清灵岩寺慧崇塔（铅笔速写）
访苏笔记及速写
北京颐和园谐趣园（水彩）
梁思成年谱

【第十卷】

山西应县佛宫寺辽释迦木塔
梁思成致童寯信
梁思成致北平文物整理委员会
关于保护铁影壁的信函
梁思成工作笔记摘录

《王世仁建筑历史理论文集》

斜阳寂寞映山明

陈志华

20世纪90年代末起，中国建筑界的学术气氛越来越低落。几本期刊里，学术论文的篇幅逐渐减少，主编者重新订下编辑方针，以后只登设计方案和名作介绍。十几年来在学术上作出过重大贡献的《建筑师》丛刊，也变得半死不活，出版似断似续，快要被人忘记了。据说建筑学术著作缺少读者，出了书卖不动。于是唯利是图的出版者也就把学术成果冷落了，要出版吗？拿钱来！

“有识之士”告诉我，做建筑设计是不需要学术支撑的，只要多看图片就可以了。这话当然千真万确，中国的喻皓和雷发达；欧洲的费地和伊克迪诺，肯定没有看过当今我们图书馆里那么多的藏书。早在19世纪初年，市场经济对欧洲的建筑创作起了支配作用之后，建筑师说只以图片为职业技能的主要来源了，所以产生了一句话：“图片是建筑师的语言”。这个道理已经影响到了年轻学生，所以有一位很优秀的女孩子对我说：我看书只看图，从来不看字。建筑学术的退潮大约也使不少人终于明白，20世纪80和90年代热热闹闹引进来的一些西方理论，其实有很大一部分不过是泡沫甚至垃圾。倒如东方的“大乘小乘”、“利休灰”、“禅”、“奥”，西方的“符号学”、“场所精神”、“解构主义”，有的是用玄妙的所谓“哲理”伪饰起来的常识；有的竟纯粹是商业性的炒作。渐渐，一些曾经对建筑的学术工作有过浓厚兴趣的人倒了胃口，寒了心，不如下海去也。

就在学术工作不景气，学术工作者冷落寂寞的时候，认真的人能够发现，建筑学术界却出现了一些很有新意的、功力很深的著作，扩大了学术领域，深化了学术认识。不过，这些著作大多出自60岁以上的人，其中就有王世仁先生，最近中国建筑工业出版社出版了他的《建筑历史理论文集》。大16开本，561页，双手捧着都沉甸甸的。沉的不仅是纸张，是一位70岁的学者大半生的心血。

王世仁先生从大学一毕业便进入学术研究领域，先是在梁思成、刘敦桢两位老师指导下，做了十几年中国古代和近代建筑史方面的工作，后来又在李泽厚先生指导下做了5年建筑美学方面的工作。但是，“文化大革命”给了他机会，又在桂林做了10年建筑设计。在研究建筑美学之前，他在承德做过几年古建筑保护和复原工作，从1984年起，便在北京全心身投入古建筑保护工作去了。既做过书斋式的学术研究，也做过建筑设计，现在的身份是既是一级注册建筑师，又是文物古迹保护专家。这种经历给了他的学术著作三个鲜明的特点：第一个是学术工作领域比较宽，在这本书里，就有建筑历史，建筑理论，文物建筑保护和杂论四大部分；第二个是重视理论，但不尚空谈，重视实践，但不忘理论探索；第三个是思路比较活泼，十八般武器，能用什么就用什么；不受套路的拘束。

王世仁先生说；“建筑历史的研究领域其实非常广阔……研究建筑历史，可以从断代的、类型的、地域的、技术的、艺术的、典章的、生活的、思想的许多角度下手，也可以使用实物勘测、案头考证、重点分析、一般调查种种方法”。他自己的建筑史研究，就是题材广泛，从不同角度下手，采用不同方法的。本书第一部“建筑历史”里，“明堂形制初探”，纯粹是文献考证，“塔的人情味”则有很多的主观感觉体验，“天然图画”更偏重于探讨中国传统园林的设计理念，“雪泥鸿爪话宣南”则旨在叙述，“承德古建筑群的中华民族建筑审美观”讲的是建筑美学，“房山大南峪别墅初勘记”则是一份调查报告。但不论哪一篇都有丰富的史料，大量的引证和慎重的论证，即使写主观体验，也不是凭空而来，依然广征博引，是在做学问。

“明堂形制初探”在时间中展开，先弄清，“制度渊源”，再梳理从汉到清历朝明堂的发展。所引资料十分详备，考察的角度也很广泛，他从《考工记》下手，又大胆判断它文字的脱讹，继以考古资料，证明过去一些古书的错误。他不是史源学家，也不是考古学家，但他有足够的证据便敢于论断。在以下的论证中，他谈到审美、空间意义、心理状况，甚至谈到建筑的实用、经济和安全。他以现代的观念去探讨夏商周的建筑，但根据的是它们固有的普遍意义，并不显得勉强。在写到明堂构图形式的产生时，他从奴隶制社会的生活实践中引用了井田制，由井田制演化出来的里、邑、都、国制度，然后是由井田、都邑演化出来的市，最后说到周代出现的五材说给人的建筑意识的重大影响。“人们在五这个数字上大做文章，大感陶醉，无非是因为五是数列的中点。中就是对称，是稳定，是充实，是和谐，是直线运动、螺旋运动、简谐运动的依托。从空间构图来说，‘井’字分隔是体现‘五’的最明确、最完整、又最有意味的最佳形式”。这些话写得有点“现代化”，有点“野”，但慢慢咀嚼也颇觉有理，于是便觉得痛快，这是阅读这一类文章中少有的。

王世仁先生说：“建筑历史并不枯燥，可以做出很有趣味的美文美画。”他的作品可以作为例证。

在本书第一部分“建筑历史”中，王世仁先生已经迫不及待地跨进了第二部分“建筑理论”。这第二部分，写的主要是他偏爱的思辨型理论，“它并不针对甚至有意避开某些实际问题，而从历史现象中归纳、演绎、抽象出某些条理。”老实说，我一向害怕看抽象的思辨文章，常常要“下定决心，排除万难”才能读完一篇。但是读王世仁先生的理论，却不需要下定这种“不怕牺牲”的决心。他不卖弄高深的外国玄学，以刁钻古怪的名词术语吓人，也不炫耀不连贯的、不合逻辑的可能是作者本人并没有看懂的外国“语法”。他只平实地写来，教人一看就能明白，而且有根有据，即使读者不能完全认可他的理论，也能从他的文章中获得知识，获得思想资源。例如他在“从怀旧中解脱”一文写了这么几句：“……怀旧与创新是背道而驰的。在迫切需要摆脱落后，力争尽快赶上世界先进科学技术的今日中国，特别应当提倡的是创新而不是怀旧。但是，唯物史观和近代心理科学都证明，一切情感是客观存在的物质结构，是人的一种‘本质力量’，对它的改造，必须经过自身的结构调整加以耗散，仅仅依靠外力的抑制冲击，结果只能适得其反。因此，我们在进行城市现代化的改造时，就必须承认这类怀旧情感的客观存在，重视它在创造新的城市环境时的地位。”这道理写得多么浅显明白。

另有一篇“形式的哲学——试析建筑文化”，这题目就教我吓了一跳，生怕掉进玄奥无比的“众妙之门”里去。但细看之下，原来也是这样实在，立论清楚，推理分明，结论贴近实际。

王先生自己有一段话写他对思辨型理论的看法：“只要辨得深，说得对，就可以启迪实际工作者（例如建筑师）的心智，把他们的思维带入自由王国，把实际工作（例如建筑设计）做得更好。”我相信他的话。他用两个括号强调理论对建筑师和建筑设计的关系，我也心领神会，因为我和他有同样的忧虑。

第三部分“文物建筑保护”是他多年实际工作的心得体会和对国际上有关情况的研究报告。这部分的10篇文章，内容很扎实，但我认为，它们主要的意义更在于，作为一个实际工作者，他一刻也没有放松学术性的探索。文物建筑保护，当今在世界上是个大热门，这个热门的持久性是很少有历史现象。已经热了一个半世纪，看来还要热下去，只要世人对历史还存兴趣，文物建筑保护热就不会冷却。但是，不论是理论方面，还是实践方法方面，都多多少少还有分歧，也还有一些没有认真研究过的原则问题。因此，这方面的实际工作者，必须具有学术性探索的精神。对也罢，错也罢，凡认真的探索都能推动学术的进步。

王世仁先生所以能在建筑学术上取得这许多成就，除了他勤奋、踏实和不倦的探索之外，更重要的是他在整个学术生涯中保持着脊梁骨的挺直的状态。我要用最大的热情，向学术界推荐他文集中最后第二篇文章，为它喝采叫好。这篇文章的题目叫做“挺直脊梁做学问”。它是为一位朋友的著作写的序，但是竟没有被采用。它不被采用，正说明了它所针砭的学术界的一些问题的广泛存在，它击中了痛处。这是一篇占两页半的文章，我且引其中一小段给读者看看：

“还有一种是无必要地引洋著。有些本是常识性的话，也要引证某洋人著作才显得有分量；有些在外国只是一家之言或影响并不很大的说法，也要被引证为自己论述的前提；有些对外国人的思维模式有隔阂，把本来很简单的道理反而弄得玄虚莫测；更有些由于对洋著原书理解或翻译中的错讹，完全曲解了原来的意思；最突出的是，我们一些著作引述外国著作不是用其材料，而是引其论断，好像用了外国人的话才能证明自己正确深刻博学。每当读到这类著作，我总感到现在引述西方洋著和以前生硬地搬用马列词句同出一辙，是弯着本该挺直的脊梁在说话。”

回顾一下20世纪80和90年代以及直到眼前，我们建筑界许多文章家不正是弯着脊梁说话么？外国人说过的，便是对的，正是这二十几年泛滥在我们建筑学界的心态。我们要开放，要广纳世界上一切对我们有用有利的东西，但大主意要我们自己拿。我们要和世界接轨，但要站直了去接，不要以为连洋屁都是香的。不要像抽风一样，一会儿全盘向东倒，一会儿又全盘向西倒。看看王世仁先生的这篇文章，一定会得到不少好处的。

这样一本好书，还要人赞助出版费才得以出版，作者还要自销一千本，唉！

原载《建筑学报》2002年第7期

为古代中国的城市与建筑作解——读傅熹年先生《中国古代城市规划建筑群布局及建筑设计方法研究》

王贵祥

由中国建筑工业出版社于2001年9月出版的傅熹年先生的这部学术研究著作《中国古代城市规划、建筑群布局及建筑设计方法研究》已经成为从事中国古代建筑历史与理论研究的年轻学子们的必读书了，这从近些年许多建筑历史方面的博士、硕士论文索引中，经常出现这本书的书名，就可以略见一斑。

中国古代建筑史研究，从梁思成、刘敦桢两位前辈学者的奠基，经过了数十年的辛苦耕耘，在20世纪80年代以来，已经呈现了蓬蓬勃勃的局面，研究论文与著作比踵接至，研究领域与视角，丰富宽阔。中国古代建筑史已经成为一门集文化史、技术史、艺术史于一身的显学。可以想像，其学术的前景仍然未可限量。而在所有这些专题性的研究中，覆盖领域最为宽阔，涉及中国古代建筑历史研究中的难题最多，研究成果也最令人信服者，以笔者的愚见，仍推傅先生的这部专著。

这是一套将文字阐释与图形分析结合而为一体的学术性著作。其上册为文论部分，下册为图解部分，两册彼此印证，相得益彰。这本身就是一种颇有创举的研究著作体例。建筑是一种形体与空间的艺术，对于建筑的理解，不可不用图形的方法。以文为主而插图，固然是一个常用的手法，但使读者得到的都是支离破碎的印象，而图文分为两册，使分中有合，合中有分。读文字，提纲携领，对所研究的内容有一个通观与整体的把握；看附图，文中的观点跃然纸上，了然在目，使人有豁然开朗的感觉。而且，这样一个覆盖了中国古代建筑历史研究领域几乎所有方面问题的学术大著，却言简意赅，大量的话语是通过图形来述说的，仅从这一点上，也可以看出作者在这一研究上的着力之深。

这部论著覆盖的范围之广也令人惊异，其大而至于历代的城市平面布局；其详而至于能够见之于文献与考古的历代重要建筑类型，如宫殿、皇家苑囿、祭祀建筑、陵墓寺观、邸宅衙署建筑群的平面布局；其细而至于我们所熟知的几乎所有重要单体建筑的详细造型与比例；其时代覆盖的面也同样十分宽阔，上至周秦，下逮明清。

当然，一般性的建筑历史论著，也可以做到这一点，但是，这里不同的是，贯穿全书的一根主线是运用了计量分析的历史研究方法。大至城市，小至每一座单体建筑，其分析都立足于充分的数据依据上，有明晰的量化概念。这里的中国古代建筑，不再是作庙翼翼、如翚斯飞、如鸟斯革的大略形象描述，也不再是斗栱硕大、出檐深远的艺术直觉感喟，这里是科学而实在的建筑尺度与比例，是可以触摸、可以理解、可以把握的建筑形体。这里给予读者的，不是玄虚的艺术理念、主观的艺术直觉，或晦涩的技术术语，而是可以通过数字与理性而理喻到的建筑的真实。

这样一个大范围地对中国古代城市、建筑群、单体建筑作深入而量化的分析，其成果也是令人侧目的。作者通过分析与作图，发现了许多非常有价值的中国古代建筑比例现象与设计方法。如将城市与建筑群，按一定的网格加以控制的设计方法，这一方法已经通过清代样式雷留存至今的设计图纸得到了验证。在一个重要的建筑群的平面布局中，将主要殿堂，布置在建筑组群的几何中心部位，这也是一个了不起的发现，对于我们理解这些伟大建筑群的空间艺术与意象，有了一个可以把握的依据。

比例的概念，通过作者的发掘，已经延伸到了建筑单体的深入设计之中，在柱子的高度与开间之间，在内柱的柱高与榑槫高度之间，在檐口的高度与屋脊的高度之间，在楼阁建筑各层的高度之间，我们都看到了规则而有趣的比例关系存在。

这些比例又蕴含着极其丰富的中国古代传统思想，如建筑平面与立面比例中大量出现的方圆比例，一座建筑物的横剖面与纵剖面可以用若干个正方形加以分划，都是极有趣味而富涵深意的比例关系。我们对中国传统建筑在造型上的平稳、雄阔、深沉、高峻等等的印象，不就是通过这些具体的比例设计而展现出来的吗？

建筑是一种艺术，而建筑艺术的体现，不仅在于建筑造型的新奇与动人，更主要的是在于建筑之各个部分之间的比例权衡。比如，柱子与开间之间，柱子高度与檐口高度之间，柱子高度与屋檩上皮的高度之间，柱子高度与屋顶高度之间，房屋面阔与房屋进深之间，都存在着一定的比例关系。正是这种关系，使得中国建筑像是中国建筑，某个时代的建筑像是某个时代的建筑。如此，则比例问题也就有了深刻的文化内涵。比如，现代一些仿中国传统风格的建筑，其柱子的开间，往往明显地小于柱子的高度，就是不合乎中国传统建筑比例的做法。这样设计建造出来的建筑，其形象上似乎是中国传统的，但其比例上却有一点西洋传统的痕迹。这也是比例问题如此重要的原因之所在。

在这一研究中，还凸显了作者在古代文献方面的深厚功力。在对每一建筑的计量分析中，我们看到了许多基于史料的该建筑的背景陈述。文笔用的很轻松，像是讲故事一样，却将其分析与缜密的历史记录联系在了一起。使人读来，既没有历史著作的深奥与晦涩，又有一个豁然开朗的感觉。而且，将扎实的史料与独到的计量分析结合在一起，使人对于中国古代建筑的理解更深入了一步，其分析也就更令人折服。整本书中所透露出来的历史信息，不是一般治建筑史者所能透析的，在行文中，我们感受到了一种旁征博引，厚积薄发的感觉。在阅读的不经意之间，就会发现你与历史有着如此近的距离，因为在行文中，我们感受到了史料钩弋与现实分析之间衔接的十分自然而平和，没有任何刻意考据的成分。

正是基于这一理念，作者在分析中，并不是简单地落墨于现代实际丈量的尺寸上，而是将这些尺寸，按照该建筑物所处时代的尺衡，加以折算，使其尺寸基本还原到古人的原始设计中，从而对古代建筑设计中所采用的材分、模数、比例控制等方面，有了更为深刻而落在实处的认识。其中所发现的一些设计规则与比例规律也有了更为深厚的历史依据。

相当难能可贵的是，不惟这本书中的大量数据及由这些数据所发现的重要平面与立面、剖面比例关系，是作者一一搜集、枚选，并逐一推敲计算出来的，而且，这样内容丰富的论述之附图，也是作者一笔一笔推演、绘制出来的。以治中国古代建筑史者，而能用如此充分的图形语言来表述自己学术观点者，除了前辈学者中，如梁思成先生的《清式营造则例》、《宋〈营造法式〉注释（上）》，及其英文著作《图解中国建筑史》之外，就应该是本书的作者了。梁先生的则例与法式已经成为学习中国古代建筑史的基本文法书，许多从事中国古代建筑史研究的人，都是通过对这两本书的学习而进入中国传统建筑之门的。如此，则傅先生的这部书，应该是今日建筑历史学子们登堂入室的必读之书。

我们知道，建筑历史的研究中存在着“是什么”与“为什么”两种最为基本的研究思路。如果说梁思成先生的《清式营造则例》与《宋〈营造法式〉注释》，和刘敦桢先生的《中国古代建筑史》，以及有傅熹年先生作为主要研究者之一而与近些年前问世的五卷本的《中国古代建筑史》是国内中国古代建筑史之“是什么”的最重要成果的话，那么，傅先生的这部《中国古代城市规划、建筑群布局及建筑设计方法研究》可以说是中国古代建筑之“为什么”的经典之作。因为，从这里我们更多看到的是对于古代城市与建筑的一种基于理性分析的理解与阐释，是对如何使人们理解中国建筑何以为中国建筑的内在原因的探索，或者说，是为中国古代的城市与建筑作解。

当然，古代中国建筑是一个庞大的体系，其中蕴涵的丰富内涵与深奥隐秘，很难在一部论著中充分解答。然而，这却是一个开创性的工作，随着现代测绘手段的进一步发展，特别是高科技手段，如激光扫描、遥感技术、地理信息系统等技术在古代建筑、遗址发掘和保护研究中的应用，会极大地丰富中国古代城市与建筑的数据量，相应的基于科学数据的分析阐释性研究还会越来越多。然而，作为一种研究方法的开创与研究视野的拓展，傅先生的这部著作，可以作为后来研究得以学习借鉴的典范之作也是毋庸置疑的。这也是这部著作的重要学术意义之所在。

清华大学建筑学院　王贵祥

杨鸿勋《宫殿考古通论》

建筑史学与考古学的遭遇
——杨鸿勋《宫殿考古通论》一书的引介

江柏炜

宫殿考古的重要性

继《建筑考古学论文集》（北京：文物出版社，1987）、《江南园林论》（上海：上海人民出版社，1994；台北：南天书局有限公司，1994）两本重量级的巨著之后，国际知名的建筑史学家杨鸿勋先生汇整了多年学术工作的思路与独特的见解，出版了《宫殿考古通论》（北京：紫禁城出版社，2001）一书，为中国古典人文学科（humanities）领域再创新局。

在这本著作中，杨先生以反映思想意识、最高技术成就与象征表现的宫殿建筑为研究对象，结合考古学与建筑史学的理论方法，大大提高了我们对于中国古代建筑与古代社会的理解；他在书中的绪论提到："宫殿是中国建筑史学研究的重要组成部分。西方古代最伟大、最辉煌的建筑是宗教建筑，而中国历史上长期以来以儒立国，古代轻于宗教，着重伦理，使得宫殿成为建筑最伟大的代表，可以说是中华民族以儒为基本伦理的文化载体。辉煌的中国宫殿，是一本伦理教科书"（页2）；同时，"宫殿建筑是王（皇）权的象征。不论对哪个国家来说，宫殿都是一种特殊的建筑。它的建造，集中了民间建筑的经验，同时赋予宫廷化的严谨格律。在中国，它集中体现了古代宗法观念、礼制秩序及文化传统的大成，没有任何一种建筑可以比它更能说明当时社会的主导思想、思想和传统"（页3）。因此，从宫殿建筑切入来了解古代中国社会制度、哲学思想、工艺技术、文化美学，是十分适当且精准的。

长期在中国科学院考古研究所任职，曾客座于上海复旦大学、日本京都大学、台湾大学且发起"中国建筑史学国际研讨会"、"中国古典园林国际研讨会"，担任世界营造学社（WSYS）筹委会主席的杨鸿勋教授，累积了丰富的第一手史料，佐之以扎实的论证，使得这本书在论述的广度与深度，远远超过先前以断代为分期的中国建筑史的一般性写作，已经自成体系而成为一门学科（discipline），学术价值极高。在这里，我仅从方法论及其学术贡献，向有兴趣的朋友加以引介。

学域整合的研究视野："建筑考古学"的兴起

众所皆知，土木结构的中国建筑并不耐久，加上中国封建政治更迭时的破坏，隋唐以前的建筑实物几乎付之阙如。然而，大约早在东汉时代，中国古典建筑文化的体系已然成形，深入的了解实有其必要性。当缺乏完整史料的困境遇上了关键性课题时，过去的研究不是语焉不详，就是纯从文献臆测、论断建筑，因此产生了许多无法说服人的假说与看法。

杨鸿勋教授的贡献，正在于他提出了建筑考古学的理论方法，实际地解决了古代建筑史学的困境，也对过去忽略空间史料的考古学本身有所助益，正如这本书中所提："从考古学来说，古聚落、古城市、古建筑遗址和古墓葬是同等重要的考察对象；就建筑史学而言，前期阶段缺乏或者没有遗留下完整古代建筑实物，惟有依靠考古学才能获得文献所不能提供的实物材料"，同时"在历史上，越是早期，建筑越是重要。它的生产几乎集中了当时社会生产的各个门类，因而它集中反映了社会生产力的状况；在一定的程度上，也反映了社会生产关系和意识形态的状况"（页6）。确实，居住遗址的发掘与研究对于历史的认识，具有无可替代的重要价值，一如摩尔根（Lewis Henry Morgan）在《古代社会：从蒙昧·野蛮到文明》（台湾：商务印书，2000）书中所提"与家族形态及家庭生活方式有密切关联的房屋建筑，提供一种从野蛮时代到文明时代的进步相当完整的例解。"建筑史学的重要性，不言可喻。

因此，建筑考古学的重要性，除补齐缺乏实物的古代建筑之理解，也帮助了传统以"墓葬考古"为主流的考古学（Archaeology）重视"遗址考古"中的空间复原课题（建筑考古学）。以仰韶文化遗址为例，多数学者将之区分为"居住、制陶、墓葬"三区，居住区内围着中央广场四周建屋的向心规划布局，反映氏族公社的秩序及成员平等的母系社会原则；到了龙山时期的聚落则打破此一布局，广场上出现住房，甚至墓葬、居住区也有陶窑，住房也出现变化，室外的公共窖藏被移到室内，说明了私有概念、贫富差距及偷盗现象的萌发，揭示了向父系社会过渡的例证。因此，杨先生才会说："遗址所保存的历史残留信息是极其丰富多彩的，它为具备智能的考古学家提供了大量认识历史的依据。"（7页），并谦称这是一种"特殊考古学"或"专业考古学"。事实上，杨先生的宫殿建筑考古学已经建构了一个崭新的、有价值的学域视野，将中国人文研究推上了顶尖的学术之林。

从"风格分类学"到"科学"的建筑史

《宫殿考古通论》即是建筑考古学方法论的集大成之作。在书中，杨先生进一步阐述了其认识论与方法论，指出科学性的复原对建筑史研究的重要性，“发掘遗址不等于就是‘建筑考古学’”（5页），“建筑考古学的核心是复原研究……一是复原的首要原则在于忠实于遗迹现象；另一点是，古聚落、古城、古建筑的复原，需要借助于必要的有证据或根据的科学论证”；“不应只是抱着史料的观点，而是要有历史的观点。考古学的基本对象是实物，它与侧重文献的所谓‘历史的研究’不同。”（7页）。换言之，建筑考古学是一门严谨的实物复原科学，必须透过理论的辩证获得新的诠释；同时，也与一般的人文学科的历史研究不同，因为“任凭文献的历史学方法研究古代建筑的演变是不能解决问题的，只有在考古学研究的基础上才能真正建立起可靠的建筑史学”（8页）。

在这里，我认为杨先生的见解事实上已经触及到一个核心的老问题，那就是常规建筑史可说是一门“风格的分类学”（typology of style），以形式主义的风格作为铺陈建筑史页的主轴，而建筑考古学所欲指涉的是一个科学性的认识论，可属科学史的范畴，这样一来除透过考古史料复原建筑实物，也还原了古代建筑在社会文化发展的应有地位。

横跨时间与空间的宫殿建筑考古

在多达583页的厚重著作中，作者除了《绪论：宫殿考古概说》的认识论与方法论引介外，另随着中国历史发展的进程，以二十五章的庞大架构铺陈了一个跨越新石器时代至明清时代的宫殿建筑考古历史，分别是《宫殿与社稷的前身：新石器时代的“大房子”与“昆仑”》、《论宫殿的雏形：从大地湾F901看“黄帝合宫”》、《论二里头遗址所反映的原始宫殿》、《商都亳的宫城：偃师商城Ⅰ号址》、《郑州商城的宫殿》、《殷晚期的离宫：小屯的“殷墟”》、《殷商的方国宫廷建筑：黄陂盘龙城及周原凤雏遗址》、《从考古学材料推断“周人明堂”形制》、《东周王城宫廷建筑遗存》、《从东周诸侯国宫城遗址看周朝宫殿制度》、《东周列国的“高台榭、美宫室”》、《周朝宫廷建筑的营造成就》、《秦帝国气吞山河的宫殿群落》、《“非壮丽无以重威”：西汉宫殿》、《南越王和闽粤王的宫殿》、《东汉雒阳的宫殿》、《三国南北朝的宫殿》、《划时代的隋朝宫廷建筑》、《大唐宫殿》、《渤海国上京王宫》、《从形象材料管窥北宋宫殿的一斑》、《西夏皇帝的陵塔》、《元中都宫殿遗存》、《明中都与南京宫殿遗存》、《明北京奉天殿两庑·明清紫禁城巡守值房》等。每章俱可独立成篇，亦又前后连贯，形成完整的历史论述体系。

值得注意的是，除对于中国上古、中古时代中原地区宫殿建筑的着墨外，杨先生也揭开了神秘的“华夏边缘”国度的宫城，如南越国及闽越国宫苑、渤海国上京王宫、西夏王朝陵塔等，从文化比较学的观点来看，甚具意义。这些具体而微的研究成果，都呼应了作者于绪论一章所提出的理论方法，不仅为建筑考古学奠下坚实的基础，亦打造了国内外后辈学者短期内难以超越的高大结构。

破解中国与日本上古史之谜

在这本书中，最吸引我的内容之一乃是关于上古史“昆仑”的论证，以及日本原始神社建筑的起源。首先，杨先生旁征博引，以建筑考古学、语言学的知识，指出古籍中所载的“昆仑”即是“干栏”（ganlan），而“京”就是干栏的原始语音，其形、音、义都表达着原始“明堂”——“社”（奉祀农神）与“稷”（谷仓）。甚至以《三国志》卷三十〈高句丽传〉为证，指出深受中原文化影响的朝鲜半岛，亦将高架谷仓称作“桴京”，说明古代东亚文化的共通性。这一论点的提出，除检证了干栏是上古时期极为神圣的建筑形式外，也直接证实了《史记》中记载“黄帝时明堂”的正确性。

不但解决了上古干栏建筑形式之谜，杨先生把握在日本担任客座教授的时间，考察了弥生时代的“社”，以鸟取县羽合町长濑高滨聚落遗址、群马县前桥市鸟羽聚落遗址为例，推论这种原始氏族晚期的“社”（后世日本“神社”的祖型）应是距今四千年左右（绳纹时代后期）从中国传入了稻作技术与原始的农神崇拜（即为“社”），到了三千年左右的弥生时代聚落，“社”的设置已然普遍，而“社”的建筑形式就是干栏。据我所知，这个观点的提出，在日本学界造成极大的震撼。因为在过去，日本考古学界总相信绳纹时代与弥生时代的文化是源于日本本土，而非来自中国的影响。杨先生铿锵有力的观点，提出不同于既有日本上古史的看法，让许多人哑口无言。

南越王宫殿释疑

另一篇令人感兴趣的论文为南越王宫殿的考释。汉初赵佗曾受封为龙川令，治理岭南卓有功绩，后势力扩大遂而称王，为南越国五主之首。其宫殿即设于番禺（今广州市区），南越王墓也被发掘而成为广州著名的考古现地博物馆。

1970年代中叶，广州市区发现一处秦至西汉时期的大型建筑遗址，惟未经全面发掘，仅开了三条东西32米、南北4米的探沟，田野考古即认为是“造船工场”的“船台”遗迹。此一结论甚至加载1986年出版的《中国大百科全书·考古学》之中。然而，杨先生以考古地层学、文化类型学、环境总体关系、建筑学等专业，力排众议地指出这座遗址不是船台，而是一座宫殿遗址。他仔细检视考古资料，“让证据说话”，归结二十二项有力的理由，逐一反驳“船台说”；此外，复原了南越王宫苑建筑遗址十四间大殿平面图与干栏式的剖面，以及宫苑“以石激水”的园林景象。通过杨先生的考证与复原，让南越王宫苑遗址的发掘还原其历史的真实性（authenticity），并帮助我们了解西汉初期宫殿建筑的情况，也对“太液蓬莱，仙山楼阁”、“积沙为洲屿，激水为波澜”等宫廷园林艺术能有实物的例证。

宫殿建筑的发展：中国建筑史辉煌的一页

在这本巨著中，杨先生安排了一个历史时间的序列，以大量的考古材料及严谨的复原推论，展开了华夏文明萌芽之初至清代之宫殿居住建筑的发展。一如作者所云：“利用考古学所提供的宫殿遗址材料，结合文献的记载进行复原考证；以求尽可能如实地认识历史，对中国宫殿的发展有所了解。本书的论述，仅限于目前可能利用的考古材料，不可能是完善，也还不可能揭示更多的发展规律”（页3）。而作为一门新兴的整合性学科，近三十年来建筑考古学逐渐受到重视，扩大了特殊考古学的领域，而宫殿考古是建筑考古学的重要内涵。

不仅是对于考古学的贡献，杨先生创建之建筑考古学亦弥补了狭义历史学的不足，特别是对于建筑史、城市史等空间研究领域，“仅凭文献的历史学方法研究古代建筑的演变是不能解决问题的，只有在考古学研究的基础上才能真正建立起可靠的建筑史学。所以‘建筑考古学’也可以说是建筑史学的基础学科，它的形成，把建筑史学置于一个坚实的基础之上，从而促进了建筑史学的发展。”（页8）

综而言之，中国古典建筑史、城市史的研究，在杨鸿勋先生以建筑考古学的科学方法下，运用了建筑学、工程学、考古学、民族学、工艺学等多领域的观点，大大开展了我们对于消失了建筑实体的理解，也具体考证了过去史籍对于建筑记载的真伪。无疑地，这项工作站上世界学术的尖端，是继梁思成先生之后，让中国建筑史学界向前迈出一大步。

台湾金门技术学院建筑系副教授兼系主任、闽南文化研究所所长
江柏炜

中国风景园林研究的新视野——评《江南理景艺术》

朱光亚

潘谷西先生编著的《江南理景艺术》（下简称《理景》）是建筑界和风景园林界在新世纪伊始时的一项值得注目的重要成果，2001 年出版后不久就又加印了两次，2003 年获第六届国家图书奖的提名奖，该书的英文译本也在进行中。此书受重视不是偶然的，在近年不少论述园林的著述中，该书因其视野宽阔、论理精当、贴近实践、资料翔实、图幅精美而无可取代。我师从潘谷西先生多年，虽未参编此书，但目睹二十余年中的探索苦辛，愿以我对该书的认识予以评介，或能帮助读者得其三昧。

新的视野，新的拓展

中国园林历史久矣，明清为一大高潮，与文论画论相融的园论为数亦丰，然自童寯先生 20 世纪 30 年代在《天下月刊》上论述中国园林及撰写江南园林志书稿始，国人开始了以汲取西方建筑学、园林学的知识框架与方法论的途径重新研究中国传统园林的新历程，至今已七十余年。计成在园冶中说，造园无式，惟地图可略式之，诚哉斯言，但对近现代社会中园林营造的新手后学来说，建园有无规律可循，有无章法可依，园论的文学语言如何转变为构园的空间形体与景观语言，这是他们期待于园林大家里手的第一位的问题。时代愈晚，此种拷问愈显迫切。作为中国学者的童寯第一次以西方的图学语言，外加摄影手段为后人记录下他所见的江南园林，并以园字解的中国方式，解析了造园的基本要素，又遍引文献，就空间、境界、花木、建筑、叠石经营给以归纳。然亦如刘敦桢对该书的序中所云，“于书中图相，往往不予剖析，俾读者会心与牝牡骊黄以外。”至 50 年代刘敦桢的苏州古典园林学术报告引发园林研究高潮的第二波时，园林研究分析已深入到后人可以见到的实物遗存中，以苏州名园为案例，一一镂析，彭一刚先生先于60 年代论及并又于 80 年代拓展的园林空间论更为初学者提供了虚实相映的园林设计研究的门径。陈从周先生则以优美的文笔提炼了古典园林的诗意之美，拓展了园林的可读性。改革开放后的文化热催生了众多学者大量的新的成果，他们从美学、历史、哲学、相关学科及营造技艺的不同角度，充实和推进了此前的研究。站在这样一种历史的思绪上看潘谷西先生的《江南理景艺术》，就会看到该书不同于往日也不同于他人的一种新的拓展。

一是视野新。书名《理景》一语是这一新视野的高度凝炼。亦如作者在绪论中开门见山的阐释中所说："使用理景一词的目的是想对景观建筑学的内容作更本质的概括，进而能更全面更深刻地加以把握与探求"。针对80年代以来中国园林建设向风景区拓展引发的概念思考，作者指出，"园林也好，风景名胜区也好，中心内容乃是一个'景'字……造园中也有如何充分利用原有天然景物的问题，而风景点、风景区也有如何进行人为加工以改善景观的问题，二者互有交叉渗透。所以我们不妨将这两种境域的加工处理以'理景'二字概括之——'理'者，治理也。理的方法可有不同：或者是造，如造园、造盆景；或者是'就'，依山就水，巧妙布置……"即作者使用了两个极为重要又不同于以往园林论述的关键词："景"和"理"。"景"提炼了不同景观类型中的相同的又是灵魂性的内容，"理"则准确地把握了在中国时空背景下审美主体与客体的关系。

在这一新的宏观概念的定位下，园林的研究视野与扩展了的现实相一致，且统一在一个高层次的概念中，作者将传统风景园林景观分成了四个层次：庭景、园林、风景点和风景名胜区。作为具体的江南地区的传统景观遗存，依国人习俗，作者在景点和风景区的两个层次上强调了邑郊景点、村落景点、沿江景点和名山风景区这四个类型。全书连绪论共八章，按景之类型分别论述，纲举目张，以史为经，以案例为纬，条理清晰。这不但整合了对我国丰富的传统风景文化遗存的不同研究成果，也使得具有当代环境科学意义的大量文化景观获得了中国传统文化的提升和回归。

其次是研究的新的深度，由于视野开阔，往日人们掉以轻心的村景、邑郊景点等课题在作者及其研究梯队都作为专题探讨，以丰富的第一手的实例调查、历史研究及深入到位的景观分析为后盾，成果面世即令人折服。即使在传统的课题中，这种新的深度适与广度拓展相映成趣，在不经意中显示在该书的字里行间。如对理景第三阶段中的生态意义的点题，对寺观园林的厘清，对盆池滥觞的揭示。尤其值得强调的是书中极为慎重地触及了对日本枯山水中白沙起源的探讨，作者引白居易《庭松》等多首小诗，说明了唐代至少是白乐天对白沙在庭景中作为要素已多次使用的史实。相信随着考古学及比较园林史研究的深入，这一重要课题的答案会浮出水面。

道器相融，中西相通

园林景观是空间艺术，是中国传统山水画艺术的立体化，非普通工匠所能，但它毕竟又是三度空间的营造，因而其创作又非一般画师所能代替，一如李笠翁在《一家言》中所云，“尽有丘壑填胸，烟云缭绕之韵事，命之画水题山，顷刻千岩万壑，及倩磊斋头片石，其技立穷……故从来叠山名手，俱非能诗善绘之人……此正造物之巧于示奇也。”因而风景园林的研究固然从不同的角度切入皆有其价值，但确实需要一种既能高屋建瓴，把握中国文化的精髓又能胸有丘壑并转化为对景观要素的具体把握与营造分析的研究，童寯江南园林志原序即有感慨曰：“即园林者……多重文字而忽图画。今人间有摄影介绍，而独少研究园林之平面布置者。昔人绘图，经营位置，全重主观。谓之为园林，无宁称为山水画。抑园林妙处，亦绝非一幅平面图所能详尽。”童氏眼界极高，对园林遗物的优劣极有见地，偶有点评如叠山一节比较狮子林及戈裕良以及张南垣的作品时曰“可云狮林仅得其形，戈得其骨，而张得其神矣”，可谓精彩之极，使后人得辨高下。但他对案例却仍然甚少评介。除刘敦桢所述原因外未能有亲身营建实践可能是促其慎重对待的原因。潘谷西先生从50年代始即受刘敦桢先生之命探讨园林，目睹了刘氏瞻园设计尤其是该园南假山的叠造过程，60年代初即发表了分析园林游览路线的文章，他又始终参与了刘敦桢先生对苏州园林的研究并在刘敦桢先生逝世后承担了组织、整理《苏州古典园林》书稿的任务。80年代后他始终是园林与风景区的规划、设计的参与者。绍兴沈园、常熟燕园、连云港花果山、安徽琅琊山和采石矶风景区的工作都有他的思考和定位。他对柳宗元的研究也是在这一时期中完成的。亦如作者在该书的前言中所说，作者是“从空间艺术的视角进入园林研究再进入理景研究的”，作者走过了漫长却极为丰富的研究与实践历程并经历了多次的否定之否定的升华。这种经历为作者承担这一写作任务提供了工作基础，书中对各类景点的理景手法的总结因而皆娓娓道来，水到渠成。中国园林风景艺术的高明并不能保证古代园林遗存都是精华，我曾见在文章中头头是道者面对古园遗物良莠不分，即知园林文字研究与园林本体研究的差异性。《理景》一书的作者由于多所实践因而对案例的评析皆有圈有点，褒贬有据。文中许多经验的概括也只有实践者才知其可贵，如小庭院中景物要靠墙布置以节省空间，夹竹桃、绣球花不宜当庭种植等的论断。而旷奥、畅神、因借之论则皆为道之所倚，又是惟经验者所缺乏的。

中国园林在近现代已经处于和欧洲园林互相影响的过程中，中国的高等教育体系和科学体系实际是以西学为体的，因而学术研究与传播就必须以这样一个知识参照系来建构，园林研究也不能例外。中国园林作为人类共同的文化遗产，自然与其他园林有相通之处，但其最足以表征中国特色之处却绝非物质层面的外观差异，18世纪英国的中国风园林实际是学习了中国园林的表象、外在的秩序和某些手法，而对于中国园林深层的理念、思想、哲学却未曾触及和吸纳，这一作风作为学术习惯又反过来影响了中国的学者对深层文化思考的轻视并进而影响了园林的实践。因此园林研究中的一件十分重要的事就是如何在现有知识框架上探讨并在可以把握的层面上揭示园林的质的差异，《理景》一书客观上在这一方面取得了成绩。它既有“要素”、“空间”、“路线”、“景点”这些已经学术化了的术语概念，同时又延续和发掘了中国自己的概念、范畴和思想，如“旷”与“奥”、“因”与“借”、“隔”与“藏”及“意蕴”“畅神”等以及说明了村址选择中的风水影响。最突出的仍是理景的“理”字，原出理水之理，它与“造”字相比，更充分地表达了中国古人的自然观：尊重自然规律，有利时保护利用自然，不利时趋吉避凶并在必需时遵循规律，改造自然，因而既非无所作为，也非为所欲为。另一对传统文化的发掘是对山水园林诗歌的研究，不仅体现了中国人景观处理中的诗境特色，还获得了园林史研究中的新的成果。

左图右史，弥足珍贵

古人治史提倡左图右史，相得益彰，但鲜有完全达标者。作为园林研究尤需图示，《理景》一书不算引用古代之图和文字中的分析图，仅书中属于当年的测绘图的插图共270余页300余幅，占了全书的一半以上，这也是该书的一大特色，也是该书弥足珍贵之处。由于研究对象是园林，由于这些园林地处莺飞草长的江南，植物繁茂，构成了园林的丰富多彩的一种要素，也由于已故刘敦桢先生的严格要求下形成的传统，90年代以前的东南大学的测绘图中画的树都必须达到两个要求，一是真实的高度和大小，二是落叶树要画冬景，常绿树要表现树种。其次是石景、湖石和黄石必须表现清晰准确。实现这些要求的关键环节是本书作者潘谷西当年的努力，他既有建筑师的良好素质，又在青年时临摹过芥子园画传。他的钻研和总结才带出了用钢笔绘制的新型园林环境图，这种图既有现代建筑制图中的精确细致特点，又保留了中国国画的笔墨趣味和机理。大量的重要的测绘图中的山石树木池岸花草等还都经过潘谷西先生的亲自修改，因而有着一般测绘图配景无法达到的水平。今天的普通测绘图树木常作为配景处理，今天的教师多已不具备此种具国画品位徒手图的勾勒能力，加之计算机制图，园林测绘图多已失去了园林环境的艺术性特征。因而《理景》这部分测绘图可谓前无古人后鲜来者。刘敦桢先生的《苏州古典园林》一书中的图也属此类图，但因场面大图小，印出来后看不清楚，且图稿已经遗失。而本书的案例多有小园分析，图幅也稍大，一如中国国画用笔的作品在此书中看得十分清楚，可谓绝无仅有之版。如果再加上考虑城市化对传统景点的毁坏，某些景观可能失去，则这部分图纸的价值就更高了。

廿年磨剑，波澜不惊

潘谷西先生在《理景》一书的前言中诉说了该书的积累、酝酿和写作的过程。大量的案例研究及其测绘是潘谷西先生及当时的三届学生在60年代就完成的。80年代《理景》构架搭起，在教育部博士基金的支持下开始撰写，几位中年学者亦投入其中，并又进行了几届学生的测绘及补测。可以说该书既是近二十年的研究结晶，也折射了20世纪后半叶东南大学三代学人的工作成果，这二十年磨得的一剑自非普通刀枪可比。但综观全书行文，皆言之有物，不仅述而不作，也毫无铺陈，叙述邑郊理景六种类型，三类手法，叠石三条，园林七法等，皆心平气和，惜字如金，此种文风与当代广告文化影响下的动辄要震撼效果的浮躁文风泾渭分明，我们当可知《理景》作者出此一书的主要目标是经世致用，面向中国景观建设实践，而该书的主要读者群也应是专业人士。实际上该书也已对当前我国各地的景点建设产生了积极的影响。

但从另一方面说，作者论必直入主题，言简意赅，点到为止，文字在某个方面类似于童寯的《江南园林志》，有极大的信息量，需要多次阅读与体会，这使得书中某些最重要的理论思考易在初读时被一掠而过，“景”与“理”，“奥”与“旷”等似都可从更广阔的背景下给以更多的阐释。联系近代以来的园林研究史，自西学东渐，造园与园林之争，近年景观设计与园林之争，实为两种文化碰撞时的必然磨合和调整，当此经济全球化带动的学术国际化之际，作为学术对接，强势文化的学术规范以及它的学术概念成为了游戏规则的一部分，遵守规则可以理解，但削足适履并非可取。《理景》一书在波澜不惊的学术论述后面，实际上在现有的知识体系框架内，将传统文化精髓发掘，构建了更为丰满和有中国特色的“理景”系统奉献给世界。我们自然希望能更多地突出这一点。

张伶伶、李存东《建筑创作思维的过程与表达》

从“主体论”到“方法论”——读《建筑创作思维的过程与表达》

张路峰

在经济快速发展、物质快速增长的当代中国社会，建筑设计也进入了可以快速“生产”的时期。设计本来是思维的产物，是一种创作，需要一个“研磨”的过程，而社会现实却需要快速而又廉价的设计产品，于是乎建筑师不得不忽略“研磨”过程，直接去制作“速成”的结果。在图片、图像资料极易获得的信息时代，建筑师的工作“简化”成了对各种视觉元素的抄袭、模仿和重组。既然走捷径轻而易举，谁又舍得花时间和精力去搞创作？理论和方法研究的缺乏导致建筑价值观的严重混乱，却造成了价值观“多元”的假象。一些建筑师把现实存在的“多元”现象当作回避价值判断的借口，认为只要得到“甲方”认可就是满足社会需要，就是好建筑。“创作”一词在当今中国建筑界提得越来越少了，设计方法研究也正在“淡出”建筑师的视野。

在这样的背景下，读一读《建筑创作思维的过程与表达》（张伶伶、李存东著，中国建筑工业出版社2001年出版，以下简称《过程与表达》）是非常有意义的。这是一本关于设计方法理论研究的专著，也可以看作是作者设计教学与设计实践的总结。一般说来，搞理论研究的不一定能搞设计，而搞设计的又难得去关注理论研究，这种理论研究与设计实践的错位状态使得对设计方法领域的研究相当贫乏。作者张伶伶多年从事建筑教育工作，又不懈地坚持设计实践，始终对设计创作理论和方法的研究有浓厚的兴趣。这种兴趣最终蔓延成了一种责任，使得他能够站在一定的理论高度，对自己的设计思路和工作方法进行了系统的梳理，并写成专著呈现给学生和读者。撇开书中具体的研究内容和学术观点不论，作者对这一领域的持续关注和探索是非常可贵的。

关于设计，理论上大致存在两种认识：一种认为设计是发明新事物的过程，是无中生有的过程，是受灵感支配的过程；另一种认为设计是解题的过程，是受理性支配的过程。在我看来，这两种认识恰是一枚硬币的两面，不存在孰是孰非的问题。张伶伶早在本书写作10年前就发表过关于“建筑创作主体论”的论文，该文强调了设计主体——建筑师在设计中的主导作用，并把提高建筑师设计能力的途径概括为对建筑师个人观念、理论、修养、个性的提高；而《过程与表达》脱开设计主体转而关注设计思维的普遍性规律，应该说是作者从“主体论”研究到“方法论”研究的重要跨越——他开始铸造硬币的另一面。

《过程与表达》一书的写作思路是比较清晰的，论点也是非常明确的。探索创作奥秘的难度可想而知，而作者选取了“思维”的角度作为切入点更是难上加难。但作者没有直接去触及思维的现象和机制本身，而是巧妙地通过对思维过程和程序的描述去揭示思维的规律。这使得对思维的探索大大地简化了，有了可操作性。作者把设计思维的过程分解为“准备——构思——完善”三阶段：准备阶段是信息收集、加载的过程，作者强调了积累日常生活经验的重要性，并提出应当把研究当作设计的基础，应当把“提问”当作设计的起点；构思阶段是信息的加工处理过程，是对信息进行分类、综合、取舍、缩放、变形等操作的过程；完善阶段其实是信息传达和反馈的过程，是构思阶段的延伸和深化，也是对构思的表达与呈现。作者还强调了草图对于设计思维的重要性，强调草图是思维的状态而不是结果，同时也论及了模型、计算机等手段对于方案生成与发展的作用。然而从文字的比重上看，作者对草图的研究远比对模型和计算机深入，这可能和作者个人习惯的工作方法有关，并不暗示草图比模型重要。对大多数中国建筑师而言，模型常常作为设计成果表达的手段而不是设计思维的工具，因此对模型的研究还有很大的可展开空间，因为“画”出来的建筑和“做”出来的建筑显然是不同的。

在建筑设计教学中，对于设计方法是否可以传授以及如何能够传授的问题始终是引人关注的基本问题。我个人倾向于认为，设计的技能与方法中的一部分是可以传授的，另一部分却不能。由于设计过程是由设计主体——建筑师来把握和掌控的，因此对创作主体的研究显然是非常重要的。然而，所谓主体，不是抽象的主体，是具体的、个别的设计决策者，也可能是设计集体，因此其“观念、理论、修养、个性”的形成及其在设计过程中所发挥的作用是因人而异的。这部分内容只能靠潜移默化的影响、积累和“顿悟”式的觉醒，几乎是无法传授的；而方法论的研究并不关心主体是谁，也不在乎不同主体之间的差异，它所研究的应该是设计本体的普遍性规律，这个规律不因为主体不同而改变。这种普遍性规律是可以传授的。以这样的角度来看，“主体论”只回答了不可传授的那部分设计问题，而设计思维的运行机制需要用超越主体的“方法论”来回答。

在本书中，作者一直偏爱用“创作”一词取代设计，显然在有意强调创造性、创新对于设计的重要性。当前的设计实践中，“创新”一词经常被误用，创新的涵义几乎等同于形式上的花样翻新、标新立异，几乎等同于制造惊人的视觉效果。在这种背景下研究一下设计创新思维的规律和技巧是非常有现实意义的。然而作者并没有进一步对创造性进行更为深入的展开，而是在本书结尾处引用了“主体论”的主要观点，仍然强调设计方法的提高最终还是取决于设计主体的“观念、理论、修养、个性”的提高，强调了主体（建筑师）的“自觉约束”和“自觉适应”。这样就把读者带回了“主体论”。如此结论多少会让读者感到不甚满足。

尽管如此，《过程与表达》一书仍不失为近年来国内学者关于设计方法学研究的一部力作。该书既在总结前人研究成果的基础上提出了自己的独立见解，同时又很好地结合了自己的实践，内容充实丰富，对于建筑师特别是青年学子有很好的参考价值。设计是探险，是发现，没有人知道目标，更没有人知道答案，这就是设计的乐趣之所在。对于设计方法论的研究和探索也是建筑师永久的课题。只有更多的建筑师、建筑学者和建筑教育工作者关注过程、关注方法、关注创作，我们的建筑教育才能步入理性的轨道；我们的设计实践才能逐步走出抄袭模仿、粗制滥造的误区。

刘叙杰、傅熹年、郭黛姮、潘谷西、孙大章主编《中国建筑史》五卷本

笔锋颇雄刚，驳议何洋洋——读《中国古代建筑史》五卷本

王贵祥

建筑历史作为一种物质文化史、精神文化史、工程技术史与艺术史的综合，其研究的难度，非一般思想文化史所可比拟。尤其是中国古代建筑史，因其建筑材料的特殊，保存实物的匮乏，加之中国古代社会执笔著述的士人阶层，对于从事建筑创造的劳动者阶层的鄙视，见之于文献的建筑实例记述也如凤毛麟角，因此，任何一点学术上的突破，都要付出极大的艰辛。由此可知，中国古代建筑史的研究，是一项浩大繁缛的学术工程，尽管每一位治中国建筑史之人，都会以毕平生之力孜孜以求的心情而投身其中，但真正成就一件有价值的学术成果，也需耗费相当的时日。

我们面前的这五卷本四百余万字的《中国古代建筑史》就是这样一个耗费时日、孜孜以求，十余年辛勤笔耕的学术大作。五卷书的主编都是国内建筑史学界的扛鼎之人，是继梁思成与刘敦桢先生，以及刘治平、陈明达、莫宗江先生之后又一代中国建筑史学家中的佼佼者。他们积自己数十年研究的心血，或带领麾下的年轻学者，以“十年磨一剑”的精神，凝铸了这样一部洋洋大观的学术大作。

中国古代建筑发展的历史，从20世纪初开始为世人所关注，先是由一位晚清文人乐嘉藻，将古代文献中的宫室记述，繁简罗列，草就了最早的中国古代建筑史专著。之后的日人关野贞、伊东忠太，则以外国人的眼光，用近代的方法，写了一部以建筑实例为主线的中国建筑史。真正由中国人从事的具有现代意义的中国古代建筑史学研究，肇自中国营造学社。由朱启钤先生主持，并由梁思成、刘敦桢先生担纲的中国营造学社，是中国近代学术史上的学术奇迹之一，在短短数年的时间，在战乱频仍的年代，交通困难，技术低下，但这一代学术拓荒者所成就的研究成果，至今令晚辈学人惊叹不已。

正是中国营造学社的研究，特别是梁思成、刘敦桢两位学界前辈的辛勤耕耘，奠定了今日中国古代建筑史的学理基础。建国以后由梁思成与刘敦桢两位先生亲自关注，并由刘敦桢先生担任主编的《中国古代建筑史》是第一部实物与文献并重、系统而全面的中国古代建筑史著。这部久经磨难的学术

著作，八易其稿，直到“文革”以后才得以问世，是对此前中国建筑史研究成果所做的一个恰当总结。而我们面前的这部五卷本的《中国古代建筑史》，就是在这样一个学术基础与背景下，开始酝酿并付诸实施的。

这五卷本的中国古代建筑史，是按照历史朝代的顺序编排的，第一卷为原始社会、夏、商、周、秦、汉建筑，由刘叙杰教授主编；第二卷为两晋、南北朝、隋唐、五代建筑，由傅熹年院士主编；第三卷为宋、辽、金、西夏建筑，由郭黛姮教授主编；第四卷为元、明建筑，由潘谷西教授主编；第五卷为清代建筑，由孙大章研究员主编。仅仅从五个主编的构成，已可以看出其阵容的强大。这些在建筑历史科学领域中辛苦耕耘的学者，都是这一学术领域已有建树的人物，他们所在的学术机构，如清华大学建筑学院、东南大学建筑学院与建设部建筑历史与理论研究所，也都与梁思成、刘敦桢等学界前辈，有着紧密的学术传承。这已经从基础上奠定了这五卷本著作所应该具有的高起点。

也许是因为等待了太久的缘故，笔者每拿到新出版的其中一卷，都会有一种一睹为快的急切感。当这五卷书都摆在面前的时候，已经反复翻阅过先前所出版几卷的笔者，又一口气从头至尾地浏览了一遍。每到精彩处，往往不忍释手。虽未及细细研读，但其中一股清新、深湛的学术气息，已经令人感到扑面而来。

以笔者的拙见，这部《中国古代建筑史》，有几个特别令人感触至深之处。

首先是对最新的建筑考古研究成果，有大量的体现。建国以来，特别是近20余年，中国的考古学研究与发现成果累累。许多以前不见著于史籍的古代城市、聚落、建筑及相关物质文化实证，得以问世。这对于实例原本极其匮乏的中国古代建筑史学，尤其是唐代以前的建筑史学研究，有着极大的意义。把这些最新的考古学成果融入建筑史学研究之中，对这些古代城市与建筑的遗迹进行研究与界说，成为中国古代建筑史学的一大课题。五卷本的第一、第二卷尤其体现了这方面的成果。其中搜集的建筑考古资料之丰富，对这些遗迹的描述与分析之细致，其学术见解之深到，是此前的建筑史著中所不曾见的。第一卷中所涉主要是中国上古至秦汉时期的城市、聚落与建筑。关于这一时期的城市与建筑，古代文献中本来就语焉不详，实物遗存又几乎不见。而这些最新考古资料的发掘与研究，填补了这一时期中国建筑史的空白，而且开启了一个广阔的学术领域。目前一些青年学者开始着意从考古发掘资料中，探求早期城市与建筑的学术倾向，就是一个明证。如从这些研究中，人们已经注意到在秦汉一统之前，中国一些地区的古代城邑分布，远比秦汉要密集，一些地方性城邑、聚落的人口与工商业，也比秦汉要繁华。这使我们理解了大一统的封建统治，对于地方性文化起到了一种归纳与集中的作用。一些在春秋、战国时期曾经很繁荣的地方性城邑，随着富户向都城或中心城市的大规模迁移，及中央委派的郡县政府取代地方诸侯，使地方的城市与建筑，在分布与发展上，也发生了一些微妙的变化。关于这些，仅仅从文献上是很难发见的。依赖考古学成果，进行古代建筑历史与理论的研究，在相当一个时期，应该是很有生命力的学术领域。这一领域的研究成果，甚至会对同一时代的社会史、政治史、经济史的研究产生深刻的影响。

其二是对古代文献发掘的广泛与深入。古代中国建筑，尤其是早期建筑，相关的记述散见于浩繁的史籍之中，而且，由于古代文人将宫室建筑看作是形而下的器物，不屑于花气力去记载、描述。因此，许多学者几乎是皓首穷经，才能从无以数计的古代文献中，发现一点有价值的资料，而且还要为这资料的真伪，花费相当的精力。有价值的古代建筑文献史料，往往是一位学者数年、数十年辛苦爬梳的结果。而在这五卷本建筑史著中，尤其是第二卷中，我们处处可以感受到作者在史料发掘上的功力。笔者也曾经在史料上下了一些功夫，无论是在国内工作学习，还是在国外进修期间，笔者都曾长时间坐图书馆，自以为对汉魏隋唐时期史籍的浏览还是比较宽泛的，但看到第二卷中所涉及的文献资料之宽、内容之广、钻研之深，不仅几乎覆盖了笔者所接触的有关这一时期的几乎全部建筑史料，而且，更有许多笔者所远未曾涉猎之处。以笔者的感觉，这一卷著述中所包容的有关这一时期中国古代建筑的史料内容及其价值，是我们这些晚辈学人，几乎穷尽气力，也难以望其项背的。虽然，由于现代 IT 技术的发展，尤其是这几年，人们在文献查阅与爬梳上，已经远比前人要便捷得多。但治史者，不仅要用气力，更要有史识、史略，要能够从重重历史迷雾中洞见史事的真实，这绝非是一般治史者所能够企达的境界。

其三是建筑史学观点的深湛。建筑史学的研究，不仅应该是资料的不断深入过程，也不仅应该是实例的不断积累及对实例认识的不断深化过程，更重要的是通过建筑历史的研究，探讨古代建筑的发展规律，也探讨古代建筑的发展所赖以存在的社会与文化的背景，从而对古代建筑之产生与发展的过程，有一个更为深刻而合乎历史逻辑的认识。然而，在历史研究中，随着资料的日益丰富与研究的日渐深入，人们的认识也总是处于不断的深化与变化之中。建筑历史研究也不例外。例如，老一代建筑史学家所关注的是对现存实例的发现与理解，是对一整个中国古代建筑体系的确立，则随着研究的深入，研究者的重点也日益向着探索中国古代建筑的内在规律发展了。五卷本的各位主编，都在自己所主持的历史时段的研究中，力求在建筑的内在规律上有所探索，而尤以第二卷在探讨城市与建筑组群的尺度、比例上，以实例的分析与数据的排比，虽然因为是专题研究问题，而并未在书中加以充分展开，已经有令人耳目一新的感觉。而在各卷的论述中，努力增加过去所不曾为人们所注意的建筑类型，如仓廪、家庙等，及对建筑技术发展的深入描述，也都使人感受到了主编们对于历史的真实洞见。

其四是建筑复原的探索。依据考古发掘资料或历史文献，对历史上重要的古代建筑进行复原探讨，也是建筑史学研究的一个重要领域，而且是对研究者学术功力与知识结构与阅历要求较高的一个领域。重要古代建筑的复原不是一个设计过程，而是一个严格谨慎的考据与研究过程，来不得任何臆测与武断。这几卷中，尤以古代建筑遗存较少的辽宋以前的历史时期，古代建筑的复原研究，就显得尤其令人关注。在大量文献与详尽的考古资料基础上，经过审慎的推敲、研究所绘制出的复原设计图纸，使一些重要的古代建筑物跃然纸上，这不仅丰富了我们对古代建筑的认知，也进一步充实了中国古代建筑的实例库。因为历史的久远及自然与人为的破坏，现存的古代建筑，尤其是元代以前的古代建筑，并不是那一个时代最具代表性的建筑物。也就是说，仅仅从现存的实例，我们不能够对这些时代的建筑创作成就，有一个更为全面而透彻的认识，对于重要古代建筑的复原设计，可以说是弥补了这一空白。如对秦代宫殿遗址进行的复原，对唐大明宫含元殿、麟德殿等重要建筑物的复原，对历代文献中记载的明堂建筑的复原，对中国古代史籍记载中最为高大的北魏永宁寺塔的复原，以及对北宋汾阴后土祠宋真宗碑楼及南宋永思陵等建筑的复原，都使我们对于这些时代的最高等级、最具代表性的建筑物，有了一个更为直观的了解。

其五是图形资料的丰富。建筑的历史是一种形象的历史。不同时代的建筑造型，历代与建筑相关的构件、雕刻，大量的考古发掘图形，丰富的建筑实例图形，以及诸多的古代建筑复原图形，构成了一部生动活泼的建筑历史图卷。不像社会史、思想史著作，建筑历史著作的特点是图文并茂，但其中的每一幅图，又都具有丰富的学术内涵。这五卷本中国建筑史著的重要特点之一，就是有着十分丰富的图形资料。从总的数量上来说，全书五卷共有图页 5000 余幅之多。这样看来，每一卷中，都大约有千幅左右的图片。这不仅是一个十分浩繁的工作的产物，也是一个十分吸引人的成果。丰富的图片使得原本枯燥的建筑史学论述变得轻松活泼而富于吸引力。读者不仅可以从文字中体会古代中国建筑的博大精深，而且，也可以徜徉在令人眼花缭乱、目不暇接的历史图像中，将自己置身于鲜活的、形象的历史空间之中，并让自己的想像力在其中驰骋。这五卷本建筑史著，可以说是近年来发表的有关建筑方面的图形资料之集大成者。不仅有许多最新的考古发掘资料与复原探讨资料，还有许多新近列入全国重点文物保护单位的现存建筑实例，使我们对中国古代建筑认识的视野得以大大地拓宽。

其六是各卷的风格各具特色。五卷本中国建筑史打破了以往建筑史著一以贯之的写作风格，给予研究与著作者以较大的发挥与施展空间，因此，五卷本建筑史著，虽然在时代与内容上有着一种内在的契合，在各卷的风格却各各不一。而这也恰恰反映了这些建筑史学者各自不同的学术与文字风格。这种研究与写作风格的不同，也恰恰体现了这五卷本所各自反映的不同历史时代的特点。第一卷所涉时段因实物建筑遗存极少，研究者将关注的重点放在考古资料的发掘、研究与复原上，几乎将近几十年中国考古学界的最新成果囊括一空；第二卷涉及的是中国古代建筑最为鼎盛，建造活动最为活跃的时期之一，但实例的建筑遗存也非常之少，研究者以其深厚的功力，对历史文献作了极其深入与广泛的发掘，并针对这些文献，作了极富创见力的研究与复原探讨，展示了一种严谨、娴熟、宽博的学术风格；第三与第四卷覆盖的是中国古代建筑史上承上启下的重要时期，所以建筑实例特别丰富，风格演变也特别明显，作者将近些年发现的重要建筑实例也一一列入，再辅以适当的复原研究，使人们对这一时期建筑有了更深入的认识；第五卷是建筑实例最为丰富的清代时期，作者不仅对实例的分析条分缕析，将这样一个庞杂的内容，十分清晰地展示在人们面前，而且其中的插图质量也是全书中最为精美细致的，反映了作者严谨细致的学术作风。

当然，不可避免的是，这部五卷本著作，也有一些不尽如人意的地方。重要的实例也有疏漏，个别的观点也尚待商榷，各卷的体例与文体风格，彼此之间缺乏呼应与联系。以笔者的浅陋，对于这样一个大部头的学术著作作出更为恰当的分析，还需对其作细细的研读，但作为一个代表我们这个时代的建筑史学总结性学术成果，这部大作还是当之无愧的。

结束的部分想借用宋人李觏所写《读史》一诗中的两句：一句是“子长汉良史，笔锋颇雄刚。”另一句是“予怀班孟坚，驳议何洋洋。”子长、班固都是彪炳史册的大家，这里绝无以古喻今的意思，只是想说，只要是作史，并且是认认真真地作，总是会起到如李觏诗中所说的：“传与后世人，慎思其否臧”之效果的。

清华大学建筑学院　王贵祥

孙大章《中国民居研究》

——一部中国民居研究的力作

刘大平

中国民居是中国传统建筑文化中最具特色的组成部分，同时亦是至今仍散发活力并对现代建筑设计有直接借鉴意义的宝贵建筑遗产。中国建筑工业出版社出版的孙大章先生的大作《中国民居研究》一书，就是众多中国民居研究著作中的一部力作。初见此书实在震惊，洋洋125万字之多，拿在手中立刻感到了它的自身分量，细细看来更深深感到了它的学术分量，而此时后者给我的深刻印象，已经大大超过了前者。时至今日，每每读来这种感受依然没有因时间的流逝而淡漠。

为了建筑史教学和研究的需要，加之笔者对此有所偏爱，所以平时格外留神相关书籍，从民居建筑类型到民居装饰细部，从民居理论研究到民居实例介绍，从民居学术著作到民居研究论文，笔者阅读过的有关民居研究的书籍应该是不少的，但总感到虽然数量不少，类型也五花八门，无所不包，大量的多是缺少深入研究，缺少深层次思考的东西，看似热闹，实则对于中国传统民居的研究没有什么大的推进作用。虽有个别研究著作有一定的深度，但却一直不能解决对中国民居建立起一个完整的、全面的、也可以说是系统的研究框架的问题。而孙大章先生的巨著《中国民居研究》恰恰弥补了这样的不足，其所建立的研究框架是相当有意义和有价值的，实在是难能可贵。

此书包括了中国民居的历史演进、分类、形制、空间构成、结构与构造、美学表现以及传统村镇、形制生成的因素、民居的研究和保护等，几乎涉及全部民居研究的领域，研究的广度和深度不能不令人赞叹。读罢此书还觉得不过瘾，似乎如此这般细细道来，再写125万字既是可能的也是需要的。中国传统民居的内涵之广大深远，实在值得我们下力气去研究。

孙大章先生《中国民居研究》一书不仅为我们提出了一个完整的研究框架，同时它又好像一个民居研究的大全，表现为资料全、类型全、研究视角全。这恰恰是以往任何一部民居研究专著似有不足的弱点。资料全表现为书中收集大量民居实例，并作了细致的分析，尤其是第三章典型民居形制概述中，几乎包括了中国民居研究所有最主要的资料，至少可以说现有资料所能收集到的都在其中，该书概述了六十八种典型民居形制，并一一作了分析介绍，很多资料鲜为人知，极为珍贵。类型全是该书概括了大量的民居形制，这些类型不少是以往零散地出现在不同的民居类型研究的书籍之中，而将其系统分析后总揽于一书，是该书的一大特色，这项工作看起来简单，实则是相当困难的，何况以往的形制分类不少并不准确和恰当，均需一个个重新判断思考，才能作出科学和理想的分类。研究视角全是该书分别从多个不同的角度对中国民居进行了考察研究，从而建立了新的研究体系，既有建筑形态学上的研究，也有建筑美学上的研究，同时涉及了建筑空间理论、技术构造、思想文化等等诸多领域，正是这种多视角的系统研究，才有利于对中国民居的更深入更准确的把握。

这本大作的另一特点是该书的学术价值，亦是该书最吸引人之处，之所以这样评价它，是因为全书是在几乎概括了绝大部分前人的研究成果的基础上，进行了大量的、长期的、深入研究之后，提出一系列的中国民居研究的新观点和新见解，而绝不是以往研究成果的简单堆积和重复，从而保证了该书学术价值的水准。如第二章民居的分类，就是孙大章先生经过反复比较研究，在深入分析了中国民居的特点的基础上，根据影响建筑形制要素的不同层次，提出空间组合、平面布置、结构与构造形式、表面装饰是其主要因素，其中空间组合是主导因素，由此将民居划分为六大类型。这种借鉴“自然科学界纲、目、科、属的分类原则，由大到小，由粗到细微地进行分析”，的研究方法，使以往众说纷纭模糊不清的民居分类，一下子变得清晰起来，这种分类的科学性令人信服。再者如该书中第二章庭院类民居分项比较，第四章民居建筑空间构成以及第五章民居结构与构造的研究，其分析的细致程度和鲜为人知的观点，比比皆是，令人难以忘却。此外书中有关各地民居标准平面布局系列的研究，各族通用尺度名称的表述，院落式民居建筑与单体建筑式民居地区俗名的表述等等，这些研究成果都是极具学术价值的，没有大量的、深厚的知识积累作前提是绝对无法完成的。

该书的学术性还具体地表现在其研究的科学性和严谨性，书中每章之后都有一个详细的注释，由此可见作者的工作量之大和严谨认真的学术态度。作者在第二章的结束语中，告诫读者“以上分类是仅就已调查公布的民居形制为基础而初步分类的，很可能还有遗漏，至于某些调查工作展开的不详尽的省区如：黑龙江、内蒙古西部、青海、湖北、贵州、河南等地，尚有待补充材料，进一步调整分类，以期更趋完备”。在学术风气日渐浮燥的今天，作者这种踏踏实实、科学严谨的学风已不多见，实在难得。

全书最后的附录1《中国民居书目举要》和附录2《全国重点文物保护单位中的古民居及古村镇名录》的收录，看为小事，实为孙先生严谨细致治学态度的反映。读罢全书还留下了一个极为深刻印象，就是该书图文并茂的表达。一般具有学术特色的著作，往往都有文字晦涩不易读懂的毛病，而中国民居研究一书的语言，清新流畅，尾尾道来，毫无学究气息，其文字语言就如同它研究的对象中国传统民居一样，朴实单纯，虽不华丽，却具有极好的亲和力，吸引人耐心地读下去。再者就是该书的大量插图，不论是照片，还是线条图，相当地精美，尤其是大量的分析图，更具学术价值，应该说是该书的精华之所在。书中的不少黑白照片，应为早期拍摄所得，更具原汁原味，实为难得。

民居建筑具有的科学价值、文化价值、艺术价值无须再来论述，民居研究的意义也同样不需要再讨论，我们现在最为需要的实际上就是应该像本书作者一样静下心来，不求名利，坚持数年如一日，扎实勤奋地工作。笔者深为作者的学术精神而感动，也对其学术功力深感钦佩。

此外，从《中国民居研究》一书，也能看到其中渗透了出版社编辑的心血，无论是书籍版式的编排、纸张的选择、封面的设计，都是格外精心认真工作的产物。所以可以说这部力作从内容到形式都是精品，这应当是每一位研究中国民居或对中国民居感兴趣的读者都会感受到的。

集创新精华　见漫漫求索心路
——读吴良镛《建筑、城市、人居环境》

宋启林

一

河北教育出版社组织出版《中国院士书系》，吴良镛院士应邀参与出版了《建筑、城市、人居环境》（以下引文只注页码者均指该书）。吴先生20多年来已先后写过200多篇学术论著，专著即达7本以上。他采取了一个很好的办法、即请武廷海、田银生两位博士对他的全部著作进行了初选，从而充分考虑了青中年的需求，最终选出了57万字共34篇，只占全部著作的1/7左右。最重要的《广义建筑学》一书，也只从10篇中选出构想、教育、艺术三篇。论述最多的《城市规划与设计》则只选了19篇。后期最新贡献《人居环境科学》有关著作只选进6篇。可见选辑非常精炼严密，但却涵盖了各时期的创新精华。

从面世的学术成果来说，吴良镛先生大器晚成。有些不了解吴先生夙愿和经历者，对吴先生从事建筑规划设计专业，但实际建筑创作成果较少颇有微辞。其实这真是完全误解。对此，吴先生非不能也，乃身不由己矣。

他从小酷爱美术，大学接受的还是巴黎美术学院式的建筑教育。1948年赴美，师从沙里宁读研究生，又是在美国匡溪艺术学院，并在该院及克里夫兰画廊举办过“吴良镛水彩画展”。他领悟过宗白华、王国维的空灵和意境，欣赏并悠游过美术殿堂，找到过得于己的美学“会心处”，一直认为美丽的建筑和城市环境是人类伟大的创造。可是对迷人建筑艺术的痴迷和追求，却在解放后基本未能如愿以偿，只能从百忙中挤时间画些速写和水彩，聊以充饥而已。

1950年11月，28岁的吴先生怀着热爱和报效祖国的激情，冲破阻力由美返京，立即投身如火如荼的伟大建设事业。和当时一切热血青年一样，完全进入了忘我的境界。次年初即负责清华建筑系市镇组。1952年秋开始担任该系副主任。1953年参与筹备中国建筑学会，被选为副秘书长；1959年创办清华建筑设计研究院；1960年入党；1963年主持编写全国通用教材《城乡规划》(《吴良镛学术文化随笔》P313～317)。须知他当时是和众多老前辈如梁思成等在一起工作，属于少壮派，理所当然在行政事务方面应冲锋陷阵在前，更多地承担大量必需由年轻人挑的实际重担。梁先生去世后，他又义不容辞地主持其恩师《梁思成文集》、《梁思成全集》和英文版梁思成《中国建筑史》的编纂。可以说从20世纪50年代初到70年代末，他最宝贵、精力最旺盛的中青年30年时间，都全身心地奉献给了人民教育事业。1991年国家教委颁发给他"从事高校科技工作40年成绩显著"的荣誉证书，就是最恰当的表彰。

当然，在抗战时期即已萌发"住者有其屋"希望，尔后又以"读万卷书，行万里路，拜万人师，谋万家居"励志的他，在这30年间，不可能只将搞好教育行政和社会工作为满足的。精力旺盛的他，在这期间结合工作，主持了佛子岭水库休养所、杭州华侨饭店设计，均获嘉奖。参加了北京十年大庆国庆工程，长安街设计竞赛、唐山震后规划研究、毛主席纪念堂、天安门扩建规划设计等重大项目活动，或设计、或主持、或担任专家等等。当然在繁重教学和教材编写中，在主编梁思成各项文稿中，在建筑系对外承担的有关规划设计指导和构思方面等等实际工作中，更进行了大量读书思考。因此也可以说这30年正是他学术上的厚积薄发时期。

二

文革以后，吴先生已过55岁，进入了老年阶段。经过前期厚积，充满理想，力求塑造未来，精力非常旺盛的他，面对大量现实矛盾，包括理想与现实、中与西、古与今、需要与可能、长远与眼前、经济与社会文化、正义与腐败等等大量矛盾和冲突，充满焦虑与愤悱之气。不悱不发，发必有中，创新即在其中。由此进入学术成果喷涌而出的黄金时期。书中著述正是集中在这一时期。

关于"广义建筑学"，他"从1981年参加中科院学部大会开始，面对各方面的矛盾，逐步形成下列认识：

第一，如果不把建筑学推向科学的高度，学科很难被广泛地理解，也很难得到发展。

第二，科学地研究建筑，需要对整个建筑事业有一个综合的认识，从建筑事业整体上来认识建筑，促使从众多要素来研究建筑。

第三，从单纯的房子(Shelter)的概念走向聚落(Settlement)的概念，增进了对历史上人类建筑活动较为完整的理解。"(P545)

吴先生倡导的广义建筑学的学术观点，1989以专著正式发表后，获得国内外建筑界越来越多地认同接纳。1999年国际建协将之正式载入了"北京宪章"。宪章并指出："广义建筑学不是要建筑师成为万事俱通的专家，而是倡导广义的、综合的观念和整体的思维，在广阔天地里寻找新的专业结合点，解决问题，发展理论。”

又如“人居环境科学”，吴先生指出：

“环境是以人或事物为中心的一定空间范围和地域，我们不仅要从‘广义的建筑观’去理解环境，还要进一步发展以人与环境为焦点的人居环境科学。

第一，人民环境的核心是‘人’，要以人为本；

第二，自然是人居环境的基础，人的生产生活以及具体的人居环境建设活动离不开更为广阔的自然背景、生态环境更是包括人在内的一切生物安身立命之所；

第三，广义建筑学是以建筑学为核心的展扩，而人居环境科学是研究人居环境方面的关系及多学科的构成，目前……仅仅勾画出一个学术框架……需要由志同道合者……共同去完成。(545)”。

篇幅占本书2/3的“城市规划与设计”则多为极具针对性的忧时之作。20多年来，吴先生一直以超前的眼光，及时发现城市规划设计中的许多新问题，提出警示，深入分析其原因，提出对策，并对当时或以后一段时期产生过很大影响。许多影响至今依然不衰。其中有些如“城市规划”、“城市规划的理论与哲学”等已成为经典（大百科全书主条目）或教材。

三

书中学术成果广阔深邃，显然不是一篇短文所能介绍得了的，但书中求索心路却经常跃然纸上，值得特别提出来。对此我有以下一些浅薄的体会。

①锲而不舍。他从求学时就开始追求“居者有其屋”。从此以后，人居问题一直是他研究中贯彻始终的主导红线。他曾经为探索“城市细胞的有机更新与新四合院”，从设想到实践，自1978年开始作了10余年探索，甚至不惜杀鸡用牛刀，搞起新四合院的研究、设计，协调施工等极为琐碎事务。创新是艰苦的过程，菊儿胡同工程获联合国1992年“世界人居奖”实非偶然。“广义建筑学”的提出不仅有深厚理论基础，更反映了作者的亲身多种多样（包括建筑设计）实践体会。

正是这种对居住问题研究的孜孜不倦，才有人居环境科学框架的接踵搭建。《人居环境科学导论》出版时，吴先生已近80高龄，“谋万家居”的座右铭身体力行，由此可见，称他为人民建筑师是当之无愧的。

② 审时度势，与时俱进，因势利导，是他著作中随处可见的。城市规划设计要从追求静态终极蓝图的纯理想积习中摆脱出来，只有紧紧跟踪实践，将城市规划设计还其建设龙头，引领建设过程的本来面目。实践千头万绪，错综复杂，研究极易迷失方向，或陷于主观臆断，悲观失望。关键在于把握

过程及其未来发展大趋势。这说是审时度势。弄清矛盾在何种过程、何种时期、何种阶段、何种时序。不能过分超越或者落后，否则都会脱离实际，难以真正与时俱进。他还提出：“寻找建筑与城市发展的方向，眼光宜主要集中在大趋势，并且也只能看到大趋势”。“因为事物不确定的因素太多，变化太快，难以预料”（546）。因此他成为建筑师中最具战略眼光者决非偶然。其实他在具体建筑设计中，却又是非常细密的。例如在孔子研究院设计中，对各种装饰细节的研究，都细致入微。

③ 逐步体会认识和运用“融贯的综合研究方法”。“在实践上我从最基本的盖房子做起，后来认识到不能孤立地就建筑论建筑，需要研究城市。于是面向大规模的城市建设”。“在这过程中，又逐步认识到必须具备区域观点”。倒如研究长江三角洲、滇西北、三峡库区、大北京地区等。不“囿于哪一个学派，而是参考汲取西方建筑思潮，面对中国的现实，以中国的问题为导向，探索未知”（546）。始终不渝地寻求一条有中国特色的道路。逐步走向：

“第一，从还原论到整体论，把事物看作一个整体，整体思考，综合集成；

第二，从系统论到复杂的巨系统；

第三，从单学科到多学科的交叉，融会（546）”。

四

吴先生在取得广义建筑学、人居环境科学、城市规划设计等一系列学术成就后，已饶有兴趣地开始运用其研究心得体会，向他年轻时迷恋的迷人建筑艺术和城市美学实践转化。值得一提的是他和其研究集体共同进行的曲阜孔子研究院的规划设计（91～109）。这项规划设计已在建筑学报 2000（7）作过较为全面系统的报导。在此仅提出值得注意的以下几点：

①身体力行地贯彻了广义建筑学中提出的城市规划设计、建筑设计与园林设计融为一体的思想。例如对孔子研究院周围城市环境、区位、小沂河滨河绿带等作了整体调研思考，提出有具体针对性的筹建新儒学文化区的建议，使单项设计眼界空前开阔，与环境相得益彰。

②从古代文化深厚传统中汲取营养灵感，转化为实体形象。包括以与洛书、河图相联系的九宫格式作总体布局。运用风水四象格局，丰富充实山水围合形象。如利用南部小沂河作玉带水，南北堆填小土山，既具遮挡南北过高建筑，美化环境的园林作用，更以其所具朱雀、玄武的象征，深化民族风水文化意蕴。

③创作构思、艺术造型、功能组合等等均能随项目的各种意义象征分别赋形，宛若自然随机，其实皆引经据典，意蕴深厚，耐反复品味咀嚼。这正

是具有深厚中国文化根基的美学体现。例如博物馆主题雕塑不取习见的孔子单独造象，而取孔子《论语·先进·侍座》中孔子与四位弟子、畅谈人生理想的独出心裁造型。绘画、书法、园林艺术、建筑小品等均集中烘托孔子的“即之也温”的欢乐圣地感。

五

需要专门提及的是该书出版后的四五年间吴先生已届85岁高龄，仍孜孜不倦地继续探索，与时俱进。例如南京红楼梦博物馆、泰山博物馆的建筑设计创意、北京新一轮总体规划和京津冀长江三角洲城市和区域规划的受重视的远见卓识。学海无涯，壮心不已，他还将补自己一直想读而未及读的书，补一直想去而未及去的地方，一直想看而未看的人。不断充实吸收现代化、全球化涌现的优秀成果，立足中国文化之根，紧密结合实践整合融会，继续探索中国建筑文化新时代发展道路。这种高度历史使命感更是深深地激励着我。

原载《华中建筑》2004年第2期

布正伟《创作视界论——现代建筑创作平台建构的理论与实践》

一部激励进取的“创作经”——《创作视界论》读后

黄为隽

近年来，相对于建筑创作的繁荣，建筑理论研究有些沉寂。在此境况下，布正伟先生的新著《创作视界论》跃然问世，犹如顺应“时令”所需，受到许多读者的青睐。我有幸初读，亦感受益良多。理论研究与创作实践分工、分家的现象在中国建筑界已司空见惯，行者不言，言者不行，行言兼备者只占极少的人群。个中原因除建筑师的主观因素外，对创作“短、平、快”的时限与要求，也是难让建筑师有暇静心总结、深刻思考；另外，“长官意志”和开发商素质不高的意愿双管齐下，更磨掉了创作者的个性和原创精神。“作”（品）不由衷自难言，理论探索也就自然地让位给专门从事研究工作的人去做，从而造成创作者不闻理论，而一些理论研究因不介入现实矛盾又常陷入纯理想化的说教，使闻之空泛，无助于行。对此，我一直期望能见到几本由职业建筑师从自己实践中体验、总结、并升华到理论见地的著作，以裨益理论与创作间的交流，使二者和衷共济推动我国建筑创作水平的提高。没想到这一奢望竟然在《创作视界论》这本新著中得到回应，这要感谢布正伟先生的奉献，他作为整日劳顿于管理、创作与实践的职业建筑师，多年来不顾客观干扰，以执著于事业完美的追求，自强不息地拼搏在理论探索与设计创新之间，并用长期积累的学识和身体力行的经验所得，熔铸成这本集理论验证与创作升华为一体的厚重之作，体现了一个有胆识的建筑师难能可贵的奋进精神。

初读这本书，就感到了它的丰厚和吸引力。其颇具魅力和激情的启迪性与挑战性，足以激发从事创作者和入门学子的阅读兴趣，说它是一部可资创作借鉴的学术力作或学习建筑者的必读教材，都不为过。《创作视界论》以其新鲜而具有深度的立题，抓住了建筑师进行创作所应具备的基本潜能展开论述，对建筑创作所涉及的范围和有关建筑创作的见识进行了方方面面的论证，其目的在于用自己的心得奉告读者：面对浩瀚的知识海洋和日新月异的大千世界，如何学习理论、体验实践，从观察和思辨中去获得广见、卓识；又如何掌握分寸、把握时机，在高视点、宽视域为基础构筑的创作平台上，去争取事业有成的契机。老一辈建筑家曾教导我们：“做好设计必须眼高、手高”，这精辟之言其实说的也就是创作的视界问题。虽然半个世纪过去，但这句话依然言简意赅，只是时代的发展使之蕴含的内容更加深广。那么用今天的眼光看，怎样才算眼高？又怎样才能做到眼高、手高？对于这些令人迷茫的问题，书中许多透彻之解、精到之论达到了指点迷津作用。

全书从文化视野、城市与环境视野、艺术视野和创新视野等全方位地论证了在建筑创作中认识与方法层面的诸多问题，涵盖内容之丰、观点之新，给人以开卷有益之感。其中许多引人入胜的细小命题以其生动而切中时弊，又发人深省。作者或借助在国内外考察的心得，或以自己创作实例的体验佐证，深入浅出地论证了理论导向和创新机制间互动、互进的密切关联以及偏离其一的弊端，从而找到了我国创作水平提高缓慢的症结和变革现状的对策。同时也为建筑师欲成“完作”指点了方向。

《创作视界论》虽熔建筑创作的认识论与方法论于一炉，但却不像有些理论书籍越读越难懂。它具有的甚强解惑力，乃是作者严密的逻辑思维功力和词主互达的质朴语言所企及。书中既无故作深奥的生造词句，也无教师爷般的说教口吻，有的却是敞开心扉，实话直说，在如同与读者面对面的交流中，传达着深刻的创作哲理。有些他的自我反思，却因颇具思辨的逻辑，反能给人以深刻的启示。在一些关于理论的阐述，如“在修炼中跨越自我障碍”一节中，所提出的“有界也无界”、“有教也无教”、“有常也无常”、“有我也无我”、“有法也无法”、“自在也非自在”等论点，聚凝着极强的辩证关系，体现了作者甚高的理论造诣。书中引以佐证的许多佳作，无论是体验城市特质的烟台莱山机场航站楼、挖掘珠光宝气之外美韵的北京“独一居”酒家，还是与环境艺术有机结合而锦上添花的重庆两座机场航站楼，以及许多融入环境并为之增色的环境艺术作品，都以带有几分拙气的艺术魅力和深刻内涵，诠释着作者对创作认识论和方法论的理解与运用，同时也展现着他的多才多艺和不凡的艺术素养。文如其人，作（品）如其人，这本专著的可读性与作者豪爽、直言的外化性格达到了天然的谋合。如果说可读、可学是优秀理论书籍必具的品格，那么这本书应是当之无愧的。

素质是创新之本，素质也是育才之道。《创作视界论》将素质培育与职业修炼作为论证的重要篇章，对于从理论导向上纠正当今功利甚盛而素质回落的现象，尤其具有现实的意义。作者恰当的用“修炼”二字形象的概括了无论心理素质还是业务素质的提高，都需一个不断磨炼且与时俱进的艰苦过程。他反复强调心理素质对创造力的培养和发挥的决定作用，并提示：“永不满足”的进取意识是激励建筑师创新、攀高、永不言败的原动力。这不仅对职业建筑师的创作自省指明了宏观目标，也对建筑教育提出了责任的要求。作者深言其理，也在创作中身体力行。重庆江北机场航站楼设计，就是他在“永不满足”的意识下，自谦自励，不断吸纳，不断改进的创作过程。

他学习大师的气质和思想，也听取年轻学子的建议，在超越自我的兼听则明中，突破思维定势，使作品跃上了新的高度。

然而，在现实中忽视心理素质的现象并不少见。尤其是有些建筑师，一具功名就骄于自满，不再去吸纳新理论、新思想、新观点，思想日渐僵化，创作逐成套路，事业停滞不前。如此素质不高的状况，也是我国难出世界级大师的原因之一。现已漫延到建筑界的急功近利现象，更是与高素质相悖的短视行为。例如，在建筑创作领域：不重“原创”，盛“拿来”，“快餐式”作品、过眼烟云般的“时髦”建筑层出不穷。“抄袭”使自己的作品落于别人的窠臼，何能“脱俗”？又何能出新？在建筑教育中：以电脑的速成替代艰苦的思维和功力磨炼，以逸待劳地将杂志中他人的思维成果不经消化转为自己的作业；有些学校教师甚至准许让“电动”（电脑）替代手动的基本素质训练……难怪有些设计院的老总抱怨学生今不如昔！电脑本是先进的智能手段，用之不当会适得其反。在建筑设计的竞标中，经常可以看到，本具“虚拟现实”功能的电脑演示，经过职业操守低下的竞争者任意夸张，竟变成了“虚假”的建筑表现。面对如此种种世风日下的浮燥现象，重读这本书中提示：“素质预示着未来”的警句，当不可掉以轻心。回归素质教育！回归建筑创作的正确目标！应是当今建筑教育和建筑创作急待建构的行为准则。

令人高兴的是，在本书的最后章节，作者又在操作层面上从方法论的角度提出了中国建筑师的素质应从建筑语言美做起的新观点，他在剖析中国现代建筑语言中诸如生搬、走调、孤凌等等“流行病”的基础上，提出应自觉规范和净化建筑语言的任务，并将本书中提示的要点引深到另一本专著《建筑语言论》展开研究。我钦佩作者契而不舍的治学精神，也期待他的后续作品早日问世，为建筑理论研究再作新的奉献。

中国自古就懂得“学而不思则罔，思而不学则殆”的道理，今人更明白“实践——理论——实践”循环往复不断上升的真理。然而在实践与理论之间有一个体验与思辨的转化过程，而作者就是“在创作中思辨，在思辨中创作”这样独特境界中写成了这本著作，可以说“思辨”是贯穿全书的灵魂，因为思辨才能前进，思辨才能创新。值得欣慰的是他的这些深刻认知，正是始终不渝地秉承自己导师——老一代建筑家徐中教授的遗教：“做能动脑的建筑师和能动手的理论家”，并在几十年的建筑生涯中，持之以恒地在理论与创作的双轨线上行驶所获得的。书中所言也是他多年劳作的总结。

这部著作的题外成就，还体现在写作方法的别开生面。它集生动性与学术性于一体，不拘一格，殊途同归地达到说理的终极目标。虽说是作者的个性使然，但却开理论书籍多样化的先河，有助于打破理论研究重教化、轻交流的沉寂氛围，活跃了学术研究与创作实践间的沟通与对话。今天它虽是一家之言，相信当众家之言汇聚之日，也将是我国建筑理论与建筑创作的共荣之时。

靠特色取胜——评张钦楠著《特色取胜》

王国梁

2005年10月，钦楠先生将他刚刚出版的新著《特色取胜——建筑理论的探讨》邮赠与我。拆开包装纸、读了书中的前言、目录和后记后，立即被简朴的文字、精辟论述所吸引，我放下手头繁忙的工作，一气读完了这本近17万字的专著。随即，我将这本专著推荐给我的几位在读博士生和硕士生，还介绍给许多朋友。凡拜读过这本书的人，异口同声地说好。可见，世间一切事和人的评判标准：好坏自有公论，是千真万确的。

于是，写一篇书评的冲动油然而生。又是丢下手头繁忙的工作，奋笔疾书，一气呵成。写书评的目的是将钦楠先生的这部力作推介给更多的人。理论的缺失，将导致创作的苍白，已逐渐成为人们的共识。如果中国建筑师普遍有了如饥似渴地学理论的欲望和劲头，持之以恒，中国建筑的明天将会更加辉煌。

一

《特色取胜——建筑理论探讨》这本专著究竟好在哪里？

1. 好在一言矢的地阐明了“我们输在哪里”，输在建筑理论的贫乏和建筑实践的盲目。钦楠先生毫不隐瞒自己的观点，坦诚赞成“差距论”，并指出了我们与外国建筑师所存在差距的原因和克服差距的方略。更有意义的是钦楠先生强调了理论建设呼唤“群体的活动”，而不“只依赖于一二名杰出人物”。笔者赞同这一观点，其实理论建设和实践创作都需要群体的活动。建筑本是千百万人的事业，仅就建筑设计而言，也不囿于“一二名杰出人物”。建筑设计的主创人员，可能是一二名建筑师，但完成一项建筑设计任务必须借团体的通力合作，这是常识。不少建筑设计方案出自有才华的青年建筑师之手，但账却记在了总建筑师或是主任建筑师头上，这本不公平。从这个层面上讲，我国现行的评定“勘察设计大师”的制度是否值得商榷？

2. 好在廓清了建筑理论的普适性与地域性、民族性的关系。钦楠先生撷取了相当多的建筑精品和建筑名著来解析建筑理论的普适性，同样又撷取了令人信服的建筑实例去诠释建筑理论的地域性、民族性，同时又梳理出两者的互相包容关系。俗话说“越是民族的，就越是国际的”，在此得到了再次验证。一句话，好的建筑理论和好的建筑实例都“是以‘可持续发展’为前提的”。中国没有理由再搞“建设性破坏”和“破坏性建设”了，我们不能愧对子孙后代。

3. 好在明确地指出了建筑的特色从何而来。钦楠先生将建筑的民族性和地域性特色的来源归结为“对本国、本地建设资源的最佳利用”，而建设资源是广义的学术概念（包括了自然的和人文的），并辅以三个典型实例佐证。这样的论断，从根本上颠覆了长期以来人们惯用的建筑评价标准。换言之，建筑的评价标准应由建筑本体论价值取向转为建筑本体论价值取向与生态价值取向相结合。因此，这一论断具有可持续发展的理论意义。一旦确立了这一论断，建筑批评就有了明确的方向，其他问题都会迎刃而解，诸如表述“建筑不等同于装置艺术”这样的观点，就更毋庸再费口舌了。

4. 好在从时间和空间两个维度昭示了中国最宝贵的传统：用贫物质资源建造高文明。钦楠先生以全新的视野去解读中国的历史、文化和资源条件，为中国特色的建筑理论体系建设作了铺垫。小学的教科书就告诉我们，祖国地大物博，资源丰富；然而用庞大的人口数目作分母，分数值就非常小了，使得“我们资源条件由富转贫，生存环境变得十分脆弱”。由于“建立了多民族的大一统国家”和“中国人善于以丰富的文化资源来弥补物质资源的匮乏”，所以“我们的祖先长期在贫（物质）资源的条件下创造了丰富的文明和文化”，结论可谓水到渠成，顺理成章，令人信服。在当下语境中，继承中国最宝贵的传统，我们责无旁贷。

5. 好在详尽地阐述了中国特色建筑理论体系建设的方方面面，这是全书的重点，篇幅也最大，书中列为第四章。这一章的文字表述达到了“三通”境界：中外通、古今通、义理通；表述的内容十分广泛：哲学观念，城市特色，环境观，建筑心理学和行为学，语言学与构筑学特征，意境美学，性能和效益，建筑师执业等。这一章成为建筑理论探讨的核心内容，相信不同阅历的读者，会有不同的读后感，见仁见智。

6. 好在篇末点题。在本书的第五章（最后一章），钦楠先生提出了“中国特色建筑理论体系构架的初步设想”，作为建筑理论探讨的一个阶段性成果；又以“后记”的形式，概括了该书的九个主要观点，第九个观点回到了书名《特色取胜》，使该书画上了一个圆满的句号。

二

中国实在是建设得太快了，快得令中国建筑师们始料未及。红红火火的建筑设计市场，给当代中国建筑师尤其是中青年建筑师提供了前所未有的大量的设计实践机会，他们遇上了好时代。这使老一辈建筑师羡慕，更令外国建筑师惊羡。随着我国加入WTO，外国建筑师打了进来；于是，便发生了“若干年来，在我国举行的一些大型建筑项目的设计招标中，外国建筑师的方案频频取胜”的情况；针对这种状况，又有了各式各样议论，“差距”论就是其中之一；于是，建筑界的有识之士开始究其原因，初步探究得出的结论是中国的建筑理论建设大大滞后于建筑实践创作；于是，中国建筑学会的张钦楠、张祖刚两位先生，以高度的社会责任感和历史责任感牵头组织开展了“中国特色的建筑理论框架研究”。此项研究参加人员有顾孟潮、王贵祥、汤羽扬、业祖润、李先逵、邹德侬，王国梁、张在元等，还有香港的钟华楠先生，这些专家都是课题组的创始人。

该课题组于2000年11月3日在北京召开了座谈会，大家交换了看法，确定了开展研究的初步计划。2001年5月10日在北京召开了“中国特色的建筑理论框架研究”第一次会议，与会者一致认为：建设中国特色的建筑理论体系，切中时弊，十分必要，十分紧迫；作为建筑理论体系建设的第一步，应该建立建筑理论体系的框架；这一框架理应是开放型的，具有广泛的包容性，旨在吸纳更多的人予以关注和参与，也是可持续发展的，需要与时俱进地修正框架，不断充实和丰富其内容，使之成为广大建筑师和学者的共同事业，从而促使中国特色的建筑理论建设渐臻体系。

2001年8月起，《建筑学报》增设了“建筑理论”专栏，陆续刊出大家的研究专题论文。

2002年5月20日在杭州召开了“中国特色的建筑理论框架研究”第二次会议，会议由中国美术学院设计学部承办。课题组增添了不少新成员。

在此基础上，《中国特色的建筑理论文库》正在编写付梓中，钦楠先生的专著《特色取胜——建筑理论的探讨》率先于2005年9月正式出版。自张钦楠、张祖刚两位先生发起至今的短短五年间，中国特色的建筑理论研究，已经结出了硕果，并得到了广大建筑师和高校建筑学专业师生的积极响应和认同。这对提高我国的建筑创作水平、加强建筑理论建设、改革建筑职业体制、促进城市建设的可持续发展，无疑可以起到积极的推进作用，为中国建筑的明天作出了应有的贡献。

三

年逾古稀的钦楠先生出版了专著《特色取胜——建筑理论的探讨》，仅此就令晚辈的我十分钦佩，更值得广大中青年建筑师效仿。凡接触过钦楠先生的人，都有一个共同的感受：先生思想敏锐、知识渊博、阅历丰厚，见解独到、分析精辟，善于从人们司空见惯或习以为常的现象中捕捉到本质，并常常在不经意中闪烁出睿智，秀外慧中而不张扬。先生的专著，不像七旬老人所写，倒使读者可触摸到先生永远年轻的脉搏。专著的文风清新，深入浅出，旁征博引，图文并茂，雅俗共赏；专著又似一本教科书，教科书是神圣的，先生回答了建筑创作实践和建筑理论研究的众多问题，又留下了许多空间，让读者去遐想、去回应。在遭遇西方强势文化的今日中国，专著是积极向上的、鼓舞人心的，钦楠先生实实在在地带了头，推动了中国特色的建筑理论研究。

为使专著再版时更优秀，笔者斗胆进言二则。一是，第四章第八节“中国的建筑实践方式”，花了近30页的篇幅（全书约200页），详尽地论述了中外建筑师的实践史比较以及建筑师职业的建立和规范化。如果能适当压缩篇幅，而将本节的最后一段话，即“……中国的建筑师的职业环境主要还不在于此，而是要回到维特鲁威的要求，才能真正承担起我们的历史使命”，作适当的展开，相信专著会更精彩。鉴于时弊，读者很想仔细聆听先生的一席话，如今显然已经隐去。亦许因“隔代修史”，钦楠先生不便说，权当苛求吧！二是，书中多次出现“现代文脉”一词，建议改用“当下语境”，似更为妥帖。诚然，二则建议，仅供先生参考。

怀着激动又虔诚的心情，拜读了钦楠先生的新力作，感慨系之。具有讽刺意味的是残酷的现实：当今中国的建筑量如此巨大，但还未涌现出足于影响世界建筑潮流的精品，还未脱颖出被全世界所公认的建筑大师。今日之努力，都是为了中国建筑之明天。无论建筑理论探讨还是建筑创作实践，均要靠特色取胜，钦楠先生已经为我们指点了迷津、指明了方向，并留下了信史。横看、竖看，钦楠先生这部专著的写作风格，很像建筑界前辈童寯先生于1979年写就的《近百年西方建筑史》。众所周知，童寯先生人品高洁，治学严谨，勤于笔耕，真正的大师，深受学界晚辈敬仰。

编《童寯文集》第四卷札记

杨永生

自从《童寯文集》（以下简称文集并不加书名号）第一卷2000年出版以来，至今已经是第6个年头了。这第四卷由童老的孙子童明（现任同济大学建筑与城规学院副教授）和我编了3年多，直到最近才由建工社总编签字付印。当第一卷付印时，我们计划每年出一卷，并已向读者允诺这第四卷2003年出版。竟拖延了3年，主要原因是当时对整理童老的杂录笔记的繁复程度估计不足，很是对不住读者。好在我们的读者宽宏大量，没有追究此事。这种事也许在我们出版界司空见惯，大家都习以为常了。

从第一卷出版至今已经6年了，当时为了保证这四卷书在装帧用料上前后一致，出第一卷时，即已告出版社备下四卷书的全部用料，避免参差不齐。

在这第四卷付印之际，我想把编书的过程以及我的体验和认识记下来，公之于众。希望这些札记能有助于读者更多地理解它。

筹划

谈起为童老出文集事，我想起1993年童老逝世10周年时即开始筹划，并与时任东南大学出版社总编的晏隆余先生商定由建工出版社和东南大学出版社共同出版。经过多次反复酝酿，直至2000年童老百年诞辰那年才由建工社出版第一卷。

在1993年筹划出版文集时即征求陈植先生（1902～2002年）的意见并向他征集与童老的往来书信及照片。同时，还请陈植老为文集题写书名，这是因为陈植老既是童老在清华及美国宾夕法尼亚大学的同学又是华盖建筑师事务所的同事，他是题写书名最合适的人选。若找晚辈题写书名，恐不合传统习俗。

至今我还保存陈植老当时回复我的信件，现抄录如下，供读者参阅。因为这是一份极为珍贵的文献。

永生同志：

久违矣，童老文集行将问世，不胜雀跃。此乃我国建筑界梁老（梁思成——抄录者注）文集出版后的一件大事。今年是童老离世10周年。年中可完成编辑工作并于童老诞辰95周年之际印刷完毕，可告慰童老于九泉，并实现全国建筑界长期的殷切希望。我对建筑工业出版社和东南大学出版社的共同努力，周密筹划表示钦佩。童老的高风亮节，卓越才华，坚定意志，杰出贡献，永垂于史。

童老遗作之全，出我意料，至于与老人来往信札甚少且已无存。“华盖三友”（指赵深、陈植、童寯——抄录者注）同事20年，从未有合影，至憾至悔。所能记忆者是老人与我在上海闵行一条街上摄影，底片由他带回南京，恐林夙（童老之子——抄录者注）处难以寻找。我所留照片一张，遍觅未见踪影。

关于在文集上题“童寯文集”一事曾有罗小未（同济大学教授——抄录者注）传来遵嘱，据云要书直横两种。我随时可能悄然而西去，且数月来两臂乏力，双手发麻，近三周来已经恢复，亦可能重来扰我，因此趁机会书就附上，希望将字与字间的距离作必要的调整，至于某某题，以在扉页上注明为妥，封面上“陈植题”予以删去。赵朴老题字《梁思成文集》在最末页方注明“封面题字—赵朴初”，我看就照此处理最为妥善（现文集书名即是陈植老寄来的题字，并署名于扉页背面——抄录者注）。余不多赘，顺祝

大安

陈植　上

5月3日

题字如不够格，望示及，可重写。

按照6年前与晏隆余（童老生前助手）和童明商量的编辑大纲，这最后一卷要包括读书笔记、曰记、信件、“文革”交待材料以及有关合同文本、证书等，现在排出来达500多页，近70万字。

由此可见，这第四卷内容极其丰富，是一部研究中国近现代建筑史及有关人物，事件极为难得，极为宝贵的文献史料。

近3年当中，看了一遍又一遍，深感自己学力不足，许多书没见过，许多事不知道，许多字不认得，非常吃力。尽管工夫没少用，仍不时发现有错别字。终于付印了，除感到些许轻松外，还是不甚放心。

杂录笔记

杂录笔记部分多达200多页，约20多万字，还不包括“文革”期间抄家丢失的那些大本笔记。

童老生前写东西，一贯是字小而密且常用符号或缩写。好在童明看多了，都能辨认出来，也有少数字迹不清的没少花工夫辨别。这样，他断断续

续用了两年工夫，才从笔记本上逐字逐句打印出来。这些杂记，童老生前是随看书随记，并没有分类；有的写了出处，有的没写；大多是摘记的，间或写下自己的理解和认识，除非查核原文，否则无法区别，而逐句查核原文又谈何容易。

如此，考虑到读者方便。不得不逐条剪裁加以分类，据其内容大体上分为古代建筑、北方园林、南方园林、叠石、花卉、西藏建筑、承德古建筑、人物、西洋造园史、日本造园及其他等部分。在这11类当中，又力求将同一内容的杂录归到一起，如关于永乐宫的杂录都归在一起，但因一段中既有关于永乐宫的笔记又有别的内容不便分割，则适当归类。归类不当之处或疏漏，真真难免。此外，为方便读者，还尽可能地将关键词排为黑体。尽管花了不少力气做这些事，但看校样时，仍发现有归属不当或关键词疏漏之处。如此这般。我在这里不能不说，如发现有什么不当之处，请读者谅解。

另外，至于错别字问题，按说做编辑工作，应当逐字逐句查核原文，但童老这些笔记达20多万字，涉及出处不下古今中外几百部书刊，仅靠我们俩人，再花上几年工夫，恐怕也难于完成任务。况且，非跑像北图这样大的图书馆不可，跑路查书，半天下来或许可能查核一两条。至于原文即使查到恐也难免有误。例如，童老笔记中有一段碑文抄自何处未注明，凑巧有一次我到保定莲池书院参观，找到了那一通石碑，经核对发现不下十处错误。谁之错，未考证，不知道。估计是辗转抄录所致。

有一条教训值得一提。在我逐条剪裁打字稿时未标符号，以至后来看清样时再度查核笔记原件，竟很难查找。

所以，我在此处不得不再次声明，请读者不要直接引用，以免以讹传讹。

有人问我，为什么花那么大工夫，把童老的笔记遍入文集？我想，起码有这么几条：

①从中可以看出，童老做学问，读了多少书，做了多少笔记，下了多大工夫；

②若研究有关问题，从中可以找到线索进一步查阅，或者直接获得知识；

③即使不是做研究工作，通读一遍，也会收获多多。

我之所以力主编入童老的笔记，一是20多年前晏隆余先生告诉我，童老有许多笔记，里面学问甚多；二是50多年前我见过列宁全集中的列宁哲学笔记，尽管那时没读懂，仅仅是翻翻而已，但那记忆却是牢牢的。

写到这里，我又联想到前不久看到梁思成先生的一些日记。严格说来，有些也不是日记，而是参加各种会议的记录。比如，解放初，开会讨论天安门观礼台搭建问题，梁思成记录了与会专家的发言要点。这些都是十分难得的史料。因而，我又力促林洙同志把梁思成的日记加以整理，连同新发现的梁先生的文章和书信等，一并编入《梁思成全集》第十卷，作为补遗卷正式出版。能否办到，恕我不知道。

渡洋日记及旅欧日记

这些日记都是由童明翻译成中文，而原文英文手稿则是由他哥哥童文整理出来的。有人提议只编入英文原稿，不必译成中文。我还是坚持中英文都印出来，以便英文水平不高的人都能读懂。渡洋日记是童老1925年清华毕业后去美国宾大留学时渡太平洋在船上写的，从8月17日写到9月2日，译成中文为5000多字。穿插于文字之间还编入了他所乘杰克逊号轮船的照片及途中的三张照片。今天我们再看看80年前一位中国大学生去美途中的感受也是意味深长的。

而旅欧日记则是他在美国学习和工作5年之后独自一人去欧洲英、法、德、意、瑞士、比利时、荷兰、苏联等国考察建筑时写下的日记，从1930年4月26日写到8月7日到达哈尔滨。书中还编入了童老在途中的速写29幅。

对建筑师来讲，读建筑史看画册固然必不可少，但身临其境观察建筑，亲自体验，则更为重要。所以，那时像杨廷宝、赵深、童寯他们在美国拿到学位后，都去美国建筑事务所工作一段时间，再绕道欧洲逗留几个月观察建筑，然后再回来。他们并没有只顾买上几大件就急匆匆回国。

童老的这些旅欧日记译成中文近7万字，内容大都是建筑评论。这些日记，是我见到的惟一。梁思成、林徽因、杨廷宝、赵深他们是否有类似的日记，没听说过。我只知道，梁、林他们在欧洲考察建筑的路线和项目，是梁启超制定的。我还知道，杨、赵他们二人结伴旅欧时，在参观古建筑的头一天晚上必读有关该建筑的资料，如弗莱彻尔的《比较建筑史》。

近十多年来，我国建筑师出国考察学习的人数甚多。我们衷心地希望他们能把自己在国外考察学习的心得笔记日记整理出来，与大家共享。

“文革”材料

这部分是童老在文化大革命期间应造反派的要求写的交待材料，共计4万字。其中主要有关于家庭、本人历史及社会关系的交待材料（这种材料有好几份，原来是造反派反复多次要求，多次写的，现在我们只选编其中比较详细的一份），如设计过哪些项目，解放前写过哪些文章，关于华盖事务所以及解放前建筑设计事务所的经营管理状况等。所有这些以及关于亲友情况的交待，都是研究近现代建筑史极为宝贵的历史资料。我敢说，这些第一手资料，虽然都是在“文革”那种高压之下写的，凭着童老一生所坚持的做人道德标准，没有落井下石，更没有猜测栽赃，材料的真实性可靠性，不容置疑。至于对某些事实的认识和评价，脱离不了当时的历史条件，我们不能也不应该苛求于前人。这一点。我相信读者能够理解，才原封不动地把这些材料编入书中。

“文革”已经过去40年了，我预料，今后将更难找到“文革”中类似的交待材料。因此，认定这些材料是十分宝贵的，并不夸张。

来往信件

往来信件这部分包括童老写给别人的12封信和别人55封来信。童老写给别人的信主要是写给陈植和费慰梅的。来信主要是朱启钤、叶公绰、赵深、陈植等人的来信以及费慰梅的11封来信，还有编《梁思成全集》时尚未发现的梁思成写给童老的信。

这些信的内容都不是问候性质的，而是讨论某些学术问题的，如关于《江南园林志》一书和江南园林的讨论。有些事，本来对我们来说是一团迷雾，通过这些信件，我们才得以全面认识。

我一直以为，私人之间的信件，往往真实可信，也是思想感情的真实流露。因此，其价值不能与公开发表的文章相提并论。这也是我多年来致力于搜集名人信件加以编辑出版的缘由。

这第四卷的最后部分编入了解放前合同文本及原始证件。编入两家设计公司多种合同文本是为了使读者了解其具体内容，以供参考。至于解放前各种证件包括清华、宾大的毕业证书以及上海的有关证件，无非是想让大家开开眼界。因为这些证件在别处是很难见到的。

20多年前，在我主持建工出版社编辑工作时出版了《梁思成文集》（四卷本）及《刘敦桢文集》（四卷本）。现在，又即将出齐《童寯文集》（四卷本），而且前几年又力促编辑出版了《梁思成全集》（九卷本），至于念念不忘的《刘敦桢全集》将于何年出版，恕我不知道，但童寯全集，若把这四卷文集再加上已经出版发行的《江南园林志》及《东南园墅》两部单行本，也可以称作全集了。现在我终于感到些许欣慰，也可以告慰童老于九泉。

20多年来，我始终感念童老对我们创办的《建筑师》杂志及建工出版社的全力支持。要知道，任何时候，专家学者都是出版社的衣食父母，不可以也不应该在他们身上榨取最大利润。

先写这些吧，以后想起什么，再写些“小豆腐块”短文，以弥补不足。

原载《建筑创作》杂志2006年第9期

读《刘敦桢全集》体会

傅熹年

刘敦桢先生是我国著名建筑历史学家、建筑教育家、中国科学院学部委员，毕生致力于中国及东方建筑史的研究。早在20世纪20年代末即与梁思成先生共同主持中国营造学社的研究工作，分掌文献、法式二部，披荆斩棘，开创了科学研究中国古代建筑成就的道路，同为中国建筑史这一新学科的开拓者和奠基人。自20世纪30年代起，刘先生执教于原中央大学及解放后的南京工学院，历任工学院院长和建筑系主任，是中国现代建筑教育的创办人之一。四十年来培养了大量建筑学和建筑史学专业的人才，其中很多人成为当代建筑大师。《刘敦桢全集》收入刘敦桢先生全部的学术论文和专著，反映了刘敦桢先生在文献考证、工程技术文献研究、古建筑和传统园林实地调研和建筑历史理论撰述等多方面的巨大成就：

一、全集反映了刘敦桢先生在利用文献考证古代建筑方面作出的卓越贡献。刘敦桢先生出身湖南著名世家，少年时已有深厚的国学基础，在经史考证方面尤为专门，留学日本后，又掌握了现代建筑学和科学的研究方法。他把这两方面的优长结合起来，以建筑学家的眼光去搜求、考证史料，取得了超越前人的成果。他在这方面的主要成果中，“大壮室笔记”综合早期文献，从建筑学的角度研究两汉时期各类型建筑的特点及发展演进过程，并把它们和经史中反映出的古代社会情况、典章制度结合起来加以论证，迄今仍是研究两汉建筑的必读之作；在“六朝时期之东西堂”一文中，刘敦桢先生以建筑师特有的敏锐，从前人读史均视而不见的大量史料中考证出东西堂这种自三国至南北朝末年宫廷主殿的一种特殊组合形式，理清了中国古代宫殿发展中的一个重要环节，充分表现出他在文献考证方面的深厚功力；这些都充分表现出刘敦桢先生在通过文献考证古代建筑方面的深厚功力和精密学风。

二、全集中对“万年桥志”、“文昌桥志”的研究和“牌楼算例”等文展示了刘敦桢先生在传统工程技术文献史料研究整理方面的贡献。介绍万年桥、文昌桥二部桥志的论文，使世人了解到古代对重要建筑在设计、施工、组织管理、经营修缮诸方面都有相当成熟的经验，是研究古代工程技术和管理方面的重要成果。“石轴柱桥述要”一文除介绍这类桥之构造、施工特点外，兼及桥梁之发展史及分类。这三篇发表于30年代初的论文开拓了桥梁史研究这一新的领域。“牌楼算例”还兼具全面介绍牌楼的专著性质，是整理研究传统工程技术专著方面的重要成就。“营造法式校勘记”、“鲁班营造正式校读记”和“营造法原跋”三篇文章反映了刘敦桢先生在古代建筑技术专著的研究整理方面所做的开拓性工作和重要贡献。

三、全集反映了刘敦桢先生对古建筑实物进行的大量调查研究。〈智化寺如来殿调查记〉是为以后研究北京大量明清建筑摸索经验，故测图及数据都特别完备详密。在分析中，上比《营造法式》，下比《工程做法》，力图通过数据比较，找出明式与宋、清两代的关系，显示出他在调查研究中特别周密的特点。在对寺史的研究上也明显表现出他在文献考证上的优长。其论文既清楚地阐明这些古建筑的特点、价值、历史意义，也有精密的建筑分析和实测图，为后人研究明清建筑提供了极好的示范。他在以后陆续完成的一系列调查〈简报〉、〈记略〉中，虽兼具普查性质，有些还是在匆迫困难条件下进行的，由于他的卓识，多能做到“文旌所至，野无遗贤”，并在简练的记述中准确考定年代、阐扬其特色和历史价值。其中很多古建筑在解放后被列为国家重点文物保护单位，为保护重要历史文化遗产作出了杰出贡献。

四、解放后，刘敦桢先生又撰写与主持编写了几部重要的学术著作。他主持编著的《中国古代建筑史》，集中了国内建筑史学界和部分考古学界的老、中、青三代学术精英进行协作，最后由他秉笔主编，历时七载，八易其稿，于1966年在极为困难的条件下成书。该书以内容丰富全面、立论精审著称，是建国以来建筑史学的重要研究成果，1981年被评为国家建筑工程总局优秀科研成果一等奖和1988年全国高等学校优秀教材特等奖。他的专著《中国住宅概说》、《苏州古典园林》都是具有开创性的研究成果，并起了引导国内学术界开展对民居、园林进行大规模调查研究的导向性作用。《苏州古典园林》荣获1981年国家科技进步一等奖。

刘敦桢先生毕生辛勤耕耘，对发展和弘扬建筑学术、保护我国历史文化遗产作出重大贡献。《刘敦桢全集》既能体现出先生一生锲而不舍、辛勤耕耘、开拓一门新学科的足迹，也以其精密的调查研究、精当的建筑分析、精深的文献考证和高尚的学风垂范后学，为我们留下极宝贵的学术遗产和治学风范。全集的出版，对于推动中国建筑史学科的发展，弘扬中国建筑文化传统，让更多的人了解中国古代建筑的特点和成就都将起重要作用。

我虽无缘做刘先生的学生，但有幸在先生指导下工作过一些时间，受到先生的谆谆教诲和期许，也自认为是先生的“私淑弟子”，在全集出版时重读先生的著作，重温先生的教诲，为表示我对先生的崇敬和怀念，谨把我的一些体会心得介绍给读者，不当之处，敬希指正。

傅熹年 2007 年 3 月 15 日

原载《刘敦桢全集》

附 《刘敦桢全集》总目录

北平护国寺残迹
清故宫文渊阁实测图说
《清皇城宫殿衙署图》年代考
《哲匠录》
《哲匠录补遗》

第三卷

苏州古建筑调查记
河南省北部古建筑调查记
明《鲁班营造正式》钞本校读记
岐阳王墓调查记
书评九则
河北古建筑调查笔记
河南古建筑调查笔记
河北、河南、山东古建筑调查日记
龙门石窟调查笔记
河南、陕西两省古建筑调查笔记
昆明及附近古建筑调查日记
云南西北部古建筑调查日记
告成周公庙调查记
川、康古建调查日记
川、康之汉阙
川、康地区汉代石阙实测资料

第四卷

西南古建筑调查概况
云南古建筑调查记（未完稿）
云南之塔幢
丽江县志稿
四川宜宾旧州坝白塔
《营造法原》跋
中国之廊桥
龙氏瓦砚题记
六朝时期之东、西堂
中国之塔（在中国建筑师学会上的讲演稿）
都市的建筑美

南京及附近古建遗迹与六朝陵墓调查报告
第一、二次野外调查报告
对“南京六朝陵墓第二次调查报告的补充”
第三次野外调查报告
第四次野外调查报告
第七次野外调查报告
第八次野外调查报告
对保护牛首山献花岩南唐陵墓的意见
曲阜孔庙之调查与其他
真如寺正殿
中国的建筑艺术
皖南歙县发现的古建筑初步调查
《漏窗》序言
山东平邑汉阙
苏州云岩寺塔
苏州的园林
附录一：苏州传统园林、庭院调查目录（1957 年）
附录二：苏州传统园林、庭院常用花木品种（1957 年）
南京灵谷寺无梁殿的建造年代与式样来源——关于中国建筑史一个问题的讨论
论明、清园林假山之堆砌
苏州园林的绿化问题
访问印度日记
中国建筑艺术的继承与革新
江南园林志史料之补充参考——致同寯教授函
《中国古代建筑史》初稿前言
南京瞻园设计专题研究工作大纲
关于建筑风格问题　刘敦桢　潘谷西
中国古典园林与传统绘画之关系

第五卷

《鲁班经》校勘记录
评《鲁班营造正式》
《江南园林志》序
明、清家具之收集与保护——致单士元先生函
对扬州城市绿化和园林建设的几点意见

印度古代建筑史（未完稿）
略论中国筵席之制——致张良皋同志函
对苏州古城发展与变迁的几点意见
漫谈苏州园林
编史工作中之体会——对部分参加《中国古代建筑史》人员及青年教师的介绍
对《佛宫寺释迦塔》的评注
南京瞻园的整治与修建
对苏州部分古建筑之简介
苏州古典园林讲座之一：历史与现状
苏州古典园林讲座之二：园林设计特点
《中国古代建筑史》的编辑经过
有关《中国古代建筑史》编辑工作之信函

第六卷

《中国古代建筑史》（教学稿）
附录一：学习《中国古代建筑史》的课程说明
附录二：学习中国古代建筑史参考书目
附录三：中国历代帝王都城简况
中国古代建筑营造之特点与嬗变
宋《营造法式》版本介绍
略述中国的宗教和宗教建筑

第七卷

中国住宅概说
中国建筑史参考图

第八卷

苏州古典园林

第九卷

中国古代建筑史

第十卷

宋《营造法式》校勘记录
河北涞水县水北村石塔

江苏吴县罗汉院双塔
河北定县开元寺塔
河南济源县延庆寺舍利塔
南京中央图书馆阅览、办公楼设计施工说明书
广州古建筑随笔
南京附近六朝陵墓调查笔记
修理栖霞山附近六朝陵墓及栖霞寺古迹预算表
粮食仓库设计大要
曲阜古建筑调查笔记
皖南歙县古建筑调查笔记
《中国建筑史》课程学习说明
访问波兰笔记
访问苏联笔记
古建筑年代杂录
有关苏州园林花木的若干回答
复李济先生函
复王秉忱先生函——关于六角亭及日晷设计
致郭湖生函
致单士元先生函——关于建筑材料及彩画保护
贺朱启钤老先生九十大寿函
致喻维国、张雅青函（之一）——关于民居调查及建筑史写作
致陈从周先生函
致侯幼彬函
致喻维国、张雅青函（之二）——关于若干古建史及中建史八稿写作
致陆元鼎、马秀芝函
附录一　刘敦桢先生生平纪事年表
附录二　刘敦桢先生著作目录
附录三　其他人为刘敦桢先生著作所写的序和后记
《刘敦桢文集》序
《刘敦桢建筑史论著选集》序
《刘敦桢文集》整编后记
成就的追索与遗范的昭示——《刘敦桢建筑史论著选集》编辑后记
附录四　作者手稿
附录五　作者印章
附录六　作者教学、科研等活动照片
《刘敦桢全集》整编后记